SystemView 数字通信系统仿真设计

戴志平　梅进杰　罗　菁　陈振云　编　著

北京邮电大学出版社
www.buptpress.com

内 容 简 介

随着计算机技术的发展，系统仿真技术在电子工程领域的应用已越来越广泛，信号级系统仿真软件SystemView的出现标志着仿真技术在通信领域的应用达到了一个新的水平。本书以读者最容易理解的方式介绍了SystemView系统软件的组成、安装及使用，通过大量的实例由浅入深地讲解了该软件的使用及有关数字通信系统模型的建立过程。

本书既是一本详细的SystemView软件使用手册，又是一本较好的现代数字通信系统原理的仿真实验教材，可作为通信专业本科生EDA实验教学的教材使用，也可作为硕士研究生或工程技术人员的技术参考书。

图书在版编目(CIP)数据

SystemView数字通信系统仿真设计/戴志平等编著.--北京:北京邮电大学出版社,2011.8(2018.9重印)
ISBN 978-7-5635-2703-8

Ⅰ.①S… Ⅱ.①戴… Ⅲ.①数字通信系统—系统仿真—应用软件,SystemView Ⅳ.①TN914.3

中国版本图书馆CIP数据核字(2011)第155504号

书　　　名：SystemView数字通信系统仿真设计
著作责任者：戴志平　梅进杰　罗　菁　陈振云　编著
责 任 编 辑：王丹丹　田雨佳
出 版 发 行：北京邮电大学出版社
社　　　址：北京市海淀区西土城路10号(邮编:100876)
发　行　部：电话:010-62282185　传真:010-62283578
E-mail：publish@bupt.edu.cn
经　　　销：各地新华书店
印　　　刷：北京玺诚印务有限公司
开　　　本：787 mm×1 092 mm　1/16
印　　　张：13.75
字　　　数：341千字
版　　　次：2011年8月第1版　2018年9月第4次印刷

ISBN 978-7-5635-2703-8　　定　价:35.00元

·如有印装质量问题,请与北京邮电大学出版社发行部联系·

前　　言

目前，电子设计自动化（Electronic Design Automatic，EDA）技术已经成为电子设计的潮流。为了使繁杂的电子设计过程更加简捷、高效，出现了许多针对不同应用层次的 EDA 软件。美国 Agilent 公司（由原 Eagleware 公司与 Elanix 公司合并而成）推出的基于 PC Windows 平台的 SystemView（现已改名为 SystemVue）动态系统仿真软件，是一个已开始流行的、优秀的 EDA 软件。使用 SystemView，只需将注意力集中在手中的任务和设计思想上就可以实现复杂系统的建模、设计和测试，而不必学习复杂的计算机编程，也不必再为程序中的 BUG 伤脑筋。

SystemView 是动态系统仿真软件。它可以提供各种复杂的模拟、数字、数/模混合、多速率系统以及语音编码应用，可用于各种线性、非线性控制系统的设计和仿真。其最具特色之处在于，它可以很方便地进行各种滤波器的设置和自适应信号的处理。SystemView 在界面友好且功能齐全的 Windows 操作平台上，为用户提供了一个嵌入式的模块化分析引擎。它通过方便、直观、形象的过程构建系统，提供丰富的部件资源。其强大的分析功能和可视化开放的体系结构，已逐渐被电子工程师、系统开发/设计人员认可，并作为各种通信、控制及其他系统的分析、设计和仿真平台以及相关的综合实验平台。

随着计算机虚拟现实技术的发展，仿真技术已被逐渐应用到大学课程教学领域，尤其是基于信号的系统级设计与仿真。“通信原理”是电信类专业中一门非常重要的课程，这门课在专业课程设置中起着承上启下的作用，因此加强学生的理解是非常重要的。如何将理论与实践、原理与应用紧密相结合，是课程教学所面临的较大问题。如果借助 SystemView 这个工具可以较好地解决这个问题，也可以使学生可以尽早地从系统角度去思考问题、解决问题。利用它能在一定程度上帮助学生理解和掌握课程中的基本概念、基本原理、基本分析方法，更好地掌握理论知识，同时为学生进行课程设计提供了一个设计的平台。

本书主要是针对 SystemView 4.5(5.0)版本仿真软件的使用说明，主要是许多实例在这个系统中的具体运用。本书对 SystemVue 软件的使用未做过多的说明。

本书主要由戴志平、梅进杰、罗菁、陈振云等编写，此外，高路、张俞进、刘海霞、申杨等也为本书完成做了大量的文字和实例的验证的工作。

编　者

目　录

第1章　SystemView 仿真软件

1.1 概　　述

SystemView 是由 ELANIX 公司发起的，ELANIX 公司创建于 1991 年，主要从事高级的硬件和软件信号处理与通信系统的设计和开发。ELANIX 公司位于美国加利福尼亚州，公司总裁和创建人 Patrick J. Ready 博士拥有先进的信号处理器的美国和国际专利权，是一位信号处理和通信方面的改革者。ELANIX 公司的技术力量雄厚，其设计工作可以依据使用的处理器及其环境的状况，使用 DSP、MP'S、ASIC、VLSI 神经网络和其他当前领先的技术。包括所有的用于商业和军用的信号处理在内，公司在理论分析、软件开发、仿真与测试、硬件设计和微处理器等方面有广泛的经验。

2005 年，ELANIX 被美国安捷伦(Agilent)公司收购，把软件名字改为 SystemVue，由原先的 SystemView 1.0、SystemView 4.5、SystemView 5.0、SystemView 6.0，再到后来的 SystemView 2005、SystemVue 2007、SystemVue 2008、SystemVue 2009、SystemVue 2010。功能也逐步的完善，由开始的具有基本的仿真功能到后来的增加了 DSP 库，第二代、第三代移动通信，蓝牙库的完善，实例仿真范围的拓展，眼图相位噪声处理的完善。2008 年后的改动很大，SystemVue 2009 是开发、仿真和分析的系统级的设计环境。SystemVue 是带有可扩展模型库的、自适应控制元素和数字信号处理组件的直观的图标设计环境。SystemVue 的分析是位和失真真实的。分析结果可以生成 C 代码在 DSP 处理器上运行或者生成 HDL 代码在 FPGA 上运行，适用于端到端的通信系统、位真 DSP 系统、真实失真的射频模拟系统、信号处理系统等方面的仿真研究。

1.1.1　SystemView 的特点

SystemView 是一个用于现代工程与科学系统设计及仿真的动态系统分析平台。从滤波器设计、信号处理、完整通信系统的设计与仿真，直到一般系统的数学模型建立等各个领域，SystemView 在友好且功能齐全的窗口环境下，为用户提供了一个精密的嵌入式分析工具。

(1) 强大的仿真设计功能。利用 SystemView，可以构造各种复杂的模拟、数字、数/模混合系统和各种多速率系统，可用于各种线性或非线性控制系统的设计和仿真。其特色是，利用它可以从各种不同角度，以不同方式，按要求设计多种滤波器，并可自动完成滤波器的各种指标——如幅频特性(波特图)、传递函数、掇轨迹图等之间的转换。它还可以实时地仿真各种位真(Bit True)的 DSP 结构,并进行各种系统的时域和频域分析、谱分析,以及对各种逻辑电路、射频/模拟电路(混频器、放大器、RLC 电路、运放电路等)进行理论分析和失真分析等。

(2) 丰富的库资源。SystemView 的基本库中包括多种信号源、接收窗、加法器、乘法器,各种函数(包括多项式、三角函数、对数函数、指数函数、逻辑函数等常用函数)运算器等。另外,它还带有各种专业库(如通信、逻辑、数字信号处理、射频/模拟等)以备选择,特别适合于现代通信系统的设计、仿真和方案论证。随着现代通信技术的不断发展,无线移动通信技术已日趋完善。利用 SystemView 带有的 IS-95 和 3GPP-FDD 扩展库,可方便地完成第二代无线移动通信 Q-CDMA 系统以及第三代无线移动通信 WCDMA 系统的设计和仿真。SystemView 还专门提供了对 Turbo 编码的系统仿真功能。数字电视业务是近年发展起来的一个新领域,利用 SystemView 带有的 DVB 库可以对其信号传输方式等进行分析与仿真。

(3) 开放友好的用户界面。利用 SystemView,无须与复杂的语言语句打交道,不必写一句代码,即可完成对各种系统的设计与仿真。可以像搭积木一样,快速地建立和修改系统、访问与调整参数、极其方便地加入注释。SystemView 操作简便,图标系统形象直观,方便了从思路仿真、方案论证到硬件设计的实现。同时它具有与外部文件的接口,可直接读入真实的数据,并对其进行处理。也可将处理结果输出到外部数据文件。另外,它还提供了与编程语言 Visual C++以及仿真工具 Matlab 的接口,用户可以很方便地调用其函数或自定义图标功能。

(4) 灵活的硬件设计接口。除了一般的方案论证外,SystemView 还提供了与多种硬件设计工具的接口:与 Xilinx 公司的软件 CORE Generator 配套,可以将 SystemView 系统中的部分器件生成下载 FPGA 芯片所需的数据文件;通过与 TI 公司 DSP 设计工具 CCS (Code Composer Studio)的接口,可以将其 DSP 库中的部分器件生成 DSP 芯片编程的 C 语言源代码,或在系统仿真中嵌入实际硬件电路;通过与 Xpedion 公司的射频/微波仿真工具的接口,可以将系统级仿真与电路级仿真结合起来,对分立元器件的射频/微波特性进行仿真。

(5) 智能化的辅助设计。在系统设计仿真时,SystemView 能自动执行系统连接检查,给出连接错误信息或尚悬空的待连接端信息。通知用户连接出错并通过显示指出出错的图标,这个功能对用户系统的诊断十分有效。它还可以在编译时,给出系统运行的大约时间,方便了设计人员进行调试。其带有的 APG 功能可以利用 Visual C++环境,将系统编译成可脱离 SystemView 独立运行的可执行文件,同时可大大提高运行速度和仿真效率,在内存较大时效果尤为明显。

(6) 动态的分析和后处理。在系统仿真方面,SystemView 还提供了一个灵活地动态探针功能,可以对真实的示波器或频谱分析仪进行仿真。另外,还有真实而灵活的分析窗口用以检查系统波形。内部数据的图形放大、缩小、滚动等,全部可以通过鼠标操作很方便地实现。其带的"接收计算器"功能强大,可以完成对仿真运行结果的各种运算、谱分析、滤波等。

1.1.2 功能

(1) 能在 DSP、通信和控制系统应用中构造复杂的模拟、数字、混合和多速率系统。具有大量可选择的库，允许用户有选择地增加通信、逻辑、DSP 和射频/模拟功能模块。特别适合无线电话（GSM、CDMA、FDMA、TDMA、DSSS）、无绳电话、寻呼机和调制解调器以及卫星通信系统（GPS、DVBS、LEOS）等的设计；能够仿真（C3x、C4x 等）DSP 结构；可进行各种系统时域/频域分析和谱分析；对射频/模拟电路（混合器、放大器、RLC 电路和运放电路）进行理论分析和失真分析。

(2) 使用熟悉的 Windows 界面和功能键（单击、双击鼠标的左、右键），SystemView 可以快速建立和修改系统，并在对话框内快速访问和调整参数，实时修改实时显示。只需简单用鼠标单击图符即可创建连续线性系统、DSP 滤波器，并输入/输出基于真实系统模型的仿真数据。不用写一行代码即可建立用户习惯的子系统库（MetaSystem）。SystemView 图标库包括几百种信号源、接收端、操作符和功能块，提供从 DSP、通信、信号处理、自动控制、直到构造通用数学模型等的应用。信号源和接收端图标允许在 SystemView 内部生成和分析信号，并提供可外部处理的各种文件格式和输入/输出数据接口。

(3) SystemView 通过 Notes（注解）很容易在屏幕上描述系统；生成的 SystemView 系统和输出的波形图可以很方便地使用复制（copy）和粘贴（paste）命令插入微软 Word 等文字处理器。通过利用 SystemView 中的图符和 MetaSystem（子系统）对象的无限制分层结构功能，SystemView 能很容易地建立复杂的系统。首先可以定义一些简单的功能组，再通过对这些简单功能组的连接进而实现一个大系统。这样，单一的图符就可以代表一个复杂系统。MetaSystem 的连接使用也与系统提供的其他图符同样简单，只要单击一下鼠标，就会出现一个特定的窗口显示出复杂的 MetaSystem。但是在学习版中没有 MetaSystem 图符功能，必须升级到专业版才有此功能。

(4) SystemView 允许合并多种数据采样率输入的系统，以简化 FIR 滤波器的执行。这种特性尤其适合于同时具有低频和高频部分的通信系统的设计与仿真，有利于提高整个系统的仿真速度，而在局部又不会降低仿真的精度，同时还可降低对计算机硬件配置的要求。

(5) SystemView 包含一个功能强大的、很容易使用的图形模板设计模拟和数字以及离散和连续时间系统的环境，还包含大量的 FIR/IIR 滤波类型和 FFT 类型，并提供易于用 DSP 实现滤波器或线性系统的参数。

(6) SystemView 提供的分析窗口是一个能够提供系统波形详细检查的交互式可视环境。分析窗口还提供一个能对仿真生成数据进行先进的块处理操作的接收计算器。接收计算器块处理功能十分强大，内容也相当广泛，完全满足通常所需的分析要求。这些功能包括：应用 DSP 窗口、余切、自动关联、平均值、复杂的 FFT、常量窗口、卷积、余弦、交叉关联、习惯显示、十进制、微分、除窗口、眼图模式、功能比例尺、柱状图、积分、对数基底、求模、相位、最大最小值及平均值、乘波形、乘窗口、非、覆盖图、覆盖统计、自相关、功率谱、分布图、正弦余弦、平滑（移动平均）、谱密度、平方、平方根、窗口相减、波形求和、窗口求和、正切、层叠、窗口幂、窗口常数等。SystemView 还提供了一个真实而灵活的窗口用以检查系统波形。内部数据的图形放大、缩小、滚动、谱分析、标尺以及滤波等，全都是通过单击鼠标实现的。

(7) SystemView 允许用户插入自己用 C/C++编写的用户代码库，插入的用户库自动集成到 SystemView 中，如同系统内建的库一样使用。

(8) SystemView 能自动执行系统连接检查，通知用户连接出错并通过显示指出出错的图符。这个特点对用户系统的诊断是十分有效的。

1.1.3 SystemView 的应用领域

(1) 信号处理、通信和控制系统。包括模拟、数字和混合模式的系统;
(2) 相位和频率锁相环;
(3) 调制、解调和通道建模;
(4) 完整的 DSP 系统设计和测试;
(5) 模拟到数字变换系统、量化和采样系统(包括 D/S 数据转换)、同相和正交系统;
(6) 线性和非线性系统设计和测试;
(7) 线性和非线性微分方程的解(包括模糊理论);
(8) 控制系统设计和测试。

SystemView 于 2000 年年初发布了 4.5 的测试版,对 4.0 及以前的版本做了一些重大的修改。在运行速度方面,经过有关测定,SystemView 4.5 版的运行速度为 SystemView 4.0 版的 2.6 倍。目前 4.5 版本还在不断地更新和改进。书中各功能及对话框图形以 2000 年 8 月发布 SystemView 4.5 及 5.0 版本为准。

SystereView 用户环境包括两个界面:设计窗口和分析窗口,分别在 1.2 节和 1.3 节中介绍。

1.2 设计窗口

1.2.1 设计窗口简介

设计窗口如图 1.1 所示,所有系统的设计、搭建等基本操作,都是在设计窗口内完成的。设计窗口主要包含以下部分。

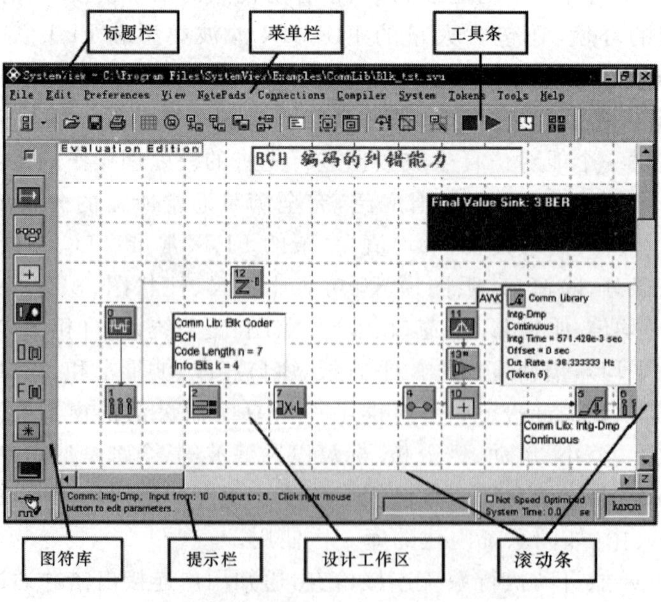

图 1.1 SystemView 的设计窗口

设计区域：供用户完成各种系统的搭建；

菜单栏：通过菜单栏可以执行 SystemView 的各项功能；

工具栏：包含在系统设计、仿真中可能用到的对文件、图标、系统各种操作按钮，如图 1.2 所示；

图 1.2　设计窗口的工具栏

提示信息区：当鼠标置于某一工具按钮上时，在该处显示对该按钮的说明和提示信息；

消息显示区：用来显示系统仿真的状态信息；

图标库区：可以通过库切换按钮来选择基本库、专业库、扩展库的库资源；

动态探针：可以仿真示波器或频谱分析仪的功能；

进程显示：在仿真运行的过程中显示整个运行进行的程度。

在设计窗口内，只需单击及输入必要的参数，就可以通过设置各图标、对各图标进行连接等操作，完成一个完整系统的基本搭建工作，创建各种连续域或离散域的系统。需要进行的只是下面的简单操作。

设置图标：用鼠标从左端图标库中拖出或直接双击所选的库图标，并进行图标功能及参数设置。

操作：单击工具栏中所需进行的操作按钮，如"Tokens"（连接图标）"Reverse Token I/O"（图标反向）、"Create Metasystem"（生成系统）等，再单击需要进行该操作的图标，也可以先选择对象图标，再单击工具栏上的按钮执行操作。

加注释：单击"New Note Pad"（注释）按钮，就在设计区域内出现一个注释框，再在设框内写入注释文字，并可通过右击出现的快捷菜单来设置该注释框的大小、颜色和字体等特征。

1.2.2　图标库及图标定义的方法

1. 图标库简介

图标是 SystemView 仿真运算、处理的基本单元，共分 3 大类：第 1 类为信号源库，它只有输出端，没有输入端；第 2 类为观察窗库，它只有输入端，没有输出端；第 3 类包括其他所有图标库，这类图标都有一定个数的输入端和输出端。在设计窗口左边有一个图标库区，该图标库区包含基本库（Main Libraries）、可选择的专业库（Optional Libraries）、用户扩展库和专业扩展库。基本库共 8 个，分别包括"Source"（信号源库）、"Meta system"（子系统库）、"Adder"（加法器库）、"Meta I/O"（子系统 I/O 库）、"Operator"（算子库）、"Function"（函数库）、"Multiplier"（乘法器库）及"Sink"（观察窗库）。用图标区上方的库选择按钮可以进入专业库、用户扩展库和专业扩展库。可选择的专业库包括"Communication"（通信库）、"DSP"（数字信号处理库）、"Logic"（逻辑库）、"RF/Arra109"（射频/模拟库）共 4 个。用户扩展库共 2 个，包括支持用户自己用 C/C++语言编写源代码定义图标以完成所需自定义功能的"Custom"（用户自定义库），以及可调用、访问 Matlab 的函数的 M-Link 库。专业扩展库包括"CDMA"、"DVB"、"WCDMA"3 个，此外还有 1 个待增加的专业扩展库"Turbo

Code”。专业扩展库都需要由 Custom 库通过动态链接库（*.dll）加载进来。对上述备库介绍详见以下各相关部分内容。

（1）基本库

信号源库图标：代表用于产生用户系统输入信号的信号源库。

子系统库图标：这个图标代表了一组图标（可能是一个很大的图标组，其中还可能包含下级子系统）。这些图标在用户仿真中作为一个完整的子系统、函数以及过程来使用。

加法器库图标：代表加法器，完成几个输入信号的加法运算。

子系统 I/O 库图标：这个图标用于设置子系统的输入/输出端口。

算子库图标：代表算子库，其中的每一个算子都把输入的数据作为运算自变量进行某种运算或变换，如 FFT 变换、采样、保持、延时，亦或通过某一指定传递函数的线性系统等。

函数库图标：代表函数库，其中的每一个函数都把输入的数据作为变量进行指定的函数运算。如量化、限幅、取绝对值等各种非线性函数、三角函数、对数函数、各种复数、代数等运算。

乘法器库图标：代表乘法器，完成几个输入信号的乘法运算。

观察窗库图标：代表信号接收器，用来实现信号收集、（实时）显示分析、数据处理以及输出（包括把信号输出到文件）等功能。

（2）专业库

通信库图标：代表通信库，其中包括通信系统中常用的各种模块，如各种调制器、解调器、编码器、解码器、信号处理器、信道模型等。

数字信号处理库图标：代表数字信号处理库，其中包括数字信号处理中常用的各种处理、变换、运算等模块，可进行位真的 DSP 仿真。

逻辑库图标：代表逻辑库，其中包括了各种门电路及模拟/数字信号处理电路等模块。该库中的各图标可以根据上升时间和下降时间的形式设定门延迟参数，以实现对门电路的真实仿真。

射频/模拟库图标：代表射频/模拟库，其中包括射频/模拟电路中常用的 RC、LC 电路、运算放大器电路、二极管电路等。

（3）用户缩写的扩展库

用户自定义库图标：允许用户自己通过 C/C＋＋语言编写源代码定义图标功能，通过动态链接库文件调入系统，完成所需功能。可以从硬件上实现对用户自定义图标资源的软件狗保护，防止未经授权的使用。

Matlab 连接库图标：用于调用 Matlab 函数。

（4）专业扩展库

专业扩展库都是由第三方开发的一些现成的动态链接库资源。该库没有通用图标，都需通过用户自定义库调入。这部分库资源包括：

- is95. dll：CDMA/PCS 系统图标，其中包括了基于 IS-95-A 或 J-STD-008 标准的窄带 CDMA 系统的各种功能模块，分为系统级信道模型和链路级功能模块两类；
- dvb. dll：DVB 系统图标，其中包括基于 EN 300 744 标准的数字视频广播系统的各种功能模块，分为系统级调制解调模型和链路级功能模块两类；
- fdd. dll：WCDMA 系统图标，其中包括基于 3GPP WCDMA 标准的宽带 CDMA 系统的各种功能模块，分为系统级信道模型和链路级功能模块两类；
- 待增加的 Turbo Code 库简介。

ECC Turbo Code 库由 ECC(Efficient Channel Coding)公司(www. ecc. com)开发；它使用用户可以更加便捷地将各种不同的 TPCs(Turbo Product Codes)集成应用/测试于 SystemView 仿真中。这些图标在信道编码方面为用户提供了更灵活的参数设置，可以适用于更广泛的码速率、编码增益、分组大小以及延迟等。另外，该库中的图标还提供了与更高层仿真模型的接口。

2. 图标的定义

双击选中的库图标，或按住鼠标左键拖动该图标至设计图内，就可以把某一图标库中的通用图标添加进自己的仿真系统。这时所选择库的通用图标会出现在设计区域中，再双击设计区域中的图标，库图标定义对话框会出现在屏幕上。图 1.3 是信号源库图标定义对话框。

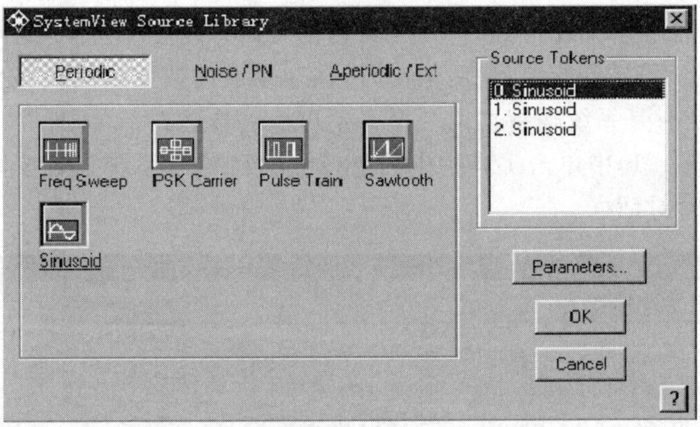

图 1.3　信号源库图标定义对话框

在库图标定义对话框中单击选中某个图标，然后再用鼠标"Parameters"(参数)按钮进入参数设置窗口；也可双击选中的图标直接进入参数设置窗口。例如，在图 1.3 的窗口中选择"Sinusoid"图标，即正弦波信号源，进入其参数设置界面如图 1.4 所示。用户通过这个窗口设定所需要的各项参数，对正弦信号来说，即其幅度、频率和相位。使用"Apply to tokens"列表框，可以把一组相同的参数同时赋给用户系统中使用的、多个相同功能的图标。

当用户定义完一个图标后，在设计窗口中，将光标指针移到该图标上并停止大约 1 s 就会出现一个参数提示消息对话框，其中显示了该图标的图标序号、名称、来源、参数等相关信息。如果在系统运行期间将光标指针置于某一图标上，还可以观察该图标输出信号的实时波形。用键盘可以控制显示的图标输出端口、时域坐标跨度和相位等。

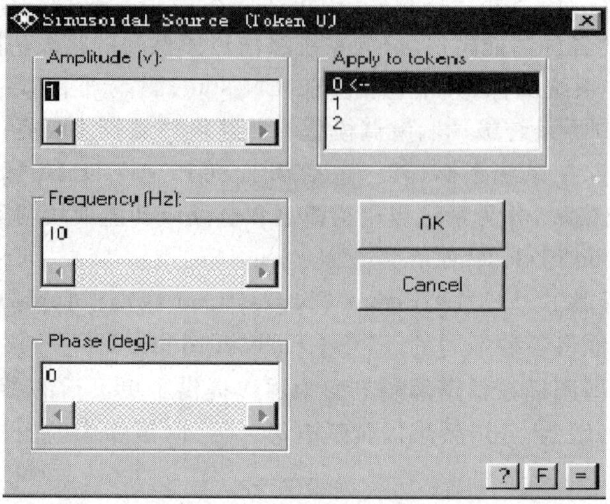

图 1.4　正弦信号源参数设置界面

1.2.3　设计窗口的基本使用

1. 系统定时

SystemView 系统是一个离散时间系统。也就是说，在每次系统运行之前，首先需要设定一个系统频率。各种系统在仿真时，首先对各信号以系统频率进行采样，然后按照系统对信号的处理计算各个采样点的值，最后输出时，在观察窗内按要求画出各个点的位置或拟合曲线。因此，系统定时是系统运行之前一个必不可少的步骤。

在设计窗口(图 1.1)中单击工具栏中的“System Time”(系统定时按钮)，就能打开如图 1.5 所示的系统定时对话框。

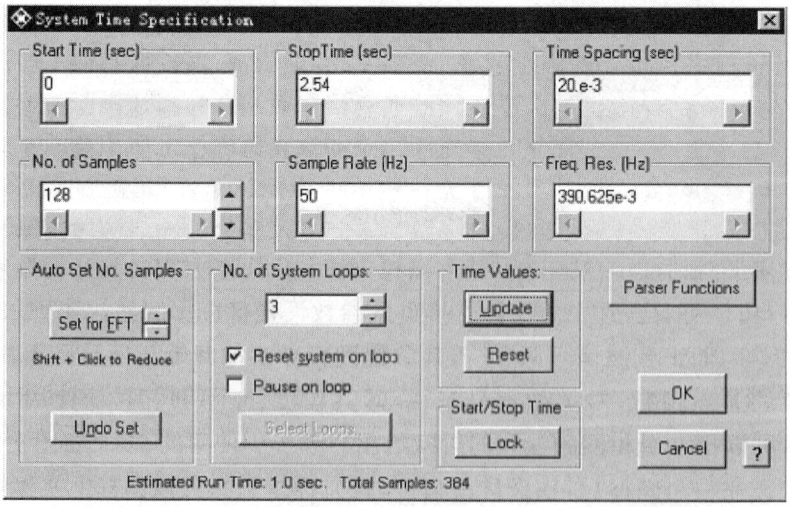

图 1.5　系统定时对话框

图 1.5 中，起始时间和终止时间控制了系统的运行时间范围。SystemView 对系统仿真运行时间基本上没有限制，只要求终止时间大于起始时间。采样频率在仿真过程中控制

着时间步长，因此采样频率决定了系统的仿真效果。一般为了获得较好的仿真波形，系统的采样频率应设为系统中最高信号频率的 5～7 倍。当采样频率为系统信号最高频率的 10 倍以上时，仿真波形就几乎没有失真了。采样点数是由系统的运行时间和采样频率共同决定的，它们之间的关系如下：

$$采样点数=(终止时间-起始时间)\times 采样频率+1$$

因此，系统的运行时间、采样频率和采样点数三者之间也不是相互独立的。若用户修改了其中的某一个或某两个，则系统会根据新的参数，遵从下列规则自动修改相应的参数。在采样频率不变的情况下：

(1) 如果用户改变了采样点数，那么 SystemView 不会改变起始时间，但会根据新的采样点数相应地修改终止时间。

(2) 如果用户对起始时间和终止时间中的一个或全部做了修改，则采样点数会被自动修改。

采样点数只能是整数。如果计算不能得到整数，SystemView 将把近似的整数作为采样点数，系统将从所设置的起始时间开始完成所设定的采样点数。

(3) 除非用户进行修改，否则系统会一直保持固定的采样频率。

另外，为了便于在数字信号处理等过程中进行 FFT 运算，系统还可以自动设置 2 的整次幂的采样点数。用户更改了某一个时间参数后，单击"Update"(更新)按钮，系统会根据最新修改的参数对其他参数进行相应的修改，并在对话框的下端给出该系统运行所需的大约时间及系统的总采样点数。

SystemView 提供了循环运行的功能，目的是向用户提供系统自动重复运行的能力。在图 1.5 的"No. of System Loops:"(循环次数)中，可指定希望系统循环运行的次数。系统循环复位功能将控制系统每一次运行之后 SystemView 的操作。如果"Reset system on loop"(系统循环复位)被选中，则在每一个循环结束后，所有图标的参数都被复位(恢复为原设置参数)；如果这个功能被关闭(没有选择此功能)，则用户系统每次运行的参数都将被保存起来。例如，用户系统中有一个积分器，每一次用户系统运行(一个循环)的结果都简单地变为下次运行(下一个循环)的初始条件。对于需要长时间的运行仿真，就可以通过无时间间断的方式进行仿真，而每次仿真的时间都不必很长。这样，再配合使用观察窗库中的"Averaging Sink"(平均接收器)，就可以得到系统运行结果的统计平均数据。例如，在计算通信系统误码率曲线时，系统的信噪比(SNR)可以通过循环运行功能加以改变。利用可变参数设计功能，可以在每次运行时改变噪声的强度。系统每循环运行一次，都计算一次某一信噪比下的误码率。多次循环运行结束后，即可绘出一条误码率与信噪比的关系曲线。关于可变参数设计功能，详见 1.2.4 小节。

暂停循环功能用于在每次循环结束后暂停系统运行。暂停后，可以进入分析窗观察当前系统运行的波形，以便分析本次运行的结果。也可以对系统内某图标的参数进行修改，以达到动态控制系统的目的。

2. 基本系统的搭建

作为例子，下面先通过建立一个最简单的系统来熟悉对 SystemView 设计窗口的各项基本操作。该系统的信号源产生正弦信号，直接将该信号送至输出端，用观察窗进行观察。完成该系统的搭建需进行的操作步骤如下：

(1) 进行系统定时。单击“系统时间”按钮，弹出系统定时窗口，框内的数值即为系统定时的默认值，即系统的运行时间设置为从 0 s 开始，采样频率为 100 Hz，采样点数为 128 个。运行终止时间为 0+1/[100×(28−1)]=1.27 s，本例即采用该默认值，因此直接单击“OK”按钮即可完成时间设置。

(2) 定义信号源。在设计窗口，对“Source”图标进行定义。将该图标定义为正弦信号源，信号参数取默认值，即幅度为 1 V、频率为 10 Hz，相位为 00（参见图 1.4）。

(3) 定义观察窗。用与调出“Source”图标相同的方法调出“Sink”（观察窗库图标）。双击该图标并选择“Analysis”（分析窗）作为观察窗的类型。除了少数几种观察窗类型外，大部分观察窗都不需要参数设置。在观察窗图标定义对话框最下端有一个“Custom Sink Name:”文本框，可以在该文本框中给选中的观察窗取一个名字，例如“Result”等，以便于在分析窗口中观察、分析。从观察窗或外部数据源图标的右键快捷菜单中选择“快速查看”命令，SystemView 系统能够将该图标的数据在写字板中以文本形式显示所有采样点的数值，并可以对该数据进行文件编辑。

(4) 连接图标。单击设计窗口工具栏中的“Connection”按钮，分别按顺序单击“Source”和“Sink”图标将其连接起来。连接时必须按顺序单击图标，即按照信号流程方向，将某一图标的输出端连至另一图标的输入端。也可不需要工具栏按钮，直接采用拖放式操作。将鼠标指针置于某图标的输出端时，鼠标指针就会变成一个向上的箭头。此时单击待连接的图标，就成为连接状态，并将其拖至另一个待连接的图标即可完成连接。断开连接时，当将光标指针置于某图标的输入端时，光标指针变为带黑线的箭头。拖至需要断开的另一图标的输出端，即可断开图标间的连接。

(5) 用户可以根据需要给系统添加注释笺。单击“New Note Pad”按钮，设计窗口中出现一个新的注释笺。通过按“Ctrl+鼠标右键”弹出的菜单，可以改变该注释笺的背景颜色、字体大小和颜色等属性。将光标指针置于注释笺内，可以向其中添加所需文字。在“Edit”菜单中选择“Insert Object”或“Paste Special”命令，还可以支持 OLE 对象的插入。用户借此可以在 SystemView 系统仿真的方块图中插入对 Windows 标准文件的链接。这项功能使用户可以在系统中嵌入或链接相关的工程项目或文献资料。

执行完以上操作后，这个系统的设计就初步完成了。然后，单击“Execute”按钮运行系统。系统运行期间，在设计窗口的最下端有一条蓝色的指示条，随着运行的进行，它显示了系统运行的进度。运行后的结果可以进入分析窗口进行观察和作进一步的分析，分析窗口详见 1.3 节的介绍。

3. 帮助的获得

在设计窗口中单击“Help”→“Help Navigator...”可以启动 SystemView 的系统帮助向导。由该帮助向导可以快速地定位到帮助文件中的指定位置。在设计区域内从图标的右键弹出菜单中选择“Help”命令也可以进入帮助系统。同时，帮助菜单里还提供了基本系统搭建过程的演示，可以单击“Help”→“Demo”来启动。

在图标库窗口或参数设置窗口中直接单击“?”按钮，可以进入上下文相关的帮助。

4. 撤销功能

用户在设计窗口中设计、调试系统时可能会有一些误操作，或者希望恢复到某一步操作以前的系统，SystemView 在“Edit”菜单中提供了撤销功能。主要提供以下命令。

(1) 撤销上一步操作:可以撤销最近的一次操作。

(2) 撤销命令列表:列出可以撤销的操作步骤,并从中选择要撤销到的某一步。

(3) 自定义可撤销命令项:用户自定义可以应用撤销命令或不能应用撤销的操作。

5. 对设计结果的文件操作

用户设计的系统均保存为 *. svu 形式的文件。同其他 Windows 应用程序一样,可以从设计窗口的"File"菜单中打开或保存该类文件。在设计窗口中单击"Preferences"→"Option",在打开的对话框中选择"Features"标签,在其选项卡中选择"Auto Create Backup When File is Opened"项前的复选框,则系统在打开某一文件时自动将该文件备份,以防止对重要文件的不慎覆盖。

单击"File"→"Save as Version",使用户可以将文件保存为指定的较低版本的 SystemView 文件,以方便在其他环境中的使用。在"File"菜单中选择"Send"命令,还可以直接把当前的 SystemView 文件以邮件方式通过系统的 E-mail 工具发送到指定的接收者。

1.2.4 设计窗口中的各项功能

1. 全局参数连接

SystemView 提供了全局参数连接(Global Parameter Links)的功能。该功能类似编程语言中的宏定义。用户可以利用该功能设定某些系统级的参数或全局的常量及变量。通过这些常量或变量,可快速地访问或修改系统中某些多次用到的参数或相关联的参数。当系统中某些参数必须保持一定的关系时,利用全局参数连接功能,可以快速地修改参数而不改变原来的关系。

在设计窗口中单击"Tools"→"Global Parameter Links",就可打开如图 1.6 所示的全局参数连接对话框。

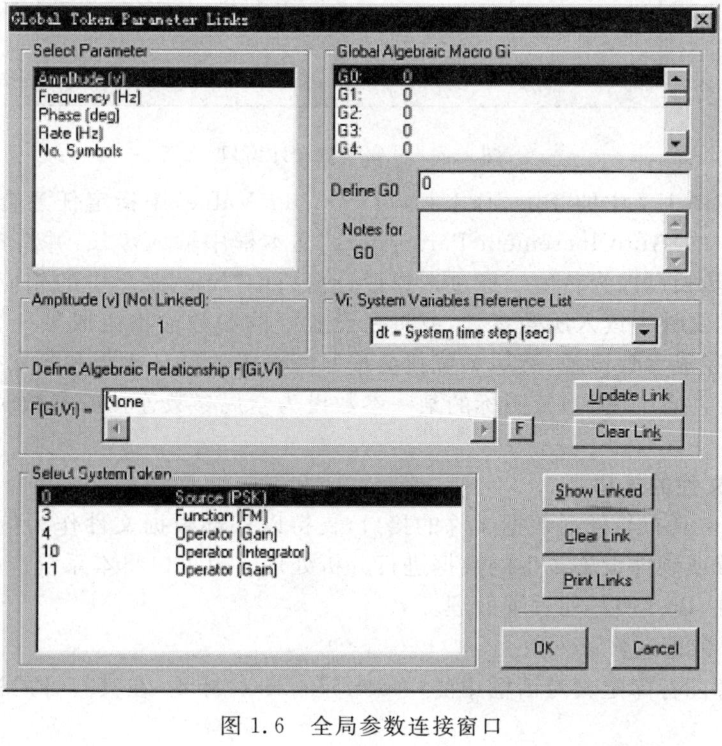

图 1.6　全局参数连接窗口

图 1.6 中有些参数是系统已经定义的，如系统时间步长(dt)、系统采样频率(sr)等。另外，用户也可以通过“Global Algebraic Macro Gi”选项区域及“Define Algebraic Relationship F(Gi,Vi)”选项区域，来定义其他图标的相关参数。例如，某信号的频率始终为系统采样频率的 1/10，则可以将该图标的频率选中，并在函数定义框中输入(sr/10)即可。

2. 可变参数设计

SystemView 可以通过可变参数设计功能对系统进行动态控制。

如果要选用此项功能，则系统必须设置为循环运行状态，因为一个图标的参数在一次循环中是保持不变的。循环运行的时间设置在 1.2.3 小节中已有介绍。例如，在正弦信号发生器的例子中，需要将正弦信号的幅度设为可变的，而且共需产生 5 种幅度的正弦信号。在设定系统时间时，在图 1.5 中的“No. of System Loops:”文本框中将循环次数设为 5 次。然后，在设计窗口中单击“Tokens”→“Select New Variable Token...”，在鼠标指针的右下角出现“select”字样，再单击所需的信号发生器图标，就会出现参数设置对话框，如图 1.7 所示。

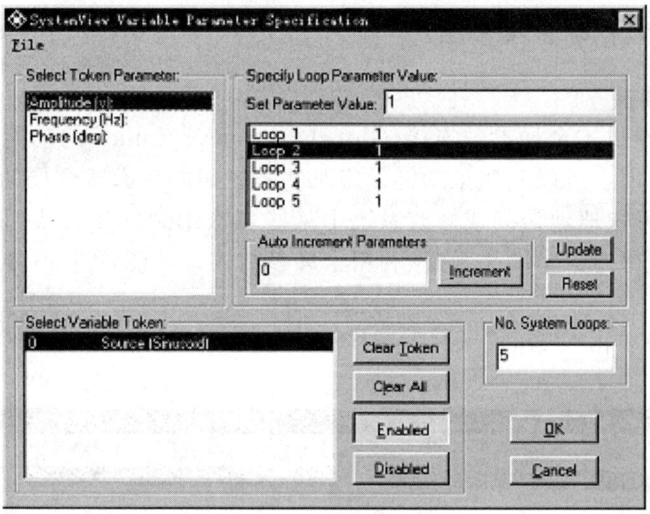

图 1.7　可变参数设计窗口

用户可以在图 1.7 中的“Specify Loop Parameter Value”中指定任意合理的参数值；还可以通过在图中的“Auto Increment Parameters”文本框中输入步长，并将参数设为按该步长自动递增，该步长可以为负值。通过选择设计窗口中“File”菜单中的相应命令，用户还可以从外部的数据文件中读入所需参数，或将一设置好的参数输出生成某一数据文件。最后单击“OK”按钮完成参数设置，然后系统就会按照所设置的循环次数和各次循环中的指定参数值运行。需要注意的是，当某图标的某一参数设为全局参数连接的参数时，可变参数设计就失效了。

3. 与外部文件的接口

SystemView 具有与外部数据文件的接口，支持以外部数据文件作为信号源，可以很方便地对其他系统或硬件设施产生的数据进行分析处理。也可以将本系统产生的结果输出生成外部数据文件，以方便其他后续处理。

(1) 从外部数据文件读入数据

单击信号源图标库定义对话框中的“Aperiodic/Ext”标签，在其打开的选项中有一个代表外部数据文件的信号源目标“External”，如图 1.8 所示。单击“External”图标，从对话框下部的“Start output with sample number”文本框中可以指定读取数据文件的起点。文件中数据的个数与系统设置的采样点数可以不相等。系统从指定数据文件的起点处开始读入数据并作为系统的信号源。若运行结束时未读完文件中的数据，则后面的数据被忽略；若数据已读完而运行尚未结束，则在对话框左下角的两个单选按钮会起作用。用户可以选择运行中没有数据的部分补零，或保持前一个采样点的值。而在“Pad output with:”文本框中可以指定某一数值。例如指定为 2，则在系统运行时，系统会在每读取一个数据后，隔开 2 个采样点再读取下一个数据。而该隔开的 2 个采样点的值也如前述选项一样补为零或是保持前一个采样点的值。

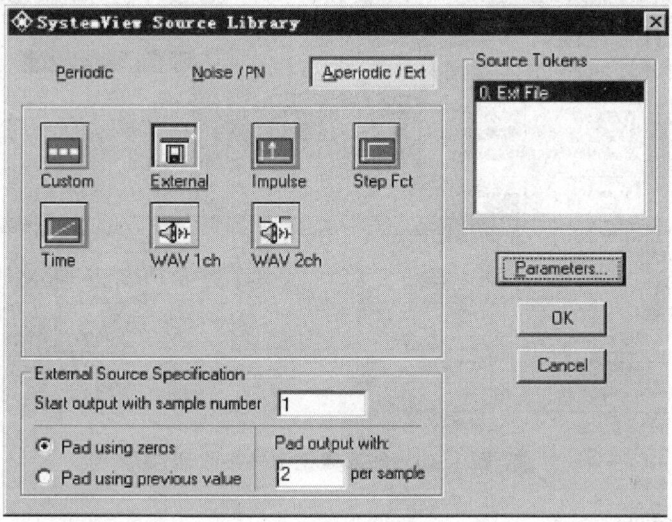

图 1.8　外部文件信号源窗口

在图 1.8 中单击“Parameters...”按钮会进入如图 1.9 所示的输入/输出数据类型指定对话框。

在图 1.9 中用户可以选择数据文件的格式。除 Text 文本格式外，其余都是二进制格式的数据。指定文件格式后，单击“Select File...”按钮，系统会要求用户指定外部文件的位置和名称。如果该文件不存在，则系统会给出相应的出错信息。

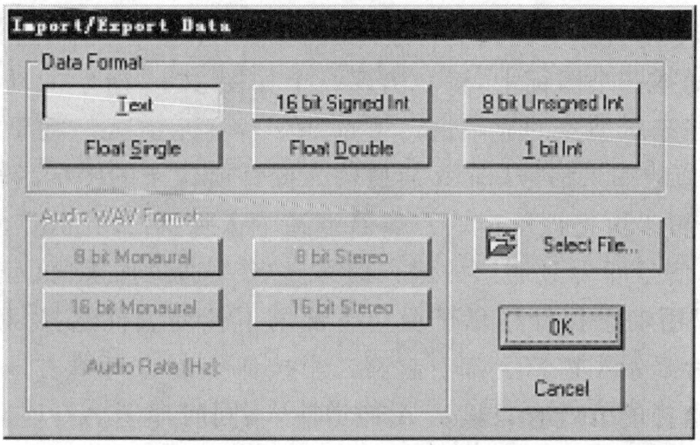

图 1.9　输入/输出数据对话框

(2) 从系统输出数据到外部文件

与输入数据相对应,系统也可以将运行结果按指定格式输出至指定文件中,以便于保存或方便其他系统处理。

单击观察窗库图标定义对话框的“Analysis/Export”标签,在其打开的选项卡中有一个“External File”信号接收器图标,如图 1.10 所示。单击该图标,然后单击“Parameters...”按钮会进入如图 1.9 所示对话框中。同样要求用户指定输出数据文件的格式、位置和名称。如果该指定的文件不存在,则系统会给出提示,询问用户是否创建该文件。设置完成后,再运行系统,就可以得到指定格式的输出数据文件。

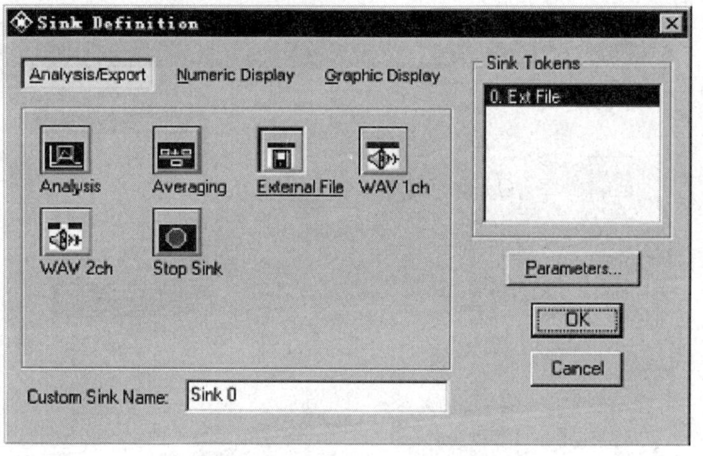

图 1.10 外部数据文件接收器

4. 动态探针功能

SystemView 提供的动态探针(the Dynamic System Probe)功能既可模拟示波器图显示,又可完成频谱分析仪的功能。在模拟示波器时,可以同真正的示波器一样,将其设置为内触发、外触发等方式,并可以调整触发电平等。

利用该探针功能,还可以动态地控制系统运行。这里动态的意义是指,在系统运行期间暂停运行,然后改变系统参数,再继续运行,并实时地观察系统运行的结果,以达到动态控制系统运行的目的,也可以观察系统输出波形的频谱分析结果。图 1.11 中,设计窗口右下角覆盖的即是动态探针的显示子窗口。进入 SystemView 后,在系统设计窗口的左下角有一个小图标,如同一只手拿着一个探头的样子,如图 1.11 左下角所示,这就是动态探针。用鼠标将其拖到系统中的某一个图标上,就会出现一个如图 1.11 所示的动态探针显示子窗口。绿色的显示区域相当于示波器的显示窗。可选择多种显示方式。在默认情况下,该显示区域内显示的是 A 通道的输入信号,即 A 通道输入探针所位于的图标的输出信号。出现动态探针显示子窗口后,可以再把该子窗口右端 B 通道输入探针“B Input”拖出来放至某一图标上,则该图标的输出信号即为 B 通道的输入信号。当 A 通道探头所位于的图标有多于 1 个的输出信号时,可以用动态探针显示子窗口下部的下拉列表框选择目标的某一输出端口。显示方式由动态探针显示子窗口上部右起第二个按钮控制。每单击该按钮一次,则变换一种显示方式。可以选择的方式有只显示 A 通道输入、同时显示 A—B 通道输入、A—B 通道输入重叠显示以及 A 通道相对于 B 通道输入等。其中 A 通道相对于 B 通道输入还可以选择显示离散点或显示点连线两种方式。

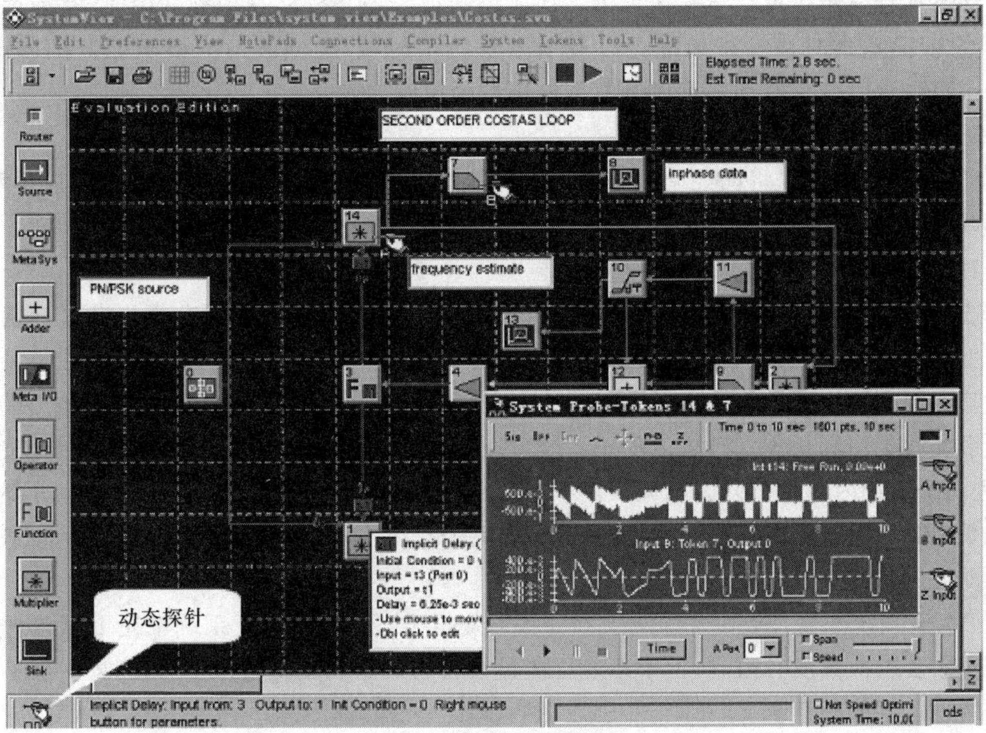

图 1.11　动态探针显示窗口

在系统运行期间，还可以用鼠标拖动探头的位置，以追踪某一信号的流程。用动态探针显示子窗口下部的“时域/频域”切换按钮可以选择时域显示或是频域显示。当该接钮上显示“Time”时，显示的是输入信号的时域波形，即将动态探针作为示波器使用；当该按钮上显示“Freq”时，显示的是输入信号的频谱，这时动态探针作为频谱分析仪使用。

在系统运行期间，可以用动态探针显示子窗口下部的“开始”、“暂停”、“重新开始”、“结束”等按钮控制系统的运行。动态探针显示子窗口右上角的小方框内的颜色标志着不同的系统运行状态。当其为闪动的红色时表示系统现在暂停运行，持续的红色表示系统等待一个有效的触发，绿色表示动态探针显示子窗口内正实时显示运行波形，蓝色表示运行结束。用“暂停”按钮中止运行后，可以单击“运行”按钮继续运行，或单击“重新开始”按钮从头开始运行，而单击“结束”按钮终止运行后，只能从头开始运行，不能从断点处继续。暂停运行后，右击某一图标，然后从出现的快捷菜单中单击“Edit Parameters”命令，就可以在运行中修改图标参数，从而达到动态控制系统运行的目的。

第 3 个通道 Z 通道的输入波形不能实时显示在屏幕上。该通道的输入信号用来控制另外两个通道信号波形的显示。用窗口上部最右端的按钮可以选择控制方式，与输入方式选择按钮相同。每单击该按钮一次，则变换一种控制方式。可选择关闭该功能、彩色控制、黑白浓度控制 3 种方式。关闭该功能，则 Z 通道输入信号不起控制作用。在彩色控制方式下，当 Z 通道输入信号的幅度位于不同的区间时，屏幕显示的 A、B 通道输入信号的轨迹显示为不同深浅的颜色；在黑白浓度控制方式下，当 Z 通道输入信号的幅度位于不同的区间时，屏幕上 A、B 通道输入信号的轨迹显示为不同深浅的灰色。

动态探针显示子窗口下端还提供了功能控制项。当“Span”选项被选中时，它前面的小方框变为绿色，这时调整指动框可以调节屏幕显示时域/频域波形的横坐标范围；若选择“Speed”项，这时调整滑动框可以调节系统运行的速度。

5. 子系统功能

利用此功能，可以将已经调试好的且系统结构和功能比较固定的某一部分生成子系统，作为系统中的一个功能图标。它与其他库资源中的功能图标使用方法基本相同，唯一不同的是对子系统图标不能应用图标复制功能。

选择设计窗口工具栏上的“Create MetaSystem”（生成子系统）按钮，再拖动鼠标选择所有要生成子系统的图标，系统就会将选中的图标变为一个子系统的图标，并自动在子系统与系统其他图标连接处添加输入、输出端口，方便子系统中有多个输入端或者多个输出端的图标与系统其他图标相连。已生成的子系统可以用“View MesaSystem”（展开子系统）按钮展开，进入子系统内部进行修改和调试。子系统可以保存为 *.mta 文件。在其他地方要用到该子系统时只需双击调出一个子系统库的通用图标，并将该图标定义为事先保存的子系统文件即可。子系统具有如下功能。

(1) 子系统嵌套：SystemView 支持子系统的多层嵌套，即在子系统中还可以包含子系统。对嵌套层次数没有限制，但子系统层次过多会为调试和编辑带来不方便，即一般不推荐使用超过 3 层的子系统。

(2) 全局参数链接功能：当系统中调用的子系统包含有全局参数链接的图标时，子系统中带有的原来的参数链接会自动集成到新的系统中。

(3) 子系统自动链接：这项改进使子系统文件与系统源文件的关系更加灵活。当在某系统中第一次定义一个子系统时，系统出现一对话框，以提示是否将子系统文件与系统源文件进行自动链接。若单击“Yes”按钮，则子系统自动与系统源文件链接；若在被链接到的系统源文件中对子系统做了修改，则这些修改会被自动地保存到子系统文件中。否则，调入的子系统与系统源文件不产生自动链接关系，在系统源文件中对子系统作的修改并不会影响到原来的子系统文件。

6. 自动程序生成功能

SystemView 带有的自动程序生成（Automatic Program Generation，APG）功能可以自动将在 SystemView 平台下搭建的完整系统编译生成在 Windows 下可独立运行的可执行文件（*.exe），或将其中的某个子系统编译生成动态链接库文件（*.dll）。

在用户购买了 APG 功能的许可之后，执行该功能须有以下的环境：

(1) Microsoft 的 C/C++编译器，4.1 以上版本；

(2) SystemView 2.0 以上版本。

需要注意的是，APG 功能的许可与否并不影响该功能编译生成的可独立运行文件在其他系统中运行。

要执行 APG 功能十分简单，只需在系统设计窗口中的菜单栏中单击“Tools”→“APG”即可。“APG”命令的下级菜单中各项的功能如表 1.1 所示。

表 1.1　"APG"命令菜单说明

命令菜单	完成功能
Build Metasystem DLL...	将子系统编译生成动态链接库文件 *.dll
Custom Build EXE	自定义编译生成可执行文件 *.exe
Automatic Build &Run EXE	自动编译并运行可执行文件 *.exe
Recent APG EXE/DLL Files	列出最近编译的动态链接库文件或可执行文件
Open APG log File	打开 APG 的 log 文件

在自定义编译时，用户可以指定目标文件的名称、位置等，并可设置其他一些选项。而在自动编译时，系统自动在 SystemView 文件相同的位置生成一个同名的可执行文件。

7. 用户代码库的调用

当用户感觉 SystemView 丰富的图标库资源不能完全满足自己的需要时，SystemView 提供的用于支持用户自己定义图标的用户自定义库"Custom"，为系统设计人员提供了更加灵活的设计手段。

在 SystemView 中，调出一个"Custom"库图标，双击，出现类似于图 1.12 所示对话框。

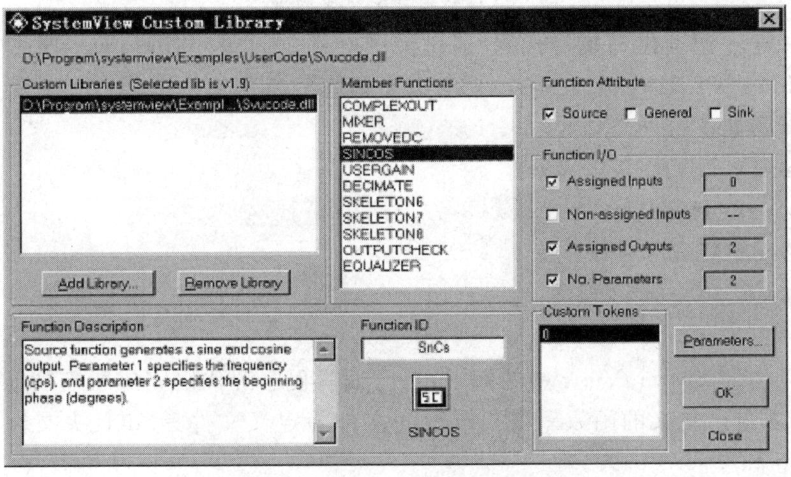

图 1.12　添加用户自定义图标动态链接库的窗口

在图 1.12 中单击"Add Library..."按钮，可以选择所需加载的动态链接库文件将其加载进来。单击"Remove Library"按钮，可以卸除已加载的动态链接库文件。用户安装好 SystemView 后，在安装目录的 Examples\Custom 子目录下，有一些已写好的例子，可以通过 Svucode.dll 文件加载进来。通过该文件，该库中包括的 11 个图标都可被调用。例如选定某个图标"SnCs"，关于它的简要说明显示在对话框底部的说明框中，该图标的属性(源、一般或输出)显示在该对话框的右侧，任何一个图标都必须是这 3 种属性之一。单击"Parameters..."按钮，就可进入参数设定对话框，如图 1.13 所示。

对于图 1.12 中的正弦、余弦图标，其参数有两个：频率和初相位，分别设为 10 Hz 和 0°。然后单击"OK"按钮，就完成了对这个图标的设置。下一步只需将这个图标和其他图标连起来，构成整个系统即可。在用户代码库中加载了动态链接库文件以后，用户代码库中由用户自定义的各图标都可以与 SystemView 中本身带有的所有其他图标一样，在使用上没有任何区别。例如，在本例中，选择的正弦/余弦图标是一个信号源属性的图标，适当设置参数后，将其直接连到观察窗，并设置适当的系统时间参数，就可运行并观察其输出。每个动态链接库文件可定义不超过 80 个函数，每个函数代表一个图标；因此，每加载一个动态链接库文件就相当于增加最多 80 个自定义图标，其中每个自定义图标可定义最多 9 个参数以及最多均为 20 个的输入端口和输出端口。由此可见，用户代码库大大增加了设计的灵活性和可操作性。

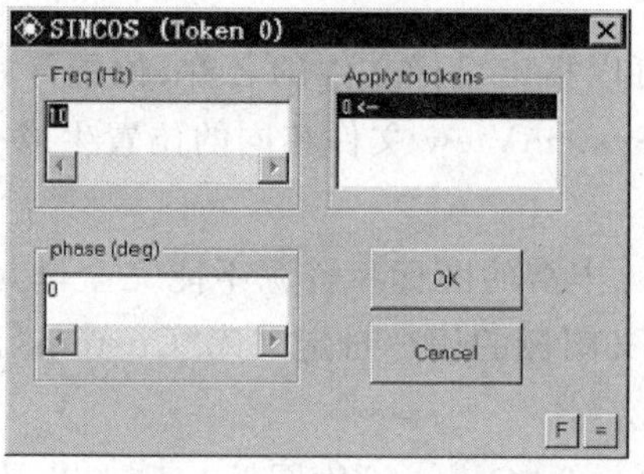

图 1.13　参数设定窗口

以 C 或 C++语言编写的源代码，通过编译生成 32 位的 Windows 动态链接库文件，要求可在 Windows NT 3.51 或 Windows 95 以上版本的操作系统中运行。系统支持的一些 C 或 C++编译器如下：

- Borland C++for Windows
- MetaWare High C/C++
- Micorsoft Visual C++
- $ymantec C++
- Watcorn C/C++

用户可以仿照 SystemView 中的例子，自己编写程序源代码完成所需功能，或以这些例子为样本，加入自己定义的函数。需要改写的文件为定义文件 *.def、头文件 *.hpp、程序源代码 *.cpp 和 Usercode.c。

下面以 Microsoft Visual C++5.0 平台为例，介绍生成动态链接库文件和利用 Usercode 自定义图标的步骤：

- 将写好的源代码文件置于某文件夹下；
- 进入 Visual C++5.0 平台，建立工程（Project），即在其菜单栏中单击“File”→“New”，在打开的对话框中单击“Project”标签，然后在其选项卡中选择“Win32 Dynamic-Link Library”，输入相应的工程名字，并选择相应的工程文件夹，选择“Create new workspace”选项，最后单击“OK”按钮；
- 将源文件添加至工程中，即在菜单栏中单击“Project”→“Add to Project”→“Files”，在打开的对话框中选择所需文件，然后单击“OK”按钮；
- 完成工程的设置，即在菜单栏中单击“Project”→“Setting...”，在打开的对话框中单击“C/C++”标签，在其选项卡中的“Category”列表框中选择“Code Generation”，在“Use Run-time Library”列表框中选“Multithreaded”或“Debug Multithreaded”，

在“struct member alignment”列表框中选“8 Bytes”，然后单击“OK”按钮；

• 在菜单栏中单击“Build”→“Rebuild All”，生成动态链接库文件(＊.dll)。

至此，动态链接库文件生成完成。下面就可以在 SystemView 中通过加载该动态链接库文件以调用所定义的图标，执行所需功能。

在程序编写过程中，如果遇到问题，则可用下面提供的方法进行调试。

(1) 在 Microsoft Visual C＋＋环境中建立一个 Debug 版的 Usercode 动态链接库文件；

(2) 在 SystemView 中从 Usercode 库中调入该动态链接库，并将其构成一个完整的系统；

(3) 在 SystemView 中将该系统存盘，退出 SystemView；

(4) 回到 Microsoft Visual C＋＋环境中，在所需的地方设置断点；

(5) 在菜单栏中单击“Project”→“Settings...”，在打开的对话框中单击“Debug”标签，然后在其选项卡中输入 SystemView 系统可执行文件的完整路径；

(6) 在菜单栏中单击“Build”→“Debug”→“Go to start SystemView”，这时，SystemView 启动，调入刚才存盘的文件＊.svu，设置适当的参数；

(7) 运行该系统，程序会在断点停止调试；

(8) 重复以上步骤，直至调试成功。

8. 与仿真工具 Matlab 的接口

Matlab 是目前十分流行的一个仿真工具。SystemView 具有的 M-Link 功能可以在 SystemView 的设计中直接调用 Matlab 的函数，或利用 Matlab 的分析工具检验仿真结果等。

用户可以利用 Matlab 及其工具定义某些函数、编辑完成相应功能、设置参数等，并在 SystemView 中调用之。SystemView 的 Matlab 库可以包含 Matlab 中带有的所有成员函数，并可利用 Matlab 进行矩阵(向量)运算，事实上，任何 Matlab 的 M-文件或 MEX-文件都可以在 SystemView 的设计中调入。

从 SystemView 的专业库中拖出一个 M-Link 的图标，并双击，出现如图 1.14 所示对话框。

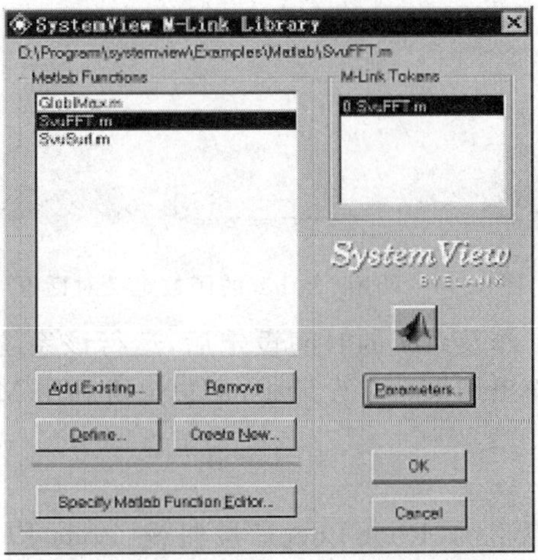

图 1.14　M-Link 调用 Matlab 的对话框

通过该对话框就可以调入各 Matlab 的函数或文件。加入的文件显示在“Matlab Functions”列表框中，当前图标使用的函数文件显示在对话框右端的“M-Link Token”列表框中。选择“Add Existing...”或“Remove”按钮，就可以添加或删除当前包括的文件；选择“Create New...”按钮，可以定义新的文件函数；选择“Define...”按钮，可以编辑当前的文件；选择“Specify Matlab Function Editor...”按钮，用来指定 Matlab 的编译器。函数设定好后，单击“Parameters...”按钮进入参数设定对话框。最后单击“OK”按钮。例如，在“Matlab Functions”列表框中选择某一文件（如 SvuFFT. m），并单击“Define...”按钮，进入如图1.15所示对话框。

用户需要在各文本框中输入相应的参数或文字，定义该函数输入端、输出端及参数的个数，各输入端、输出端及参数的名字，该函数图标的类型，以及所完成的函数运算等。单击“Add Definition(%SVU)”按钮，就会在其下面的编辑框中自动写入规定格式的说明语句；单击“Get Definition(%SVU)”按钮，可以自动将这些语句写为 Matlab 文件。函数编辑完成后，单击“OK”按钮，回到前面所示的界面。若需要，则单击“Parameters...”按钮设定参数，就完成了所有的参数设计。

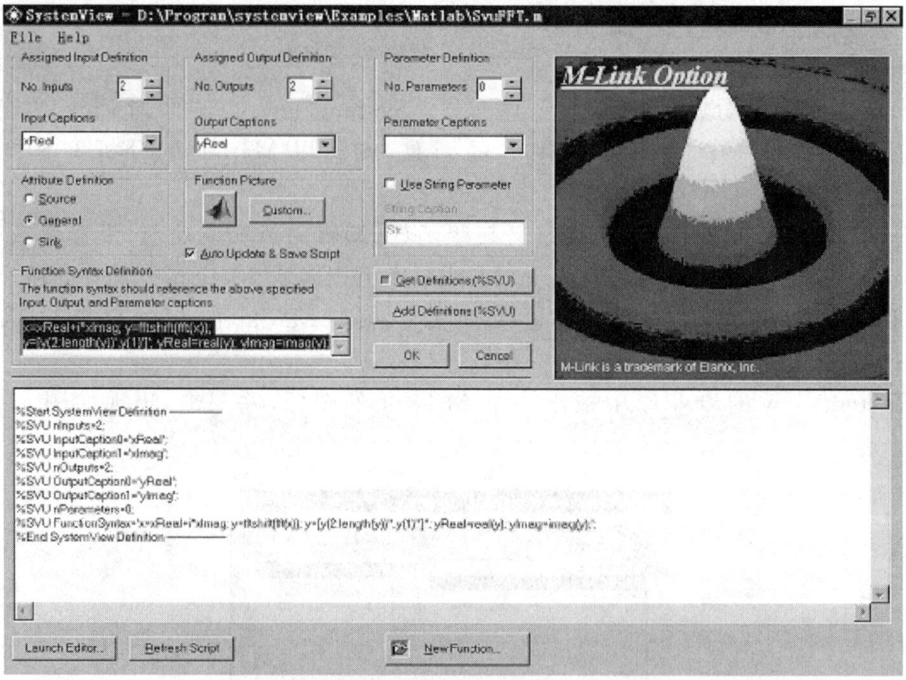

图 1.15 调用 Matlab 的函数定义对话框

完成整个系统的搭建工作及系统的时间设定后，运行该系统，SystemView 会自动启动 Matlab，完成相应运算，并输出结果。在设计中，用户也可利用 Matlab 的调试工具对其进行调试，直至成功。

9. 根轨迹图与波特图

只要简单地单击工具栏上的“Root Locus”按钮或“Bode Plot”按钮，SystemView 就会根据用户设计的线性系统交互式地计算系统的根轨迹图和波特图。

根轨迹图的定义是闭环反馈极点以环路增益式为自变量的函数轨迹，亦即式 $H(s)/[1+$

$kH(s)$]极点的轨迹。式中的开环传输函数 $H(s)$ 是由用户设计的系统所确定的传递函数。如果用户是在 z 域设计的系统，则上述表达式将以 $H(z)$ 的形式表示。

单击系统设计窗口中的“Root Locus”按钮后，屏幕上会出现如图 1.16 所示的对话框。这时可为 SystemView 计算和显示根轨迹图选择 s 域、z 域或在 $z=0$ 点附加一个零点的 z 域。无论系统设计窗口中的系统是何种类型，SystemView 都将自动地执行对指定系统根轨迹图进行有关的转换。例如，如果用户选择的是 z 域，则对所有连续线性图符都进行双线性变换。

例如，图 1.17 是一个 3 阶系统的例子，其开环传输函数是 $H(s)=-5/[s(s+1)(s+5)]$。

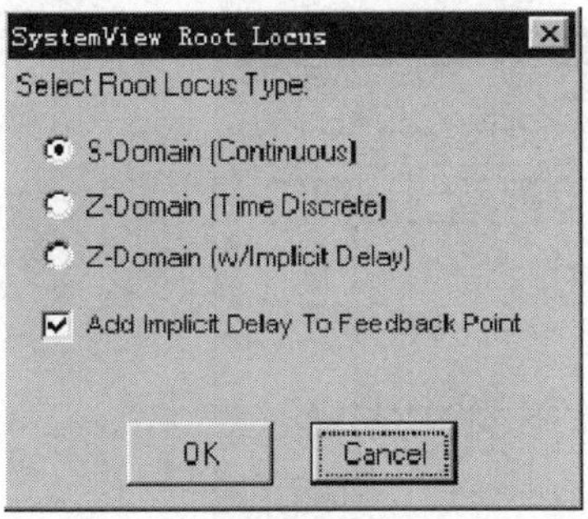

图 1.16　根轨迹计算的域选择对话框

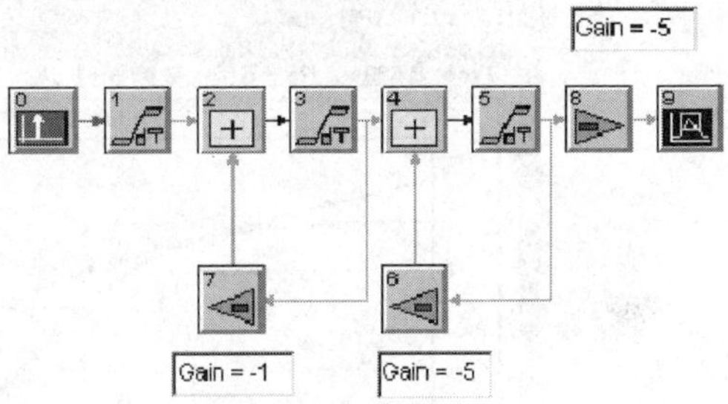

图 1.17　3 阶系统电路图

单击系统设计窗口工具栏上的“运行”按钮，即可绘出如图 1.18 所示的根轨迹图。同时为了对应，还在另一个小窗口中给出了对应的波特图，如图 1.19 所示。图 1.18 中的“×”表示系统极点，“○”表示系统零点。根轨迹的起点（与最小采样增益相对应的根）显示在绿色小方框中，根轨迹的终点（与最大采样增益相对应的根）显示在红色小方框中。从图 1.18 中可以看出，如果环路增益超过 30 倍（图标 9 的增益变为现在的 6 倍），则系统将不稳定。图中辐射线分别代表临界阻尼比为 0.9、0.707（亮白点）、0.5、0.25 和 0.1。

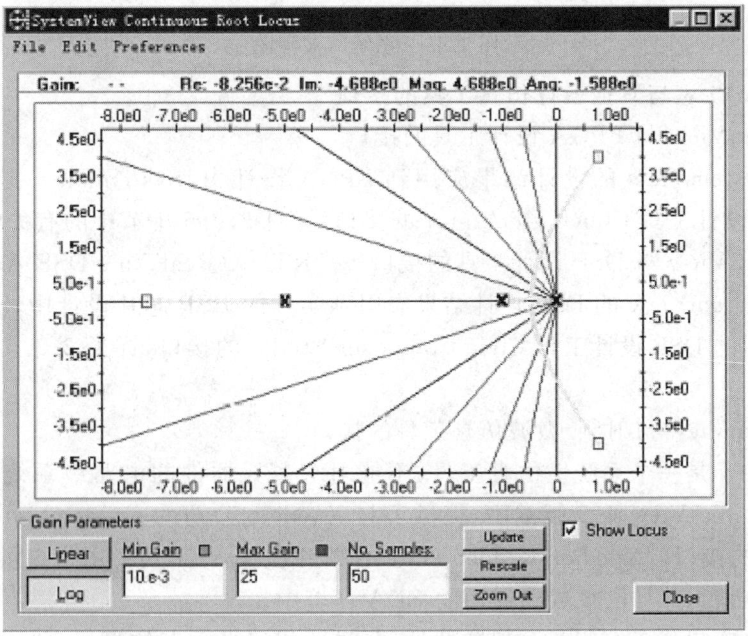

图 1.18　系统的 s 域根轨迹图

根轨迹窗口是交互式的，具有如下功能：放大所选择的图形区域，显示与根轨迹曲线上的点对应的环路增益以及实轴、虚轴坐标，选择采样增益在最小值与最大值之间的线性分布或是对数分布，指定根轨迹计算时最小和最大采样增益的数值，指定输入计算时所希望的增益采样数，强制重新计算根轨迹(用于在参数输入盒的内容被修改之后)，把根轨迹圈复制到 Windows 的剪切板等。

与根轨迹图类似，只要单击系统设计窗口工具栏上的“Bode Plot”按钮，SystemView 会自动绘出如图 1.19 所示的波特图。该窗口也是交互性的，提供图形缩放和复制、数据输出、显示方式切换等功能。

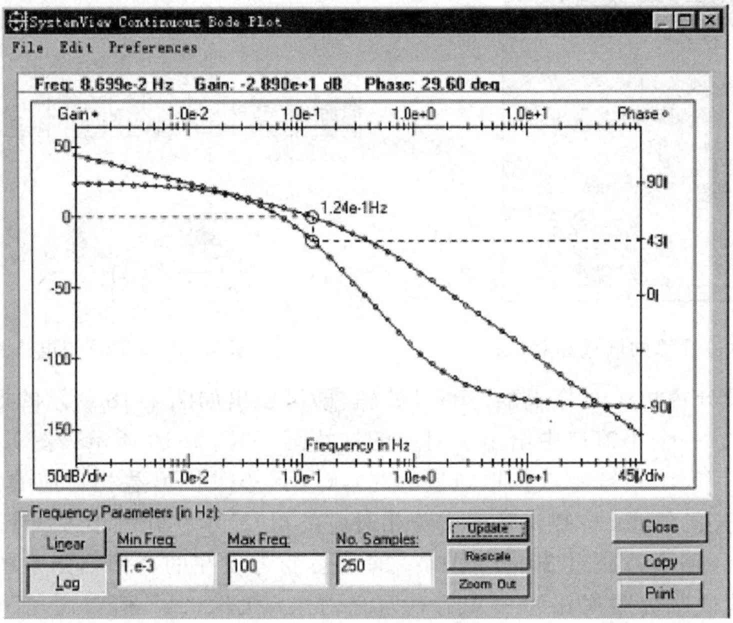

图 1.19 系统的波特图

10. SystemView 与其他设计仿真工具的接口

(1) SystemView 与 FPGA 设计工具的接口

为了将 SystemView 的设计结果应用到 FPGA 设计中，SystemView 提供了与 Xilinx 公司的 FPGA 设计工具 CORE Generator 的接口，详见 2.2.6 小节中的有关内容。

(2) SystemView 与 DSP 设计工具的接口——RTDA(RealTime DSP Architect)功能

为了将 SystemView 的 DSP 设计结果应用到实际的 DSP 芯片设计中，SystemView 提供了与 TI 公司的 DSP 设计工具 Code Composer Studio 的接口，详见 2.3.6 小节中的有关内容。

(3) SystemView 与射频/微波仿真工具的接口

SystemView 是一个系统级仿真工具，不能对分离元器件的电路级系统进行详细深入的仿真。在 SystemView 4.5 版本中，提供了与 Xpedion 公司的 Golden Gate 射频/微波电路级仿真工具的接口。Xpedion Golden Gate 射频/微波设计工具为用户提供了现代无线系统设计仿真的功能，并且已集成到通用的 EDA 环境中。

Golden Gate 提供了一组最高级的线性、非线性和包络暂态仿真器，并附有一整套精确的模型库。Xpedion Golden Gate 可以利用易于使用的 OrCAD 原理图编辑工具来进行设计,还可在同一界面中进行仿真而不用更换库。Xpedion Golden Gate 能够对一张原理图完成多重分析,以便对一个设计能够首先进行直流测试,然后进行射频(RF)测试,最后是调制测试。

利用 SystemView 与 Golden Gate 的接口,用户可以将系统级仿真与电路级仿真结合起来进行。将 Golden Gate 仿真的电路作为 SystemView 系统中的一个功能模块来进行系统级仿真,需要时可以利用 SystemView 提供的接口,调用 Golden Gate 软件进入模块内部在电路级进行仿真和调试,以此达到最终满意的设计。

1.3　分析窗口

1.3.1　分析窗口简介

分析窗口是观察用户运行结果数据的基本载体。利用它可以观察某一系统运行的结果及对该结果进行的各种分析(如图 1.20 所示)。在该窗口下有多种选项可以增强显示的灵活性。在系统设计窗口中单击"Analysis Windows"(分析窗口)按钮,或使用"Ctrl+A"组合键即可访问分析窗口。在分析窗口中单击"System Window"按钮,即可返回系统设计窗口。例如,1.2.3 小节中正弦信号发生器的运行结果如图 1.21 所示。

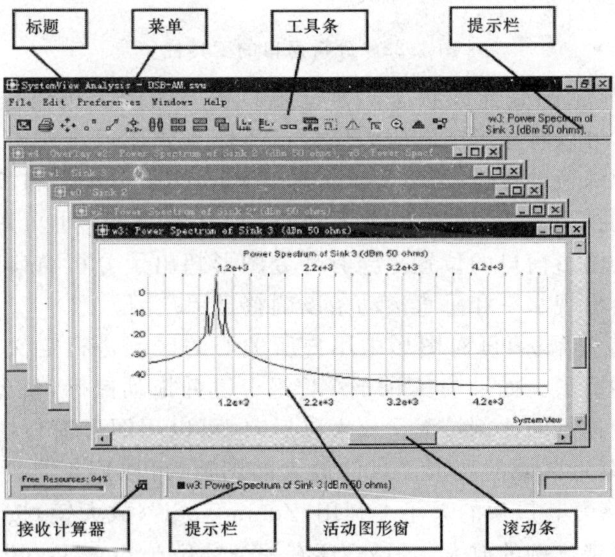

图 1.20　SystemView 的分析窗口及运行结果显示

与设计窗口相似,在分析窗口的最顶端是菜单栏和工具栏。可通过单击工具栏中的按钮或下拉菜单中的命令来使用这些选项功能。工具栏如图 1.22 所示。

每次系统重新运行后,分析窗口中仍保存着上次运行的结果。如果要观察新的结果,需要用工具栏最左端蓝色的刷新按钮。载入新的数据以形成当前运行结果的波形图像。

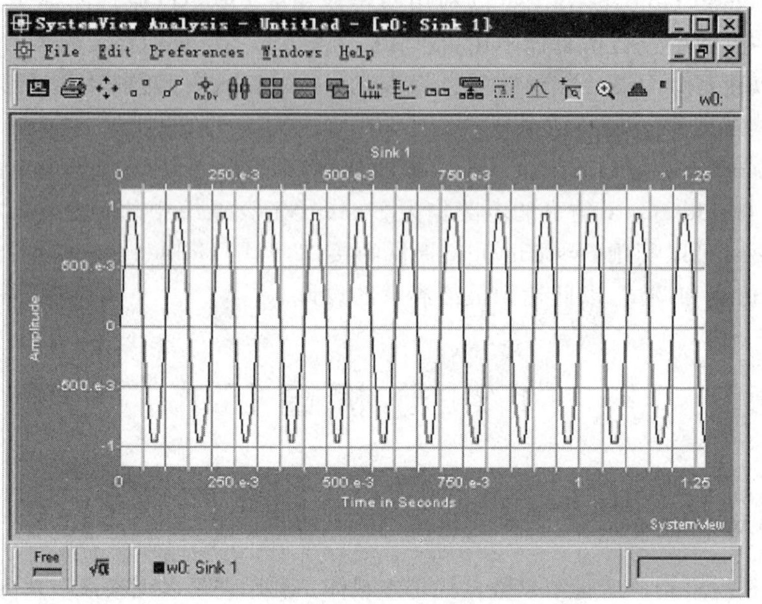

图 1.21 正弦信号发生器的运行结果

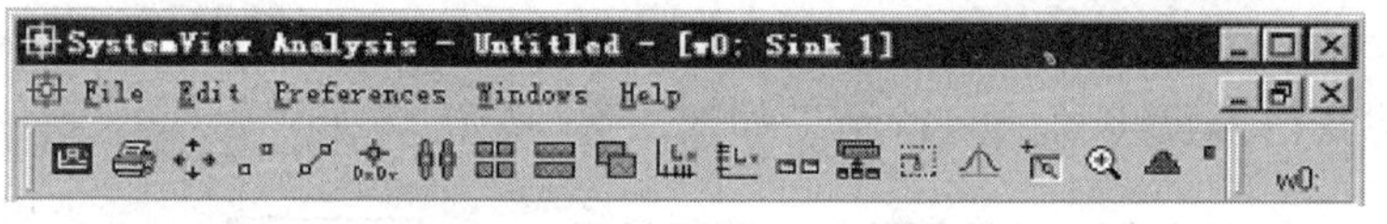

图 1.22 分析窗口的工具栏

图 1.20 中波形显示的是连线状态。通过工具栏中的两个黄色按钮“Points Only”或“Connected Points”,可以将显示状态改为仅显示离散点或显示点和连线的状态,利用分析窗口工具栏上的 3 个绿色的按钮“Tile Verticle”、“Tile Horizontal”和“Tile CasCade”,可以选择多个窗口的不同排列方式,如层叠、水平排列、垂直排列等。也可用鼠标按住某图形窗口的标题栏直接拖动图形窗口的位置。当有部分图形超出了分析窗口的可见范围时,分析窗口的右端和下端会出现水平和垂直滚动条以调整显示范围。

按下 Ctrl 键并拖拽鼠标,可对图形中用户所关心的区域进行定义。SystemView 会自动放大定义区域内的图形。如果按“Ctrl+Alt”组合键并拖动鼠标,就可以对所有当前打开的窗口中的相应部分进行同比例扩大。放大以后,也可以用图形窗口中的垂直和水平滚动条移动图形,以观察附近区域的波形。对已放大的图形,可以用工具栏上的“Rescale”按钮或“Ctrl+R”组合键恢复其最初的大小。利用“Zoom Tool”(放大镜)按钮,则可以对某一位置的图形快速进行固定比例的放大。另外,还有一个“Microview Tool”(显微镜)按钮,当此按钮被按下时,在鼠标指针的旁边会出现一个小方框,其中显示的是鼠标指针所在位置周围图形的放大。随着鼠标指针位置的移动,小方框中显示的图形也随之变化。

利用工具栏上的两个对数坐标按钮“Log X”和“Log Y”,可以很方便地分别将横坐标、纵坐标在原来的线性坐标和对数坐标之间进行切换。对数坐标按钮旁边是统计数据按钮“Statistics For All Open Windows”。利用它,可以给出当前所有打开窗口图形数据的统计数据,如均值、方差、最大值、最小值等。

在分析窗口的左下角显示了系统资源的利用程度。红色表示已利用部分，绿色表示尚未利用部分。该百分比显示了所有的系统资源（包括物理内存和虚拟内存）中 SystemView 可用的部分。该百分比至少应保持在 10%以上，否则系统运行会不正常。系统资源过低时，SystemView 会给出警告，并禁止打开分析窗口中的图形窗口。如果发生这样的现象，则应尽可能地关闭窗口及其他应用程序以释放系统资源。

在显示资源利用程度的旁边，有一个"$\sqrt{a}$"按钮，这就是 SystemView 分析窗口中带有的功能强大的"Sink Calculator"，也就是接收计算器。它可以对信号进行各种复杂的计算、分析和处理等。例如，对各信号进行叠加、各种代数运算、频谱分析等，或对信号进行通信系统处理中常用的眼图、星座图绘制等。每次重新启动 SystemView 后第一次进入分析窗口时，都会提示用户是否保留上次接收计算器计算的结果。当系统发生变化重新运行后，该窗口中的图形结果也会随之更新。接收计算器的计算结果窗口与系统运行结果窗口有所不同，当用图形窗口右上角的"关闭"按钮将该窗口关闭时，所有屏幕上显示的图形信息都被释放，此时占用系统资源降到最低。但在这种情况下，系统运行结果窗口中的数据仍予保留，该窗口仅以小图标的形式显示在整个分析窗口的左下端。当需要重新显示该图形时，只需重新打开该窗口，系统即会依照保留的数据重新绘出，在系统右下角的绘图进程条上也会有所显示。如果在原来的窗口上单击右上角的"最小化"按钮，则该窗口的图形信息保留，恢复时不需重画；而所有接收计算器的结果窗口在关闭后数据均不保留。如果需要保留该窗口的信息而不在屏幕上显示波形，则只能通过将其最小化的方式实现。显然，这样会占用更多的系统资源。

分析窗口还提供了强有力的图形动画工具，可以动态显示系统运行过程中信号的变化，并可以按用户要求设置手动控制、动画速度、运动轨迹、图形颜色等。通过分析窗口"Edit"菜单中的各项命令，可以将当前图形以位图形式复制到剪贴板上，以供其他系统处理。通过"File"菜单中的"Export as Data"或"Export as Metefile"命令，可以将某窗口中的图形或数据按指定格式和类型输出到其他文件中。

1.3.2　接收计算器

单击图 1.20 中的"$\sqrt{a}$"按钮，出现如图 1.23 所示的对话框。

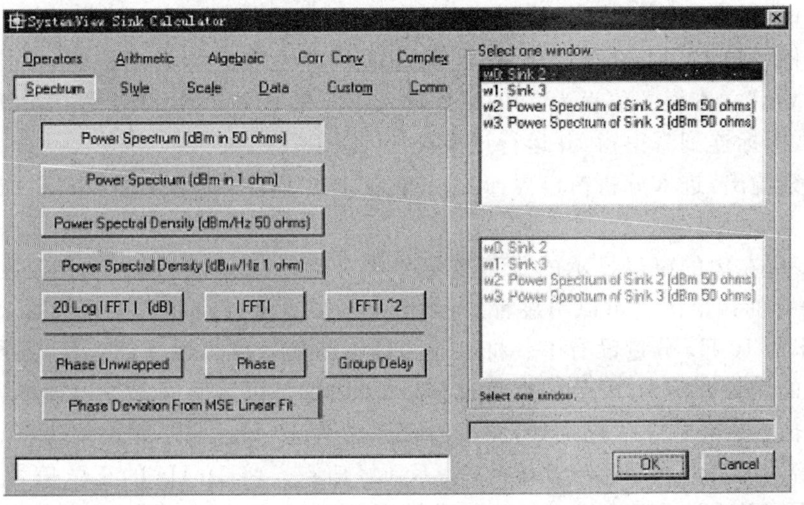

图 1.23　接收计算器对话框

在运行 1.2.3 小节中的正弦信号发生器的例子后，可在接收计算器对话框中单击"Spectrum"标签，在其选项卡中单击"|FFT|"按钮，再在"Select one Window"列表框内选择"w0:Sink1"项，然后单击"OK"按钮，则出现一个新的窗口。该窗口为原正弦信号的频谱，如图 1.24 所示。

在系统运行前，系统时间参数设定为 128 个采样点。图 1.24 即为对该 128 个采样点的值进行 FFT 运算的结果，每个小圆圈代表一个点。因为 FFT 频谱是对称的，故图中只画出了频谱的前一半，即第 1～64 个点的波形。在分析窗口中，接收计算器按钮右边的状态栏内显示了当前处于激活状态的窗口的名字、序号等，最前面的小方框中标出了线条的颜色。当利用接收计算器把两个以上窗口中的波形重叠绘制时，利用该线条的颜色可以很容易地区分出不同的波形。利用分析窗口"Preference"菜单中的"Properties..."命令，可以对窗口中的背景颜色、坐标线颜色、波形线条颜色等进行编辑。如果改变系统的结构，对输入信号平方后再输出，将会得到不同的结果。操作如下：

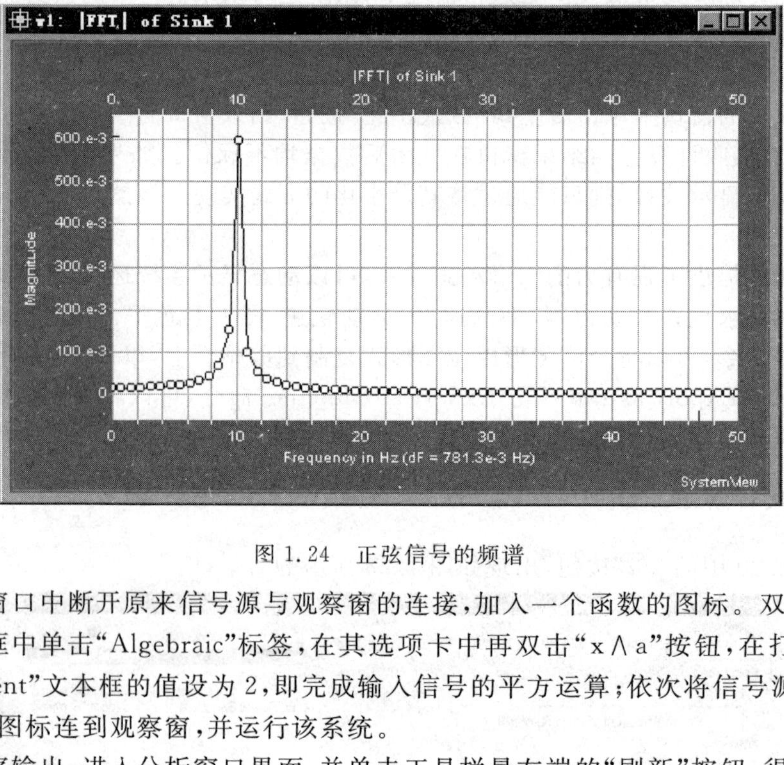

图 1.24 正弦信号的频谱

在设计窗口中断开原来信号源与观察窗的连接，加入一个函数的图标。双击该图标，在打开的对话框中单击"Algebraic"标签，在其选项卡中再双击"x∧a"按钮，在打开的对话框中将"Exponent"文本框的值设为 2，即完成输入信号的平方运算；依次将信号源连到函数图标，再将函数图标连到观察窗，并运行该系统。

再来观察输出，进入分析窗口界面，并单击工具栏最左端的"刷新"按钮，得到如图 1.25 所示结果。

图 1.25 中左边的窗口显示的是正弦信号平方后的结果，右边显示的是对该结果进行 FFT 运算得到的频谱图。可以明显看到，频谱中多了直流分量和 2 倍频分量，也就是 20 Hz 分量，而原来的 10 Hz 分量没有了。将上述两种正弦信号放大后仔细观察，发现其波形并不是十分标准的正弦波信号，峰值的点没有都采下来，这是因为时间参数设置不当引起的。正弦信号的峰值应出现在 1/4 周期处，原来的正弦波为 10 Hz，采样频率为 100 Hz，恰为信号频率的 10 倍。当信号从零相位开始时，采不到峰值点。将 10 Hz 的正弦信号平方后，变为 20 Hz 的信号，这时采样频率仅为正弦信号频率的 5 倍，即每个周期采 5 个点，故波形有所

失真。若将采样频率提高到 400 Hz,波形就会得到大大改善;因此,系统时间参数是系统的一个很重要的参数,需要正确设置。

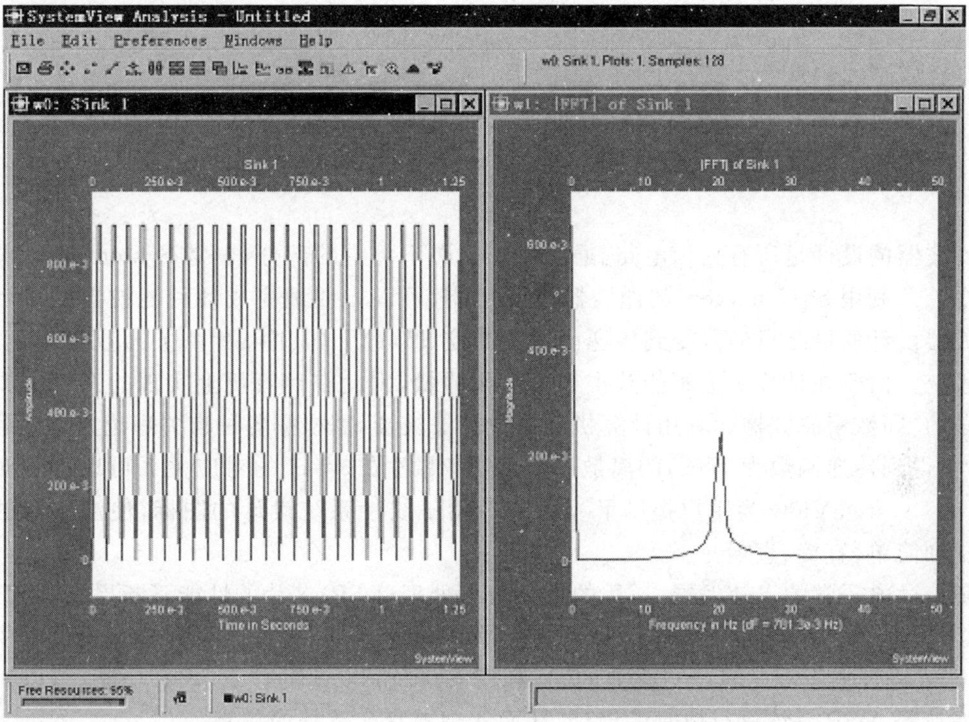

图 1.25　正弦信号平方后的结果

第2章 滤波器

滤波器的设计是所有通信电路、通信系统中必不可少的部分，也是 SystemView 的特色功能之一。利用 SystemView 的滤波器设计功能，可以方便地完成各种滤波器的设计。数字滤波器设计的最终目的是得到传递函数为指定 $H(e^{j\omega})$（其中 $\omega=2\pi f$ 为数字角频率）的线性系统。由于在计算机上不能获得连续变化的量，因此在计算机上实现的系统实质上都是离散的，即数字滤波器。利用计算机辅助设计滤波器，需根据各种有关理论并利用各种工具，计算得到传递函数为 $H(z)$ 的离散线性系统，使之依 $z=e^{j\omega}$ 的对应关系可以得到对应的 $H(e^{j\omega})$。SystemView 为用户提供了一个专门用于线性系统设计的图标，使滤波器的设计过程更加简单、直接、直观。

随着微电子学的迅速发展，通用的数字信号处理(DSP)芯片的性能不断提高，DSP 技术得到越来越广泛的应用。SystemView 带有专门的 DSP 库，为系统设计仿真人员提供了便捷的 DSP 设计参考和工具。更重要的是，利用 SystemView 的位真 DSP 功能，可以对各种数字滤波器、DSP 系统进行位真的设计，从而实现对真实系统的仿真。

2.1 数字滤波器及设计方法概述

设某离散线性系统的输入序列与输出序列分别为 $x(n)$、$y(n)$，它们满足以下递推差分方程：

$$y(n)=\sum_{k=0}^{M}b_k x(n-k)+\sum_{k=1}^{N}a_k y(n-k) \tag{2.1}$$

且 $x(n)$、$y(n)$对应的 z 变换结果分别为 $X(z)$、$Y(z)$，则该线性系统的传递函数为 $H(z)=Y(z)/X(z)$。该传递函数的 z 逆变换结果即为该系统在冲激信号下的响应，即冲激响应 $h(n)$。一般来说，对应于上述递推差分方程，$H(z)$的基本形式为

$$H(z)=\sum_{k=0}^{M}b_k z^{-k}\Big/\Big(1-\sum_{k=1}^{N}a_k z^{k}\Big) \tag{2.2}$$

设计数字滤波器，也就是要设计 $H(z)$表达式中的各项系数 a_k、b_k。

2.1.1 IIR 滤波器设计

在最一般情况下不全为零。此类滤波器的冲激响应时间是无限的，因此称为无限冲激响应滤波器，简称为 IIR(Infinite Impulse Response)滤波器。

模拟的网络综合理论已经发展得很成熟，在该领域产生了很多高效的设计方法，使模拟

滤波器的设计方便、准确。因此，常常利用模拟滤波器来设计数字滤波器。通过连续系统与离散系统之间的等效性，利用离散空间到连续空间的变换，IIR 滤波器可对应于连续域的模拟滤波器。常用的空间映射方法有双线性变换法和冲激不变法等。

利用模拟滤波器逼近设计数字滤波器时，常用的模拟滤波器类型有巴特沃斯型、切比雪夫型、贝塞尔型、椭圆型、线性相移型等。根据滤波器幅频特性的不同，每种滤波器又有低通、高通、带通、带阻等类型。在设计过程中，首先以标准低通滤波器为基础，逼近设计的目的是寻找一个表征因果稳定系统的传递函数，使其幅频/相频特性接近于理想特性。然后再利用通带变换，把所设计的幅频/相频特性变换到所需的频带上去，就完成了该滤波器的设计。

在根据具体要求或指标设计 IIR 滤波器时，首先根据指定的各项性能指标，在连续域内设计模拟滤波器的传递函数 $H(s)$（如果给定的是数字滤波器的指标，应根据数字频率与模拟频率之间的关系，将数字滤波器的指标变换为模拟滤波器的指标）。按照要求完成模拟滤波器 $H(s)$ 的设计后，只需按照双线性变换的对应关系

$$z-\frac{a+s}{a-s}=s=a\frac{1-z^{-1}}{1+z^{-1}} \tag{2.3}$$

将式(2.3)中的 s 代换为 z，即可完成 IIR 滤波器的设计。同样，也可采用冲激不变法，将连续域的模拟滤波器映射为离散域的数字滤波器。

2.1.2　FIR 滤波器设计

当 $H(z)$ 表达式中分母上的各项系数均等于零时，$H(z)$ 表达式简化为

$$H(z)=\sum_{k=0}^{M}b_k z^{-k} \tag{2.4}$$

其对应的差分方程为

$$y(n)=\sum_{k=0}^{M}b_k x(n-k) \tag{2.5}$$

此时，该系统的冲激响应在时间上是有限的，故此类系统称为有限冲激响应滤波器，简称为 FIR(Finite Impulse Response)滤波器。FIR 滤波器与 IIR 滤波器相比，有如下优点：它可以保证系统的稳定性；它的具体实现对应有快速算法；它可以保证系统是线性相移的，因此，可以使通带内不产生相位失真。故在数字系统设计中较多采用 FIR 滤波器。

在 FIR 滤波器设计中，从时域出发和从频域出发分别有不同的设计方法。一种方法是窗口设计法。它是从时域的冲激响应出发的设计方法。首先对设计的目标频率响应进行傅里叶逆变换，得到的是时间无限的冲激响应，再用一定形状的时间窗口，对该无限的冲激响应进行时间截取以获得时间有限的冲激响应 $h(n)$ $(-\infty<n<+\infty)$，并要求所得到的冲激响应的 z 变换 $H(z)$ 经映射可逼近原来的 $H_d(e^{j\omega})$。为了使时间截取对系统频率响应造成的影响较小，常用的时间窗口有矩形窗、海明窗、汉宁窗、凯塞窗等。另一种方法是频率采样法。即直接从频域出发，对设计的目标频率响应采样，以此来确定所需的传递函数，使设计所得的传递函数逼近理想的传递函数，至少在采样点上使之具有相同的频率响应，以此完成数字滤波器的设计。

2.2 利用仿真软件 SystemView 设计各种滤波器

利用 SystemView 算子库中带有的“Linear Sys Filters”图标，可从各种途径十分简便地完成多种滤波器的设计，给滤波器设计人员带来极大的方便，这是 SystemView 的特色应用之一。把该图标置于用户系统中，就能抛开前述各种设计方法中烦琐的计算、变换，直接从图形化的工具和数字化的指标入手，快速实现各种滤波器的设计。系统最终设计的线性系统或滤波器的传递函数 $H(z)$ 具有如下形式：

$$H(z)=\frac{a_0+a_1z^{-1}+\cdots+a_nz^{-n}}{b_0+b_1z^{-1}+\cdots+b_mz^{-m}} \tag{2.6}$$

在系统设计窗口中双击调出一个通用算子库图标，然后在设计区域再双击该图标，在其打开的对话框中单击“Filters/systems”标签，在其选项卡中再双击“Linear Sys Filter”图标，或单击该图标后再单击“Parameters”按钮，进入如图 2.1 所示的参数设计窗口。

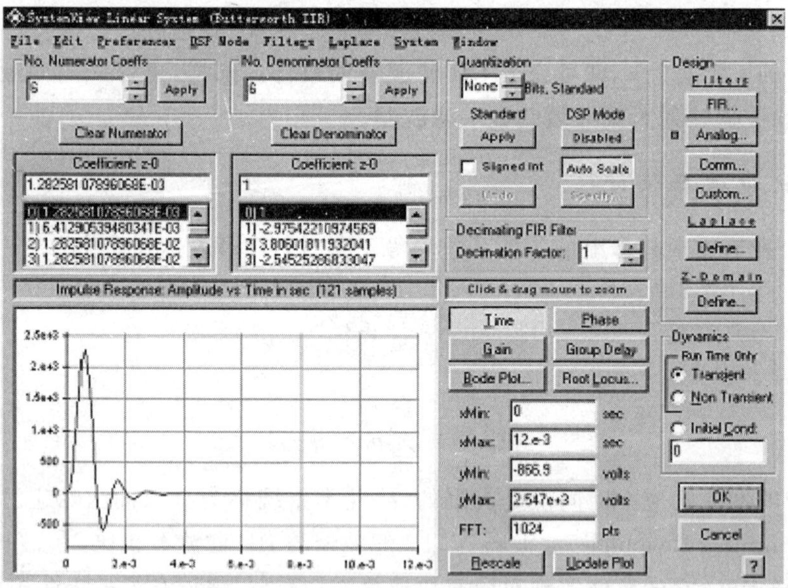

图 2.1 线性系统参数设计窗口

该窗口提供了在 SystemView 中设计滤波器可能用到的各种工具，在该窗口的最上端是菜单栏。通过各项菜单命令，完成对系数文件的访问，执行各种编辑命令，设置各种选项，完成 DSP 方式的设置，根据技术指标或传递函数直接选择所设计滤波器的种类，绘制系统的根轨迹图或波特图，为所设计的滤波器加窗口等。在菜单栏下面的左半部分，提供了两个文本编辑器“Coeffieient”。通过它们，用户既可以直接输入系统传递函数中分子、分母的各项系数，也可以在通过其他图形化的设计方法设计完滤波器后，在此观察、修改传递函数。SystemView 对这些系数的设置没有任何附加要求。另外，在这些文本编辑器的右边，还提供了一个系数量化的工具“Quantization”，可以把设计的系数量化为任意位，以使用户在滤波器设计中可以有选择性地考虑字长的影响。菜单栏下面的右半部分，有选择滤波器种类的按钮，共有 FIR、模拟(IIR)、通信、自定义、拉氏(s)域、z 域 6 种。另外，通过选择“Dynamics”选项区域中的“Transient”或“Non Transient”选项，用户可以应用初值定理设置滤波器的瞬态响应。在窗口的左下端，有一个二维图形窗口，用户可以由此观察到各种图形化的设计结果，如该系统时域的冲激响应、频域的幅频/相频特性、群延时、根轨迹图、波特图等，并提供了 2 个对该图形进行设置的工具按钮“Rescale”和“Update Plot”。

概括地说，在 SystemView 平台上设计滤波器主要有如下 3 种方法。

(1) 标准指标化方法：设定所需各种滤波器的各项性能指标，由 SystemView 自动完成设计，包括 FIR 型、模拟(IIR)型或通信滤波器等；

(2) 图形化方法：直接从图形界面设计所需的幅频特性曲线，由 SystemView 自动计算各系数，从而完成设计；

(3) 理论化方法：根据所需传递函数公式的形式，直接设定 z 域或 s 域传递函数的分子和分母中各项系数以完成设计。

完成设计后，SystemView 还可以自动绘出该线性系统的波特图和根轨迹图。下面分别举例介绍各种滤波器的设计方法。

2.2.1 FIR 滤波器设计

通过滤波器设计窗口(图 2.1)右端的“FIR”按钮，就可以进入 FIR 滤波器设计对话框，如图 2.2 所示。由图 2.2 可以看到，FIR 滤波器分为两组：左边一组是标准形式的 FIR 滤波器，右边一组是以低通滤波器为基础并按前述窗口法设计的加高型低通滤波器。

标准形式的 FIR 滤波器设计

在图 2.2 中选定滤波器或窗口类型后，单击“Design”(设计)按钮，进入参数对话框。例如，图 2.3 即是一个带通滤波器的参数设计对话框。

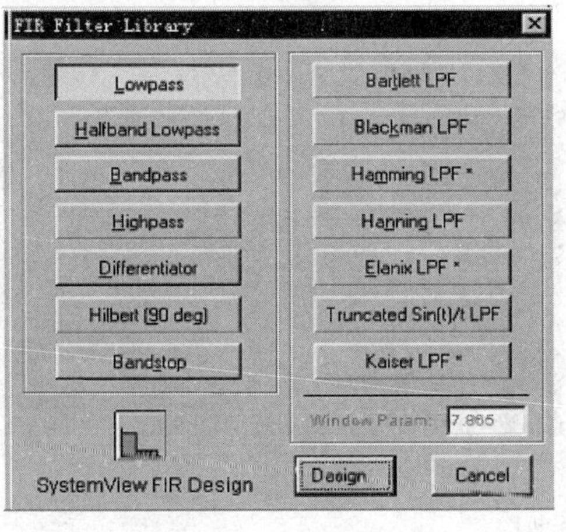

图 2.2　FIR 设计窗口

在各相应的参数框中，用户可以输入滤波器的带内/带外增益，以及通带宽度、过渡频带、截止频带、通带内的纹波系数等滤波器参数。

需要注意的是，对 FIR 滤波器而言，所有频率都应是该滤波器输入信号的采样频率的真分数。即在输入各频率参数时，应该用该滤波器输入信号的采样频率进行归一化。例如，在一般情况下，系统的采样频率为 1 MHz，所设计的 FIR 低通滤波器的截止频率为 50 kHz，则滤波器设计窗口输入的相对截止频率应为 0.05(50 kHz/1 MHz) Hz。如果在滤波器前面连接的是抽样器或采样器图标或包含其他可能使采样频率发生变化的环节，则该滤波器的频率参数也应相应地用这些图标输出信号的采样频率进行归一化。在设计时，归一化的分母系数显示在设计窗口中幅频特性图形的下面，如图 2.3 中的“(System Rate=100 Hz)”。

作为例子，下面来设计一个 FIR 低通滤波器。在进入 FIR 滤波器设计对话框(图 2.2)后，单击“Lowpass”按钮选择低通滤波器，进入如图 2.4 所示的参数对话框。

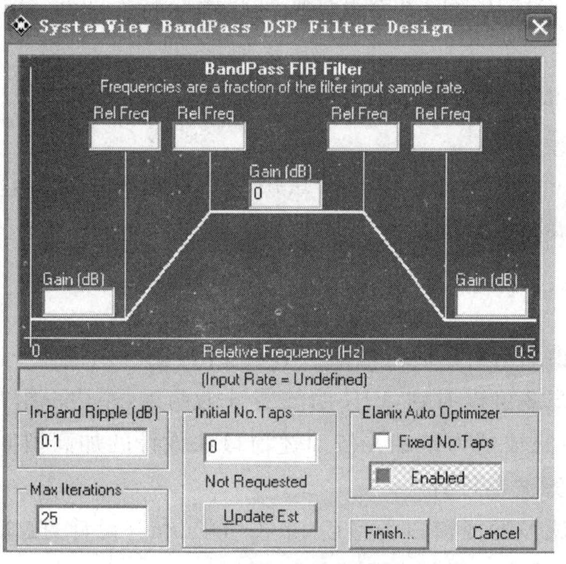

图 2.3　带通滤波器设计窗口

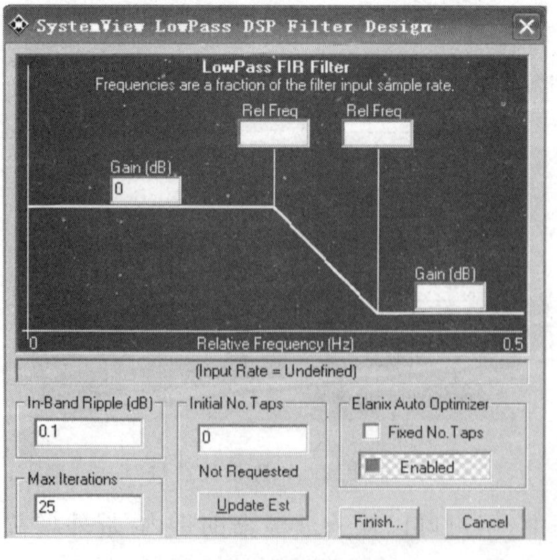

图 2.4　低通滤波器设计窗口

按图 2.4 中所示输入各相应参数。参数输入完毕后，单击“Update Est”(更新)按钮，在其上方的框中就会自动计算出实现该滤波器所需要的大约抽头数。最后，单击“Finish...”按钮进行系数计算。

在图 2.5 中单击“Yes”接收该结果，则该滤波器的系数和冲激响应曲线会显示在滤波器高于系统采样频率的 1/2 时，系统认为其为非法参数，会要求重新输入。

另外，通过单击图 2.5 设计对话框中的“Convert To Laplace...”按钮，还可通过给出 s 域系数的方式来设计该类型滤波器。如果有一个拉普拉斯变换式，SystemView 可提供在单一图标内直接实现一个连续线性系统的功能。实现的结构是先把系统分解成若干 4 阶表达式的乘积形式，即

$$H(s)=\prod_{k=1}^{N}H_k(s) \tag{2.7}$$

$$H_k(s)=(a_{4k}s^4+a_{3k}s^3+a_{2k}s^2+a_{1k}s^1+a_{0k}s^0)/(b_{4k}s^4+b_{3k}s^3+b_{2k}s^2+b_{1k}s^1+b_{0k}s^0) \tag{2.8}$$

SystemView 按双线性变换关系 $s=2f_s(1-z^{-1})/(1+z^{-1})$ 自动把每一个 4 阶表达式变换到 z 域。在编译时 SystemView 会自动检查在线性系统之前是否连接有抽样器或采样器。如果有，则根据所设置的参数自动调整 z 域系数。

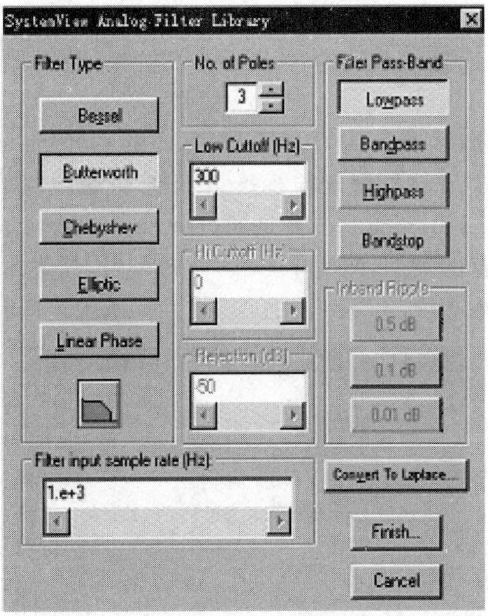

图 2.5　模拟滤波器设计窗口

例如，在如图 2.5 所示的设计对话框中输入各参数，设计一个 Butterworth 低通滤波器。系统时间参数采用默认值，滤波器设为 2 阶，通带截止频率为 12 Hz，则转换到 s 域后的传递函数系数设计窗口如图 2.6 所示。

用户可以通过在图 2.6 对话框中修改前述结果，或直接输入该滤波器拉普拉斯变换形式传递函数的分子和分母的系数来给定该滤波器的参数。该对话框中每次显示一个 4 阶表达式，可以通过单击“Next Section”或“Prev Section”按钮来切换显示各个表达式。输入完毕后，系统同样会自动计算出各项系数及相应的响应曲线。

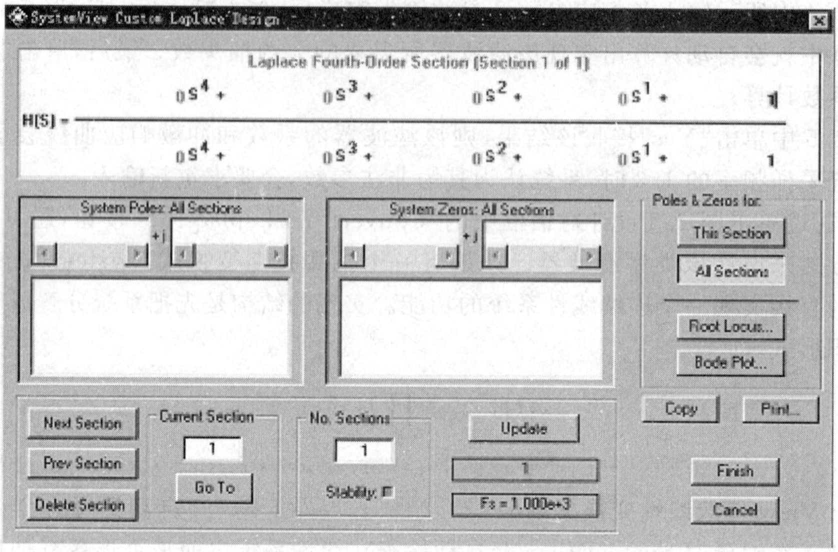

图 2.6　*s* 域系统设计窗口

2.2.2　通信滤波器设计

单击图 2.1 滤波器设计窗口右端的"Comm..."按钮，就可以进入通信滤波器的设计对话框，如图 2.7 所示。

通信滤波器均为低通滤波器。从图中可以看出，SystemView 的通信滤波器分为两类，其中的"Template Filter"类滤波器完全与标准 FIR 低通滤波器的设计一样，只是过渡带的曲线不一样；而"Parametric Filter"类滤波器是通过一个完整的数学表达式来进行设计的。在图 2.7 中选定参数和滤波器的类型，然后单击"Design..."按钮进入参数设置对话框，然后在该对话框中的各文本框中输入相应的参数即可完成设计。系统同样会计算系数和响应曲线。

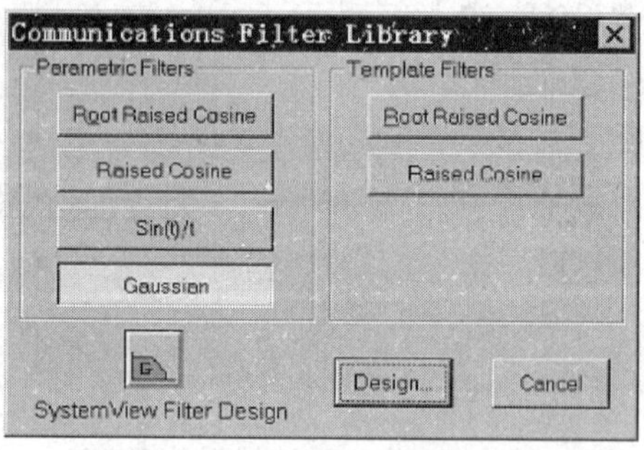

图 2.7　通信滤波器设计窗口

2.2.3　用户自定义型滤波器设计

单击图 2.1 滤波器设计窗右端的"Custom..."按钮，就可以进入用户自定义型滤波器的设计对话框，如图 2.8 所示。在这个对话框中，用户既可以通过用鼠标拖动各幅频、相频特性曲线上的点来改变、设计滤波器的响应，也可以通过在该对话框右侧的表格中输入各点的参数来设计滤波器的幅频、相频特性，还可以通过单击"Open File"按钮，直接从外部数据文件输入各参数来设计该滤波器，这给用户带来极大的方便。例如，图 2.8 中已经定义了一个高通滤波器，通带相对截止频率为 0.3 Hz，通带增益为－25 dB，止带增益为－40 dB，过渡带宽（相对频率）为 0.06，在通带内相位保持线性关系。该滤波器的最终设计结果是一个抽头数为 63 的 FIR 滤波器。通过“File”菜单中的“Save”命令，可将当前的设计结果以文本形式保存下来。

该滤波器设计的结果也是 FIR 型滤波器，其频率响应曲线的横坐标为相对频率，范围在 0～0.5。通过改变曲线图下面“Freq Samples”文本框中的频率采样点数，可以改变横坐标的单位长度，从而改变图形的频率分辨率。

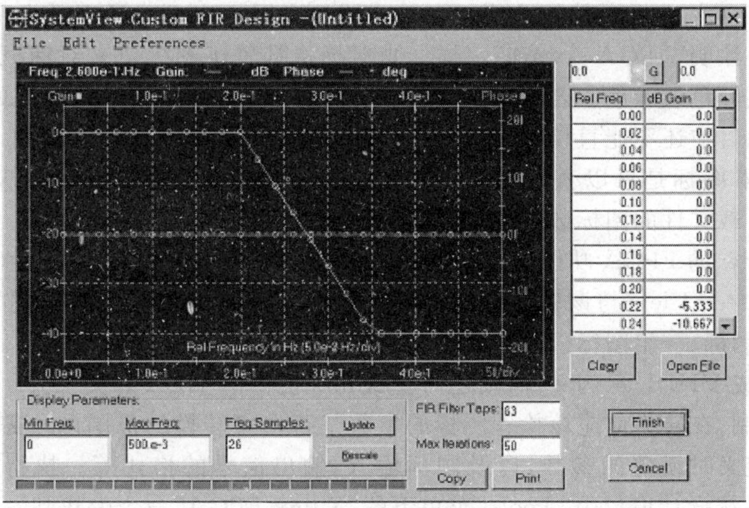

图 2.8 用户自定义滤波器设计窗口

2.2.4 直接输入系数滤波器设计

在图 2.1 滤波器设计窗口的右端有两个按钮，分别为拉普拉斯变换设计和 z 变换设计。单击它们就可以进入相应的参数设置对话框。图 2.9 所示是用 z 域系数输入法设计滤波器对话框。直接通过输入滤波器拉普拉斯变换或 z 变换形式的传递函数的分子、分母的系数来设计滤波器，对于给定传递函数的滤波器设计是十分方便的。例如，图中给出了一个 IIR 型高通滤波器的 z 域传递函数系数。

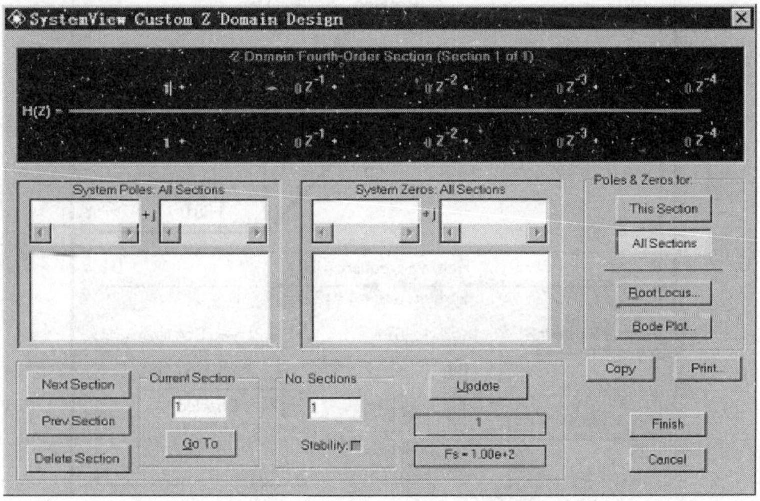

图 2.9 z 域系数输入法设计滤波器对话框

2.2.5 滤波器及其他 DSP 设计的 FPGA 实现

为了方便 DSP 设计，SystemView 提供了与 FPGA 芯片或 DSP 芯片硬件设计的接口。利用这些接口，使 DSP 设计者可以利用 SystemView 来辅助完成其硬件芯片的设计。本小节中介绍 SystemView 与 FPGA 设计的接口。

为了软、硬件设计的衔接，SystemView 为部分器件提供了下载到硬件并直接生成 FPGA 器件编程所需的数据文件的功能。在某些器件库图标定义对话框的左下角，有一个小方框，方框右边注明“FPGA Aware”字样。当鼠标指针置于图标定义对话框中某一图标上时，方框内变成红色或绿色。若为绿色，则表示该图标可直接生成下载所需的数据文件；若为红色，则表示目前还不能直接利用 SystemView 生成下载所需文件。例如，算子库中的线性系统和滤波器图标是可以直接完成下载数据文件生成的。随着 SystemView 版本的更新，可以生成下载文件的图标数目也会不断增加。

SystemView 的 FPGA 功能需与 Xilinx 公司的 FPGA 设计软件 CORE Generator 配合使用。目前 SystemView 与该软件的 1.4 版本或 1.5 版本有接口，而其他版本暂不能兼容。它可以将单个图标、一组图标或整个系统生成 FPGA 下载所需的数据文件。另外，如果用户需要选择生成 VHDL 示例文件，则还需要 Xilinx 提供的 HDL 有关工具。因为硬件总有一定的物理限制，在转换前应该检查图标的参数是否在可转换的范围内。需要检查的参数包括：在图标定义时设置的参数，以及图标输入、输出信号的格式等。执行检查命令可在 SystemView 系统设计窗口中“Tools”菜单下的“Xilinx FPGA”命令中找到。

下面以滤波器设计为例，介绍利用 SystemView 提供的接口生成 FPGA 下载文件的过程。

首先设定系统的时间参数为从 0 s 开始，采样频率为 100 kHz，共运行 128 个采样点。然后从算子库中选择线性系统和滤波器图标，选择 FIR 滤波器类型，并按图 2.10 输入参数，即设计一个标准型 FIR 低通滤波器，其通带截止频率为 10 kHz，过渡带宽为 4 kHz，通带内幅频增益为 0 dB，止带内增益为 −40 dB。

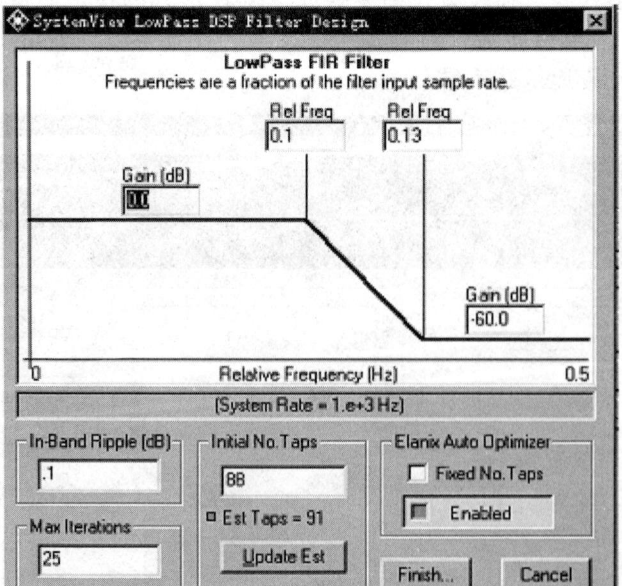

图 2.10 FIR 低通滤波器设计窗口

完成对滤波器的特性设计后，为了能将该设计应用到 FPGA 设计中去，应将其设为 DSP 模式。在图 2.6 滤波器设计窗口的菜单栏中单击“DSP mode”→“Enalbe DSP Arithmatic Mode”，打开如图 2.11 所示对话框。这时系统要求输入系数代数类型，将其选为有符号的定点数。寄存器长度转换类型设为默认值，即寄存器长度为 16 位，小数部分长度为 15 位即可。完成后，单击“OK”按钮。下面，再确定计算和输出的参数类型，同样将其设为有符号的定点数，寄存器长度和小数部分长度分别设为 31 位和 24 位，如图 2.12 所示。完成后，单击“OK”按钮。这时，可以看到系统的冲激响应有少许变化，这是由于滤波器的系数量化所造成的。

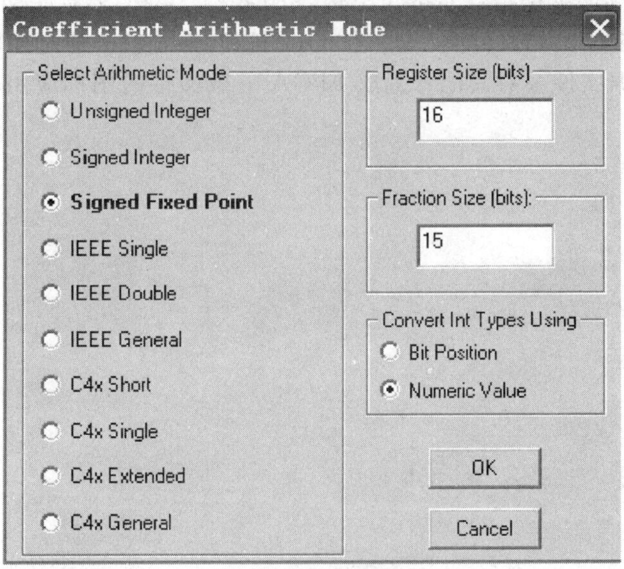

图 2.11　滤波器系统类型设置窗口

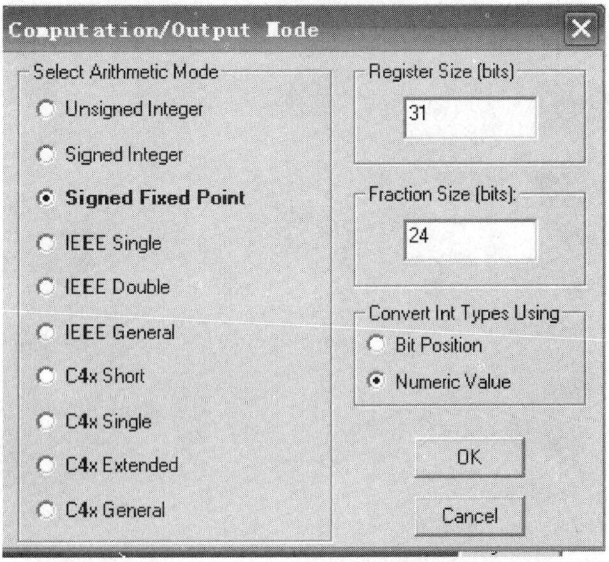

图 2.12　滤波器计算和输出的参数类型设置窗口

下面完成整个系统的搭建，信号源取频率为 5 kHz、电压幅度为 0.9 V 的正弦信号。为了与后面的数字器件相连，须经过信号格式转换器，将输入的模拟信号转化为有符号的定点数。寄存器长度和小数部分长度分别为 10 位和 9 位，然后把整个系统连接起来，后面连接观察窗，系统时间设为默认值。运行这个系统即可观察其结果，频率为 5 kHz 的正弦信号通过了滤波器。

为了生成 FPGA 所需的数据文件，首先在设计窗口菜单栏中单击“Tools”→“Xilinx FPGA”。然后在该对话框中单击“Check Specific Token”选项，以便检查系数设置。系统给出报告表明系数设置没有问题之后，再单击“Convert selected token”选项就可以了。

单击“OK”按钮后，鼠标指针右下角出现“SELECT”字样，然后再单击所要生成数据文件的图标。最后指定输出的文件类型，单击“OK”按钮，系统就会通过接口启动 CORE Generator，生成所需数据文件。对其他可生成 FPGA 下载文件的图标应用 FPGA 设计的过程与此类似。

第3章 通信系统中的锁相环

现在，各种各样的锁相环电路已被广泛应用于现代数字通信技术的各个方面。几乎各种先进的通信系统都有锁相环的影子。本章主要讨论与通信系统有关的锁相环问题。锁相环主要用于通信系统中的FM解调、数字频率合成以及低信噪比情况下的载波恢复。

3.1 锁相环的工作原理

锁相环最基本的结构如图3.1所示。它由三个基本的部件组成：鉴相器(PD)、环路滤波器(LPF)和压控振荡器(VCO)。

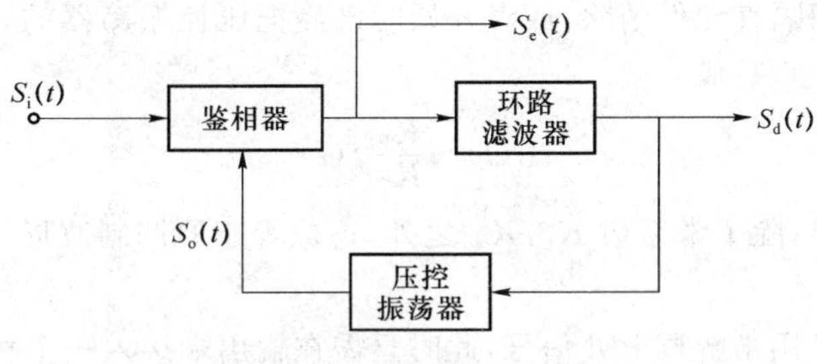

图3.1 锁相环的工作原理

鉴相器是个相位比较装置。它把输入信号 $S_i(t)$ 和压控振荡器的输出信号 $S_o(t)$ 的相位进行比较，产生对应于两个信号相位差的误差电压 $S_e(t)$。

环路滤波器的作用是滤除误差电压 $S_e(t)$ 中的高频成分和噪声，以保证环路所要求的性能，增加系统的稳定性。

压控振荡器受控制电压 $S_d(t)$ 的控制，使压控振荡器的频率向输入信号的频率靠拢，直至消除频差而锁定。

锁相环是个相位误差控制系统。它比较输入信号和压控振荡器输出信号之间的相位差，从而产生误差控制电压来调整压控振荡器的频率，以达到与输入信号同频。在环路开始工作时，如果输入信号频率与压控振荡器频率不同，由于两信号之间存在固有的频率差，它们之间的相位差势必一直在变化，结果鉴相器输出的误差电压就在一定范围内变化。在这种误差电压的控制下，压控振荡器的频率也在变化。若压控振荡器的频率能够变化到与输入信号频率相等，在满足稳定性条件下就在这个频率上稳定下来。达到稳定后，输入信号和压控振荡器输出信号之间的频差为零，相差不再随时间变化，误差电压为一固定值，这时环路就进入“锁定”状态。这就是锁相环工作的大致过程。

以上的分析是对频率和相位不变的输入信号而言的。如果输入信号的频率和相位在不断地变化，则有可能通过环路的作用，使压控振荡器的频率和相位不断地跟踪输入频率的变化。

对于锁相环的详细分析可参阅有关锁相技术的书籍。以下仅说明锁相环鉴频原理。锁相环具有良好的跟踪性能。若输入 FM 信号时，让环路通带足够宽，使信号的调制频谱落在带宽之内，这时压控振荡器的频率跟踪输入信号的变化。可以简单地认为压控振荡器频率与输入信号频率之间的跟踪误差可以忽略。因此任何瞬时压控振荡器的角频率 $\omega_V(t)$ 与 FM 波的瞬时角频率 $\omega_{FM}(t)$ 相等。

根据第 5 章中对 FM 信号的描述，FM 波的瞬时角频率可表示为

$$\omega_{FM}(t)=\omega_0+K_F f(t) \tag{3.1}$$

假设 VCO 具有线性控制特性，其斜率（压控灵敏度）为 K_V（弧度/秒·伏），而 VCO 在 $S_d(t)=0$ 时的振荡角频率为 ω_0'，则当有控制电压时，VCO 的瞬时角频率为

$$\omega_V(t)=\omega_0'+K_V S_d(t) \tag{3.2}$$

令(3.1)式和(3.2)式相等，即 $\omega_V(t)\approx\omega_{FM}(t)$，可得

$$S_d(t)=\frac{\omega_0-\omega_0'}{K_V}+\frac{K_F}{K_V}f(t) \tag{3.3}$$

其中，ω_0 为 FM 波的载频，ω_0'为压控振荡器的固有振荡频率，两者皆为常数。因此式(3.3)第一项为直流项，可用隔直元件消除，或者开始时已经把压控振荡器的频率调整为 $\omega_0=\omega_0'$。因此式(3.3)还可进一步写成

$$S_d(t)\approx\frac{K_F}{K_V}f(t) \tag{3.4}$$

可见，锁相环输出，除了常系数 K_F/K_V 之外，近似等于原调制波形 $f(t)$，因而达到了频率解调的目的。

同理，锁相环也可用于解调 PM 信号，此时只需在输出端接入一个积分器就可以了。通过合理选择环路参数（主要是环路滤波器的参数）可以在满足解调要求的条件下使闭环带宽尽可能窄，以便抑制噪声。因此锁相环具有良好的噪声性能。当接收信号电平微弱，噪声成为主要考虑因素时，采用 PLL 解调器可以改善解调性能，它可用于各种移动 FM 电台、微波接力系统、卫星通信系统以及电视、遥测等系统中，它与普通鉴频器相比，门限改善可达 6 dB，所以 PLL 解调器又称为门限扩张解调器或低门限解调器。

3.2 一阶 PLL 实现的 FM 解调器

锁相环在通信系统中最常见的应用是作为 FM 解调或 FSK 的解调。

作为 PLL 应用的一个例子，如图 3.2 所示是一个用简单一阶 PLL 实现的 FM 解调器。其中调制器（图符 2）的调制增益为 1 V/Hz，载波频率为 1 kHz，输入的是幅度为 50 V，频率 25 Hz 的正弦信号（图符 3）。锁相环由乘法器（图符 1）、低通滤波器（图符 0）、压控振荡器（图符 5）组成。其中鉴相器使用了乘法器型的相位检测器。低通滤波器采用了贝塞尔(Bessel)低通滤波器，可以滤除由乘法器产生的倍频项。压控振荡器简单地用了一个与信

号源载波频率一致的 FM 图符代替,其调制增益设为 0.159 V/Hz。图符 4 提供了约 628 倍的增益作为环路补偿。闭环响应的控制极点由环路增益来近似建立。图符 6 输出的 VCO 控制信号的波形如图 3.3 所示,该波形即为所希望的解调信号。正如我们估计的那样,锁相环在短暂的暂态后,PLL 输出的稳定的正弦波信号正是解调信号。

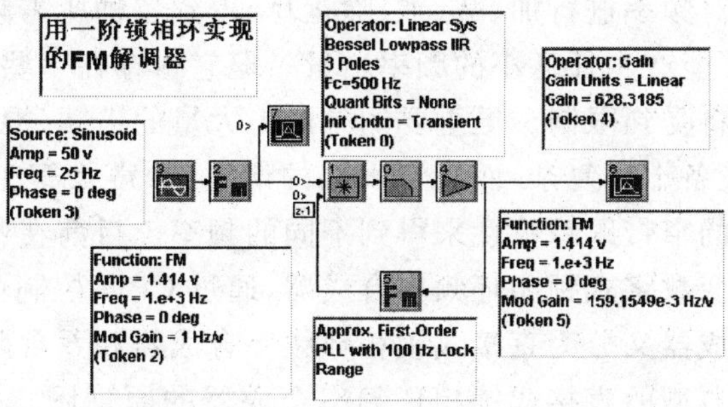

图 3.2　用一阶 PLL 实现的 FM 解调器仿真原理图

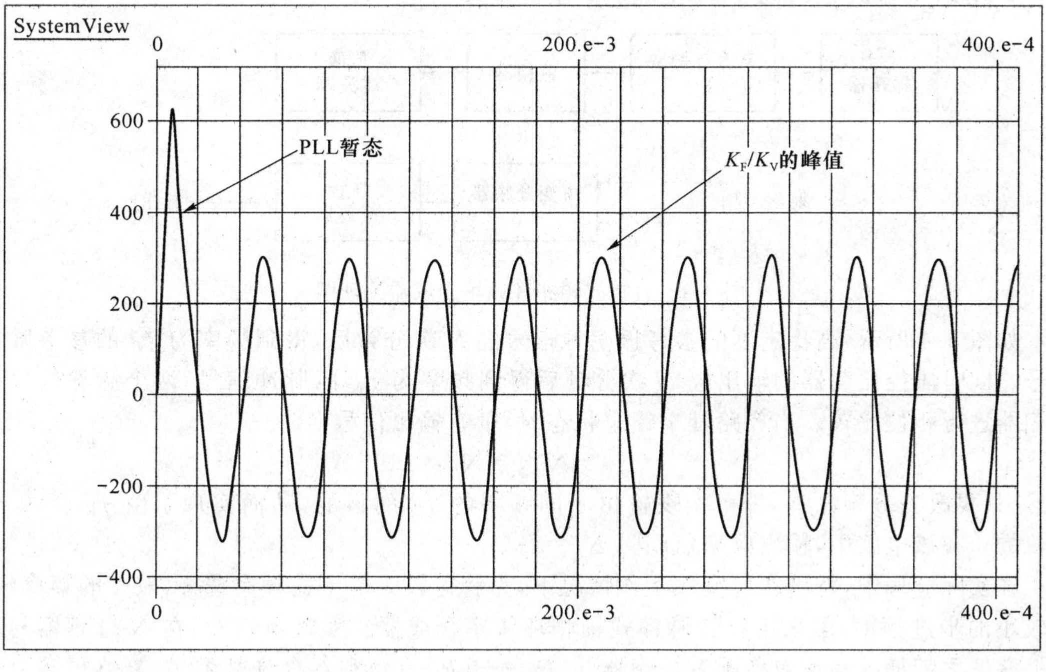

图 3.3　PLL 解调器的输出波形图

3.3　数字频率合成器

3.3.1　数字频率合成原理

随着通信、雷达、宇航和遥控遥测技术的不断发展,对频率源的频率稳定度、频谱纯度、频率范围和输出频率的个数提出越来越高的要求。为了提高频率稳定度,经常采用晶体振荡器等方法来解决,但它不能满足多种频率的要求,因此,目前大量采用频率合成技术。通过对频率进行加、减、乘、除的运算,可从一个高稳定度和高准确度的标准频率源,产生大量的具有同一稳定度和准确度的不同频率。

频率合成的方法很多,大致可分为直接合成法和间接合成法两种。直接合成法是通过倍频器、分频器、混频器对频率进行加、减、乘、除运算,得到各种所需频率。直接合成法的优点是频率转换时间短,并能产生任意小的频率增量。但它也存在一些不可克服的缺点,用这种方法合成的频率范围将受到限制。更重要的是由于大量的倍频、混频等电路,就要有不少滤波电路,使合成器的设备十分复杂,而且输出端的谐波、噪声及寄生频率难以抑制。间接合成法则利用锁相环路的窄带跟踪特性来得到不同的频率。目前在各种无线电台中使用的频率合成器普遍采用可变数字式锁相环频率合成器,通过 CPU 控制可获得不同的频点。

数字锁相环频率合成器又分为直接式锁相环频率合成器和吞食脉冲式锁相环频率合成器。如图 3.4 所示是个典型的直接式锁相环频率合成器的原理图。它由参考振荡源、参考分频器、锁相环三部分组成。其中的锁相环与普通锁相环不同的是,它在 VCO 的输出端和鉴频器的输入端之间的反馈回路中加入了一个可变分频器。

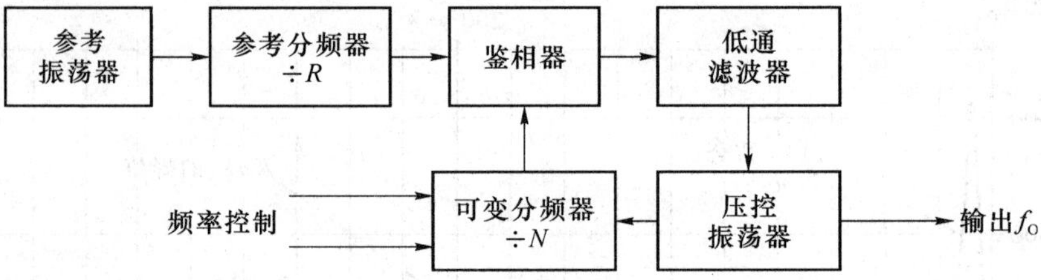

图 3.4　直接式锁相环频率合成器原理图

如图 3.4 所示,高稳定度的参考振荡源信号经 R 次分频后,得到频率为 f_R 的参考脉冲信号。同时压控振荡器的输出经 N 次分频后得到频率为 f_N 的脉冲信号,两个脉冲信号在鉴相器进行相位比较。当环路处于锁定状态时,则有输出信号

$$f_O = Nf_N = Nf_R$$

显然,只要改变分频比 N,即可实现输出不同频率的 f_O 的目的,从而实现了由 f_R 合成 f_O 的目的。在该电路中,输出频率点间隔 $\Delta f = f_R$。

在实际应用中,特别在超高频工作情况下,为获得较大范围的频率选择(较多的频率数)和较小的步进频率,多采用吞食脉冲式锁相环频率合成器。实现方法为,在 N 分频器与压控振荡器之间插入高速双模前置分频器($\div P$ 与 $\div(P+1)$)和吞食计数器 A,最终得到总的计数分频比为

$$N = A(P+1) + P(N-A) = PN + A$$

输出频率为

$$f_O = (PN+A)f_R = PNf_R + Af_R \tag{3.5}$$

可见频率范围扩展了 P 倍,而频率间隔仍然保持为较小的 f_R。

3.3.2　直接式数字锁相环频率合成器的仿真

作为实验,如图 3.5 所示为一个用 SystemView 实现的直接式数字锁相环频率的仿真电路。为了节省仿真时间,参考振荡器直接采用了较低的 10 Hz 正弦波信号(图符 0),而没

有采用由一个较高的参考振荡器经过分频 R 得到 f_R 的办法。

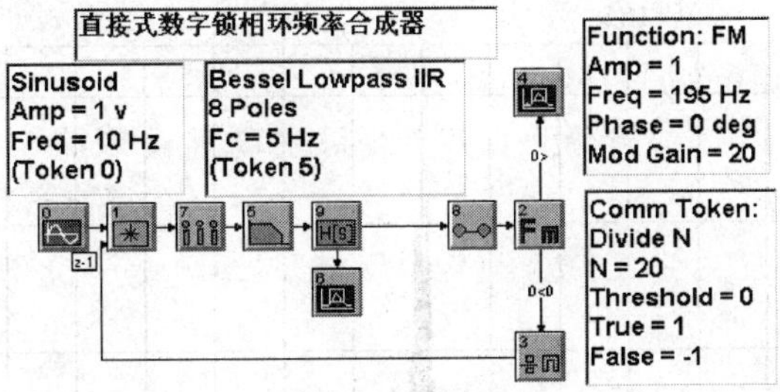

图 3.5　用 SystemView 实现的直接式锁相环频率合成器仿真原理图

锁相环的 VCO 用了个 FM 图符代替(图符 2),其载波频率设置为 195 Hz,增益为 20 Hz/V。环路低通滤波器使用了一个 8 极点的贝塞尔低通滤波器(图符 5),带通为 5 Hz。在滤波器前端加入了一个 100 Hz 的采样图符以减少系统仿真时的运行时间。分频器使用通信图符库中的 N 倍分频器(图符 3),分频器的 $N/C(N+1)$ 控制端未使用。若取分频比 $N=20$,则锁相环的输出 f_O 应该锁定 $f_O=(N+1)f_R=21\times 10=210$ Hz 上,输出信号的频谱图如图 3.6 所示,在 210 Hz 处有较高的能量峰值,说明输出的信号被锁定在 210 Hz 上了。将 N 改设为 1,则输出信号应该为 200 Hz,如图 3.7 所示,仿真的结果在 200 Hz 处的频谱有峰值。改变 N 为其他值,输出信号的频率将变为 10 Hz 的整数倍。但事实上由于锁相环的锁定范围限制(与滤波器带宽和压控振荡器的载波最大变化范围有关),只能输出压控振荡器载波频率附近的几个整数倍的频率。

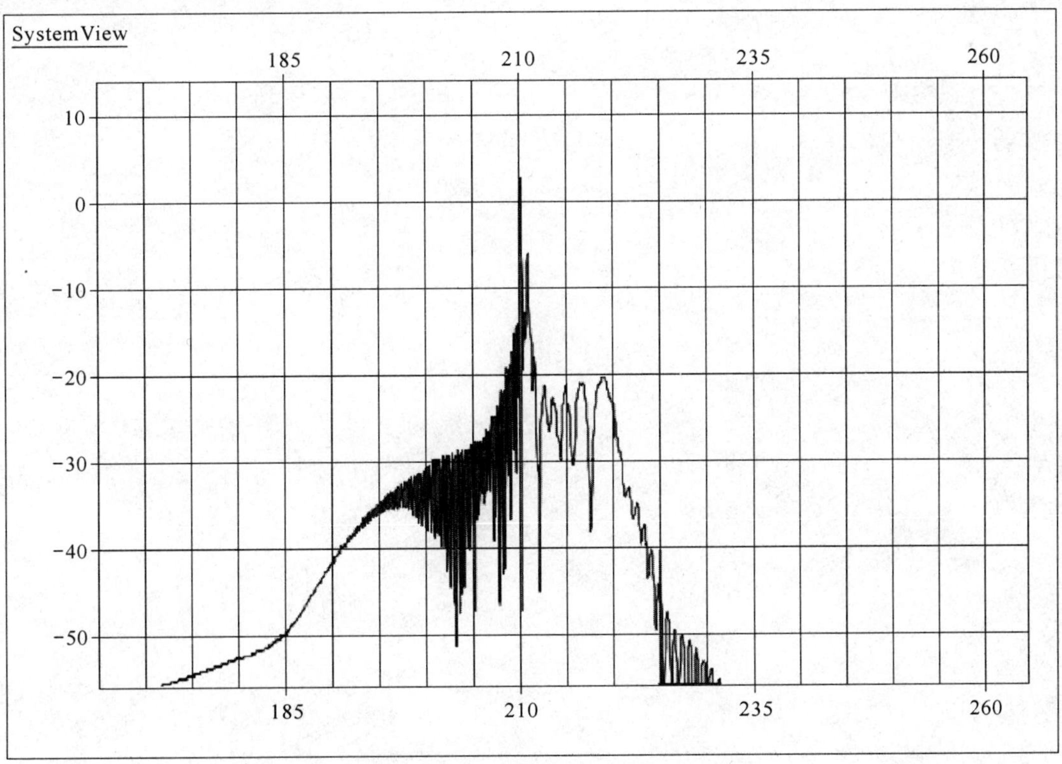

图 3.6　$N=20$ 时频率合成器输出信号的频谱图

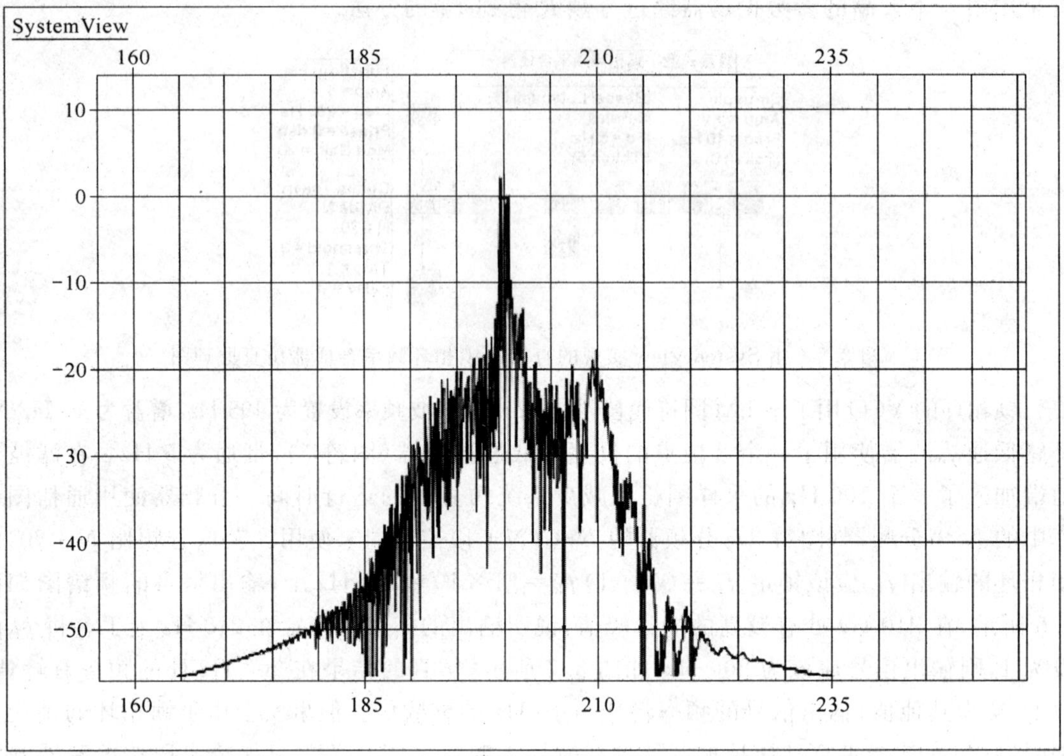

图 3.7　N=19 时频率合成器输出信号的频谱图

第 4 章 数字基带传输系统

通信的根本任务是远距离传递信息,准确地传输数字信息是数字通信的一个重要环节。在数字传输系统中,其传输对象通常是二进制数字信息。它可能是来自计算机、网络或其他数字设备的各种数字代码,也可能来自数字电话终端的脉冲编码信号。设计数字传输系统的基本考虑是选择一组有限的离散的波形来表示数字信息。这些离散波形可以是未经调制的不同电平信号,也可以是调制后的信号形式。由于未经调制的脉冲电信号所占据的频带通常从直流和低频开始,因而称为数字基带信号。在某些有线信道中,特别是传输距离不太远的情况下,数字基带信号可以直接传送,我们称之为数字信号的基带传输。而在另外一些信道,特别是无线信道和光信道中,数字基带信号则必须经过调制,将信号频谱搬移到高频处才能在信道中传输,我们把这种传输称为数字信号的调制传输(或载波传输)。如果把调制与解调过程看作是广义信道的一部分,则任何数据传输系统均可等效为基带传输系统。因此掌握数字信号的基带传输原理是十分重要的。通过 SystemView 提供的仿真环境对数字基带传输中的某些问题加以仿真、分析,能帮助我们进一步加深对这些抽象概念的理解,并增强感性认识。

4.1 数字基带信号传输无失真条件

原始二进制数字基带信号波形多数都是矩形波,在画频谱时通常只画出其能量最集中的频率范围,但这些基带信号在频域内实际上是无穷延伸的。如果直接采用矩形脉冲的基带信号作为传输码型,由于实际信道的频带是有限的,则传输系统接收端所得的信号频谱必定与发送端不同,这就会使接收端数字基带信号的波形失真。大多数有线传输情况下,信号频带不是陡然截止的,而且基带频谱也是逐渐衰减的,采用一些相对来说比较简单的补偿措施(如简单的频域或时域均衡)可以将失真控制在比较小的范围内。较小的波形失真对于二进制基带信号影响不大,只是使其抗噪声性能稍有下降,但对于多元信号,则可能造成严重的传输错误。当信道频带严格受限时(如数字基带信号经调制通过频分多路通信信道传输),波形失真问题就变得比较严重,尤其在传输多元信号时更为突出。

为了研究波形传输的失真问题,我们首先来看一下基带信号传输系统的典型模型,如图 4.1 所示。在发送端,数字基带信号 $X(t)$ 经发送滤波器输入到信道,发送滤波器的作用是限制发送频带,阻止不必要的频率成分干扰相邻信道。传输信道在这里是广义的,它可以是传输介质(电缆、双绞线等),也可以是调制解调器的调制信道。基带信号在信道中传输时常混入噪声 $n(t)$,同时由于信道一般不满足不失真传输条件,因此要引起传输波形的失真。

所以在接收端输入的波形与原始的基带信号 $X(t)$ 差别较大，若直接进行抽样判决可能产生较大的误判。因此在抽样判决之前先经过一个接收滤波器，它一方面滤除带外噪声，另一方面对失真波形进行均衡。抽样和判决电路使数字信号得到再生，并改善输出信号的质量。

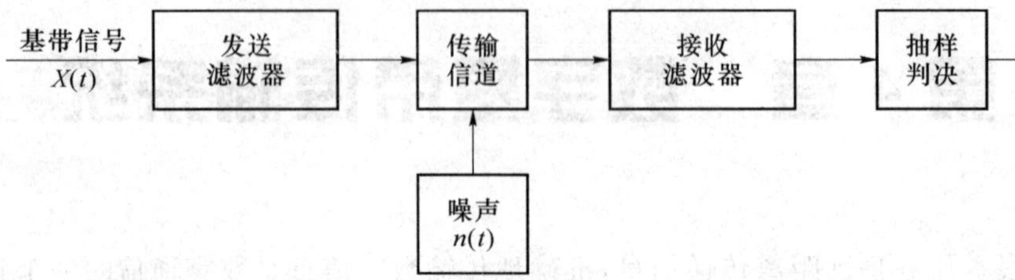

图 4.1　基带传输系统模型

根据频谱分析的基本原理，任何信号的频域受限和时域受限不可能同时成立。因此基带信号要满足在频域上的无失真传输，其信号波形在时域上必定是无限延伸的，这就带来了各码元间相互串扰问题。造成判决错误的主要原因是噪声和由于传输特性（包括发、收滤波器和信道特性）不良引起的码间串扰。基带脉冲序列通过系统时，系统的滤波作用使脉冲拓宽，在时间上，它们重叠到邻近时隙中去。接收端在按约定的时隙对各点进行抽样，并以抽样时刻测定的信号幅度为依据进行判决，来导出原脉冲的消息。若重叠到邻近时隙内的信号太强，就可能发生错误判决。若相邻脉冲的拖尾相加超过判决门限，则会使发送的"0"判为"1"。实际中可能出现好几个邻近脉冲的拖尾叠加，这种脉冲重叠并在接收端造成判决困难的现象称为码间串扰。

因此可以看出，传输基带信号受到约束的主要因素是系统的频率特性。当然可以有意地加宽传输频带使这种干扰减小到任意程度，然而这会导致不必要的浪费带宽。如果加宽得太多还会将过大的噪声引入系统。因此应该探索另外的代替途径，即通过设计信号波形，或采用合适的传输滤波器，以便在最小传输带宽的条件下大大减小或消除这种干扰。

奈奎斯特第一准则给我们指明了消除这种码间干扰的方法，并指出了信道带宽与码速率的基本关系。即

$$R_b=\frac{1}{T_b}=2f_N=2B_N \tag{4.1}$$

式中 R_b 为传码率，单位为波特/秒。f_N 和 B_N 分别为理想信道的低通截止频率和奈奎斯特带宽。式(4.1)说明了理想信道的频带利用率为

$$R_b/B_N=2 \tag{4.2}$$

实际上，具有理想低通特性的信道是难以实现的，而实际应用的是具有滚降特性的信道。其带宽较奈奎斯特带宽增加的程度——滚降系数 α 可以表示为

$$\alpha=\frac{B-f_N}{f_N}\quad(0\leqslant\alpha\leqslant 1) \tag{4.3}$$

其中 B 表示滚降信道的带宽。升余弦滚降滤波特性可使传输信号具有较大的功率且收敛快而码间干扰小，已得到了广泛的应用。

4.2　验证奈奎斯特第一准则

为了加深对数字信号基带波形串扰以及升余弦滚降滤波特性的认识，可以用如图 4.2

所示的 SystemView 仿真电路来验证奈奎斯特第一准则。系统的采样频率为 1 kHz。该电路中信号源(图符 0)为幅度 1 V,码速率为 100 bit/s 的伪随机信号。用一个抽头数为 259 的 FIR 低通滤波器(图符 5)来近似模拟理想的传输信道,滤波器的截止频率设为 50 Hz,在 60 Hz 处有－60 dB 的衰落。因此,信道的传输带宽可近似等价为 50 Hz,该频率正好是传输信号的奈奎斯特带宽。基带数据在输入信道以前,先通过一个升余弦滚降滤波器(图符 1)整型,以保证信号有较高的功率而无码间干扰。滚降系数设置为 0.3,信道的噪声用高斯噪声(图符 13)表示。图符 8、图符 9、图符 11 分别完成接收端信号、抽样判决和整型输出。抽样器的抽样频率与数据信号的数据率一致,设为 100 Hz。为了比较发送端和接收端的波形,在发送端接收器前(图符 3)和升余弦滚降滤波器(图符 1)后各加入一个延迟图符。

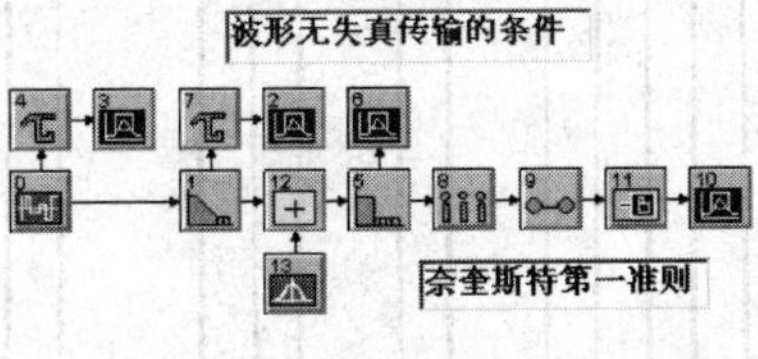

图 4.2　波形无失真传输条件的仿真原理图

实验前,先关闭噪声信号。图 4.3 所示为通过升余弦滚降滤波器后的信号与原输入信号的波形叠加。图 4.4 为输入信号。波形与接收信号波形的叠加,可观察到收发波形基本一致,加入一定幅度的噪声仍然能正常传输。奈奎斯特第一准则得到验证,将输入信号的波特率由 100 bit/s 改为 110 bit/s,此时的条件已不满足奈奎斯特第一准则,重新运行系统,可观察到信号传输错误,如图 4.5 所示。改变噪声幅度,错误波形可能增多。

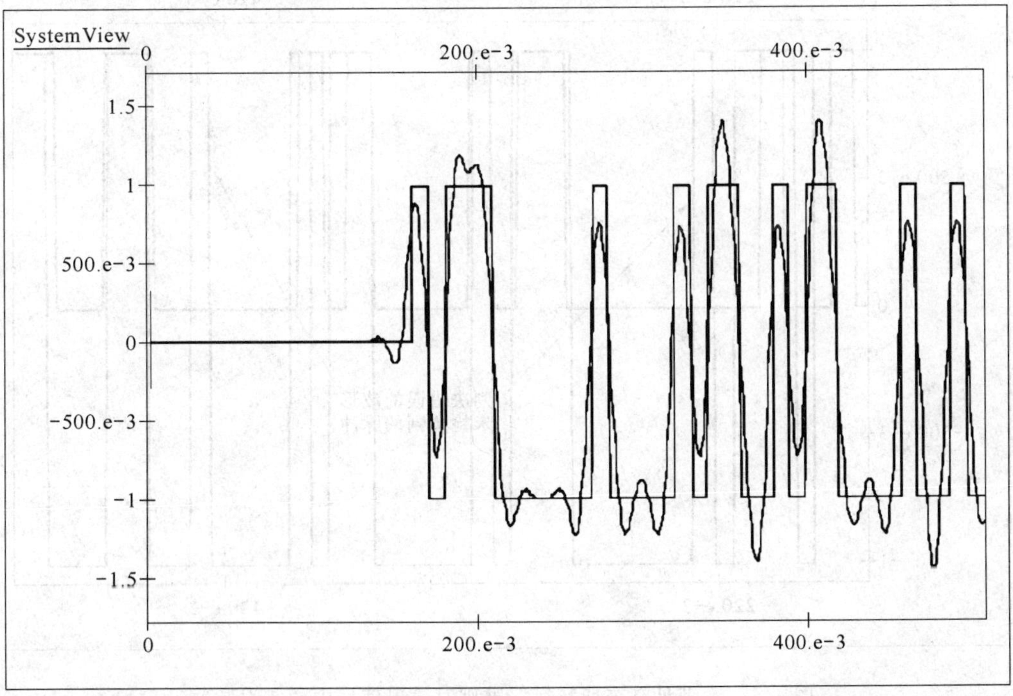

图 4.3　经过升余弦滚降滤波器整型后的信号与原信号的叠加波形

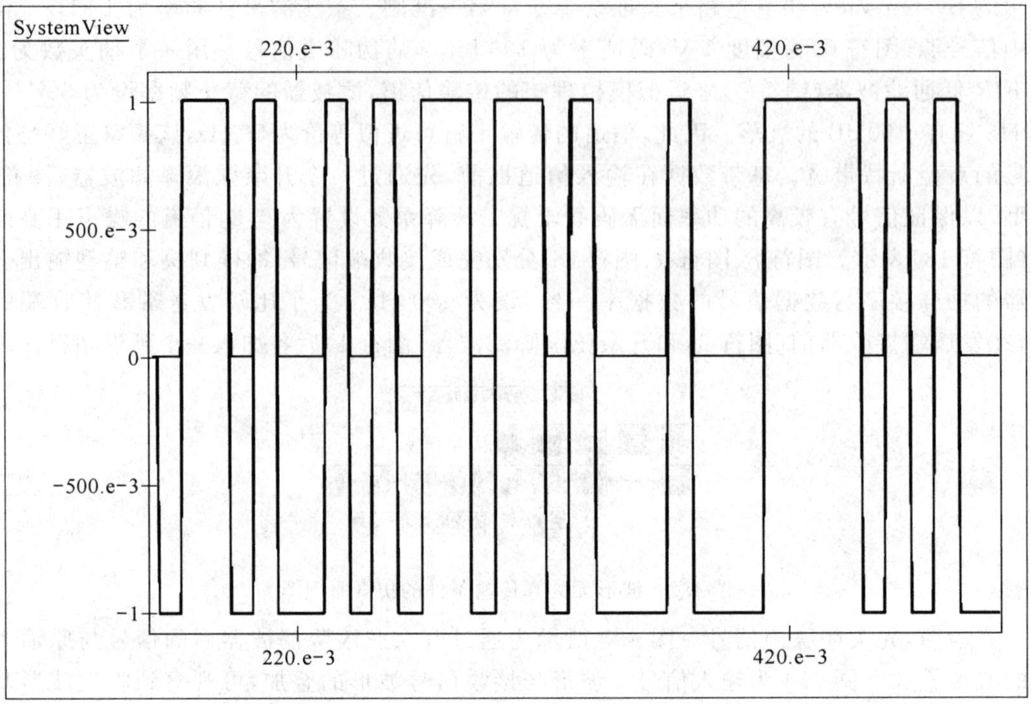

图 4.4 输入信号与输出信号的波形叠加

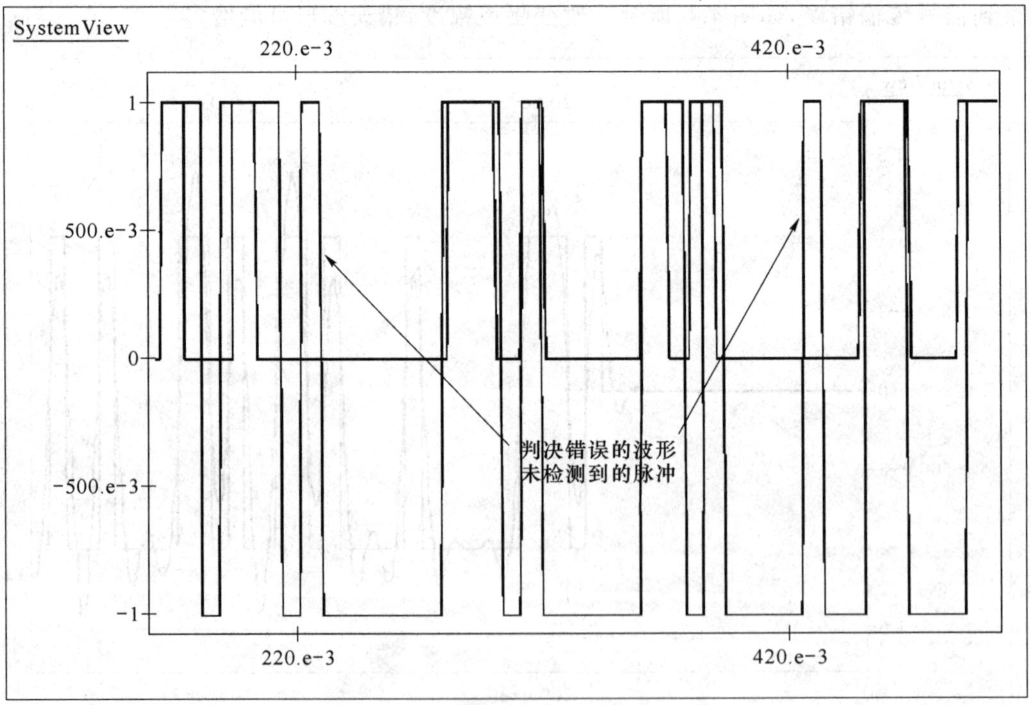

图 4.5 不满足奈奎斯特第一准则时输出信号中的错误脉冲

4.3 眼　　图

在实际系统中,完全消除码间串扰是十分困难的,而码间串扰对误码率的影响目前尚无法找到数学上便于处理的统计规律,还不能进行准确计算。为了衡量基带传输系统的性能优劣,在实验室中通常用示波器观察接收信号波形的方法来分析码间串扰和噪声对系统性能的影响,这就是眼图分析法。

如果将输入波形输入示波器的 Y 轴,并且当示波器的水平扫描周期和码元定时同步时,在示波器上显示的图形很像人的眼睛,因此被称为眼图。二进制信号传输时的眼图只有一只“眼睛”,当传输三元码时,会显示两只“眼睛”。眼图是由各段码元波形叠加而成的,眼图中央的垂直线表示最佳抽样时刻,位于两峰值中间的水平线是判决门限电平。在无码间串扰和噪声的理想情况下,波形无失真,“眼”开启得最大。当有码间串扰时,波形失真,引起“眼”部分闭合。若再加上噪声的影响,则使眼图的线条变得模糊,“眼”开启得小了,因此,“眼”张开的大小表示了失真的程度。

由此可知,眼图能直观地表明码间串扰和噪声的影响,可评价一个基带传输系统性能的优劣。另外也可以用此图形对接收滤波器的特性加以调整,以减小码间串扰和改善系统的传输性能。通常眼图可以用图 4.6 所示的图形来描述。由此图可以看出:

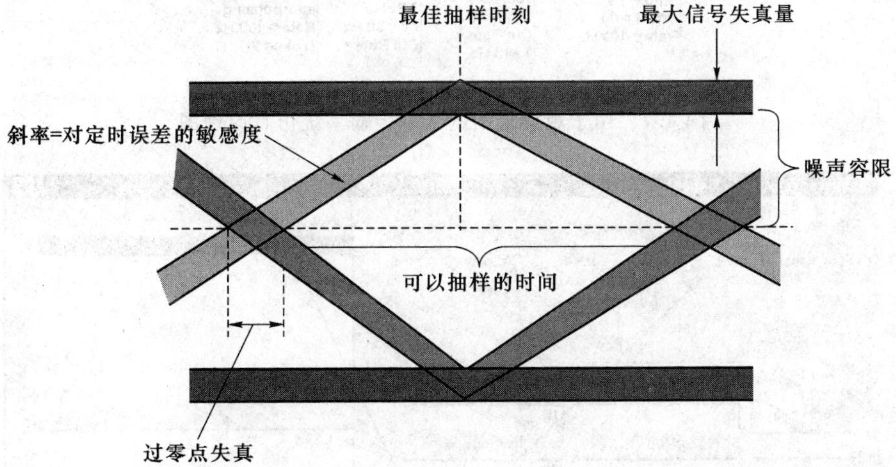

图 4.6　眼图的一般描述

(1) 眼图张开的宽度决定了接收波形可以不受串扰影响而抽样再生的时间间隔。显然,最佳抽样时刻应选在眼睛张开的最大时刻。

(2) 眼图斜边的斜率,表示系统对定时抖动(或误差)的灵敏度,斜边越陡,系统对定时抖动越敏感。

(3) 眼图左(右)角阴影部分的水平宽度表示信号零点的变化范围,称为零点失真量,在许多接收设备中,定时信息是由信号零点位置来提取的,对于这种设备零点失真量很重要。

(4) 在抽样时刻,阴影区的垂直宽度表示最大信号失真量。

(5) 在抽样时刻上、下两阴影区间隔的一半是最小噪声容限,噪声瞬时值超过它就有可能发生错误判决。

(6) 横轴对应判决门限电平。

为了研究噪声和信道带宽引起的信号,失真与眼图关系可以用如图 4.7 所示的 SystemView 仿真电路来观察。其中,信号源(图符 0)采用幅度为 1 V、速率为 100 bit/s 的伪随机序列,信道用一个 50 Hz 的低通滤波器(图符 5)来模拟,并在信道中加入了噪声(图符 3),设定信噪比(SNR)为 10 dB,在接收器图符前加入了一个抽样器图符,用来调整输出采样率以配合 SystemView 接收计算器的时间切片绘图功能来观察眼图。时间切片功能可以把接收计算器在多个时间段内记录到的数据重叠起来显示。时间段的起始位置和长度都可由计算器窗口设置。为满足时间切片周期和码元同步并且能完整地观察到一个眼图的要求,一般将时间切片的长度设置为当前采样率下采样周期的两倍时长。例如,采样频率为 100 Hz,采样周期为 10 ms,则时间切片应设为 20 ms。时间切片长度的设置如图 4.8 所示,在接收计算器窗口下选择菜单中的“Style”,再输入“Time Slice”的参数。单击“OK”按钮后即可看到生成的眼图,如图 4.9 和图 4.10 所示。改变噪声幅度,重新运行系统,可观察到眼图的“眼睛”张开的幅度变小。同样,改变信道的带宽,也可观察到眼图的变化。

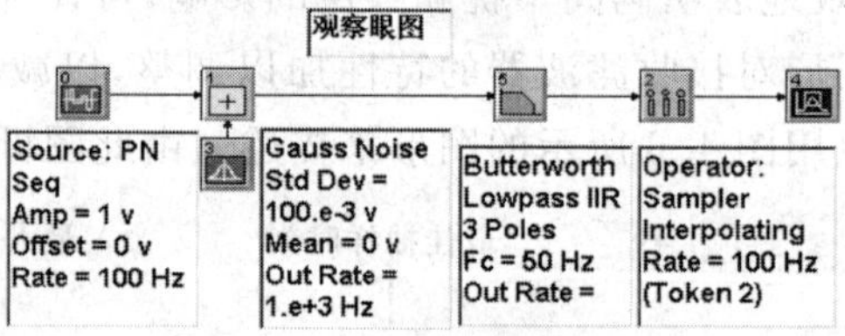

图 4.7　用于观察眼图的基带传输系统仿真原理图

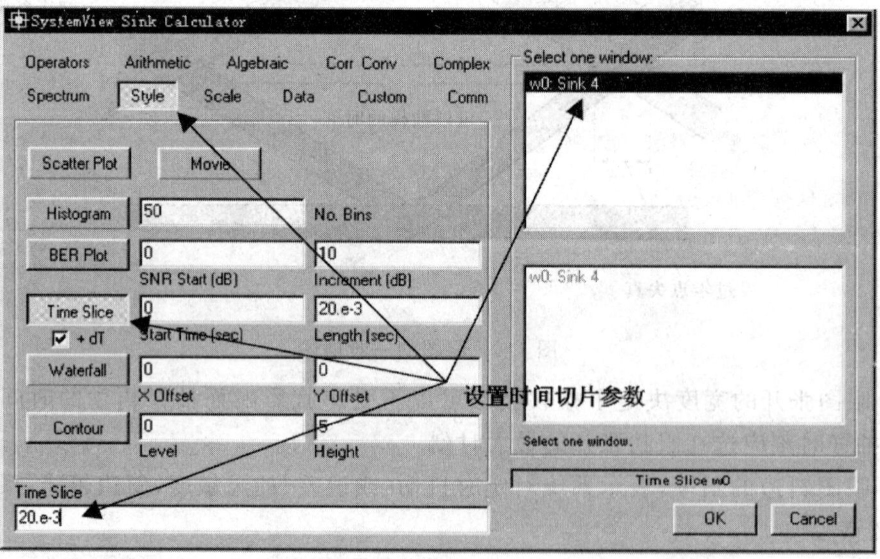

图 4.8　在接收计算器中设置时间切片参数以观察眼图

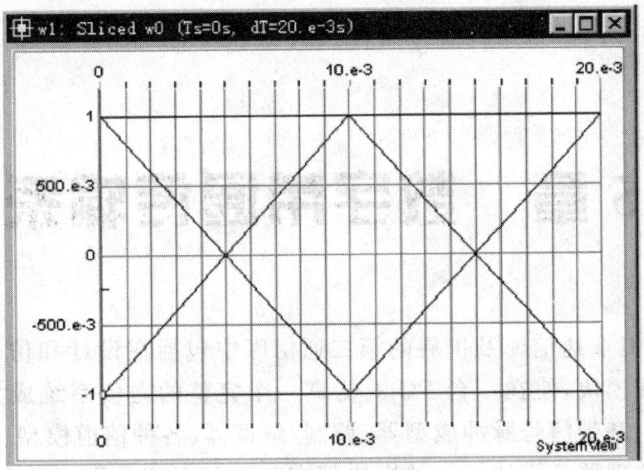

图 4.9　信道无噪声时观察到的眼图

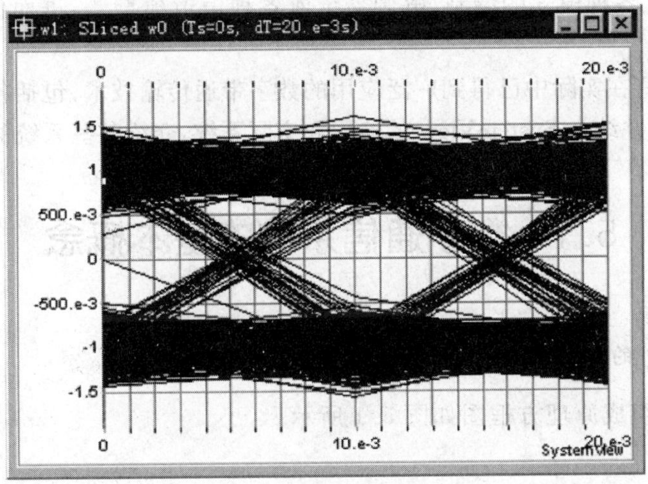

图 4.10　信道信噪比为 10 dB 时观察到的眼图

第 5 章　数字带通传输系统

SystemView 的专业通信库及扩展的第二通信库中包括在设计和仿真现代通信系统中可能用到的各种功能模块，使在一台 PC 上仿真一个完整的通信系统成为可能。该库中包括各种编码/解码器、基带信号脉冲成型器、调制/解调器、各种信道模型、通信系统中常用的滤波器和各种信号处理器等模块。每种模块都有与之相对应的图标。利用这些图标，与基本库及其他专业库中的图标配合使用，可以构成各种现代通信系统模型。例如，可以利用其仿真各种基带系统、各种模式的调制/解调系统或各种信道模型等，进而仿真整个通信系统的完整模型。

本章中介绍一些在实际中已得到广泛应用的数字带通传输技术，包括各种系统的调制、解调方式及其构成等，并结合 SystemView 的使用和实际系统，介绍某些系统的设计与仿真。

5.1　数字通信系统的基本概念

5.1.1　通信系统的组成

数字通信系统组成原理方框图如图 5.1 所示。

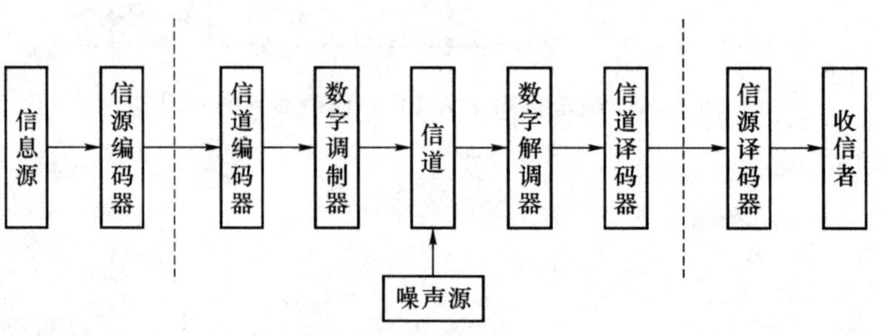

图 5.1　数字通信系统模型

发送设备的基本功能是将信源和传输媒介匹配起来，即将信源产生的消息信号变换为便于传送的形式，送往传输媒介。这一部分通常包括编码器（在一个完整的通信系统中，编码器通常包括信源编码器和信道编码器）、调制器和发射机等部分。根据需要，有时还包括为达到某些特殊要求所进行的各种处理，如差错控制（纠错编码）、加密、多路复用等组成部分。而接收设备的基本功能是完成发送设备的反变换，即进行解调、译码等，将传送的信息恢复为接收者可以识别的形式。与发送端相对应，接收端通常包括接收机、解调器、译码器等部分。为了恢复信息，有时还包括纠错译码器、解密器或解多路复用等部分。从发送设备到接收设备之间信号传递所经过的媒介即为信道，信道可以是无线的，也可以是有线的(包括光纤)。由于传输过程中必然引入干扰，如热噪声、脉冲干扰、衰落等，因此，信道既给信号传输以通道，又给信号传输以限制与损害。信号通过信道时会产生失真，信号功率也会下降。有线信道、无线信道中的各种传输媒介的固有特性和干扰特性直接关系到信号变换方式的选取。

5.1.2　数字通信系统的主要性能指标

通信的任务是传输信息，因此传输信息的有效性和可靠性是通信系统最主要的质量指标。有效性是指在给定信道内能传输的信息内容的多少，而可靠性是指接收信息的准确程度。这两者是既相互矛盾又相互联系的，通常也是可以互换的。下面介绍几个常用的衡量通信系统传输质量的技术指标。

1. 信息传输速率

对于数字通信系统，其有效性可用信息传输速率来衡量。

数字信号是离散的，是由码元序列(即脉冲序列)构成的。所谓码元传输速率是指单位时间(通常为秒)内通信系统所传输的码元数目(或脉冲数目)，单位为波特(Baud)，故常称为波特率。而所谓信息传输速率是指单位时间内通信系统所传输的信息量。根据信息量的定义，一个二进制码元含有一比特的信息量。因此，当采用二进制码元时，码元传输速率和信息传输速率在数值上是相等的；而如果采用 N 进制码元，则每个码元含有的信息量为

$$I=\log_2 N \tag{5.1}$$

若将码元速率记为 R_B，信息速率为 R_b，采用 N 进制编码(即每个码元有 N 种可能采用的符号)，则二者之间的关系如下：

$$R_b=R_B\log_2 N \tag{5.2}$$

2. 错误率

数字通信系统的可靠性可用错误率来衡量。常用的错误概率(亦即错误率)有两个：码元错误概率和信息错误概率。码元错误概率简称误码率，是数字通信系统中最常用的一个可靠性指标，是指数字通信系统所传输的码元总数目中发生错误的码元数目所占的比值，即

$$P_B=\frac{\text{错误码元数}}{\text{传输总码元数}} \tag{5.3}$$

而信息错误概率又称为误信率或误比特率，是指数字通信系统所传输的信息总数目中发生错误的信息数目所占的比值，即

$$P_b=\frac{\text{错误比特数}}{\text{传输总比特数}} \tag{5.4}$$

5.2　数字带通传输系统的几种调制方式

如同模拟通信系统载波通信方式一样，在数字载波通信中，调制仍是指由携带信息的电信号去控制高频振荡信号的某一参数，并使该参数按照调制信号规律变化的一种处理方式。在数字载波通信中，被调制的载波一般都是正弦波，其参数即幅度、频率和相位 3 个，因此，其调制方式不外乎是幅度调制、频率调制和相位调制 3 种基本方式。但数字载波通信有自

己的特点,即其调制信号是不连续的数字信号。因此,常把这 3 种调制方式分别称为幅移键控(ASK)、频移键控(FSK)、相移键控(PSK)。根据调制信号的不同,可以把数字信号载波传输分为二进制数字调制和多进制数字调制两大类。

调制信号为二进制数字信号的调制方式统称为二进制数字调制。在这种调制方式中,载波的幅度、频率或相位只有两种状态。

在多进制数字调制中,在每个符号间隔$[nT_s,(n+1)T_s]$内,可能发送的符号有 M 种:$S_1(t), S_2(t), \cdots, S_M(t)$。在实际应用中,通常将 M 取为 2 的正整数次幂,即 $M=2^n$,其中 n 为大于 1 的正整数。如果携带信息的参数分别为单一的载波幅度、频率或相位,则分别有多进制幅移键控(MASK)、多进制频移键控(MFSK)或多进制相移键控(MPSK)等调制方式。另外,也可以把其中的两个参数组合起来调制,例如,将幅度调制和相位调制结合起来可以得到多进制幅相键控(MAPK)或多进制正交幅度调制(MQAM)等。

由于多进制数字调制中(例如 M 进制调制),每个符号可以携带 $\log_2 M$ 比特的信息,因此,当信道频带一定时,可以使信息传输率(比特率)增加,从而提高频带利用率。其代价是增加信号功率和实现上的复杂性。随着社会对信息传输需求的增长和现代技术的发展,多进制数字调制将得到更广泛的应用。

5.2.1 二进制幅移键控

二进制幅移键控通常简写为 2ASK(2 Amplitude Shift Keying)。顾名思义,在幅移键控中,携带调制信号信息的是载波信号的幅度,即载波幅度随调制信号的不同而取不同的值。在 2ASK 中,载波幅度只有两种取值,最简单的一种情况是调制信号为二进制信号 1 或 0,载波信号随之通或断。这种二进制幅移键控的方式又称为通-断键控,简称为 OOK。

二进制幅移键控信号的时域表达式为 $S_{2ASK}(t)=a_n \cdot A\cos\omega_c t$。式中 A 为载波幅度,ω_c 为载波角频率,a_n 为二进制数字信号。例如对上述 OOK 信号,a_n 为单极性二元码。

二进制幅移键控的调制器可以用一个相乘器来实现,如图 5.2(a)所示。图 5.2(b)中给出了该相乘器在 SystemView 平台上仿真的电路图。仿真得到的典型波形如图 5.2(c)所示。

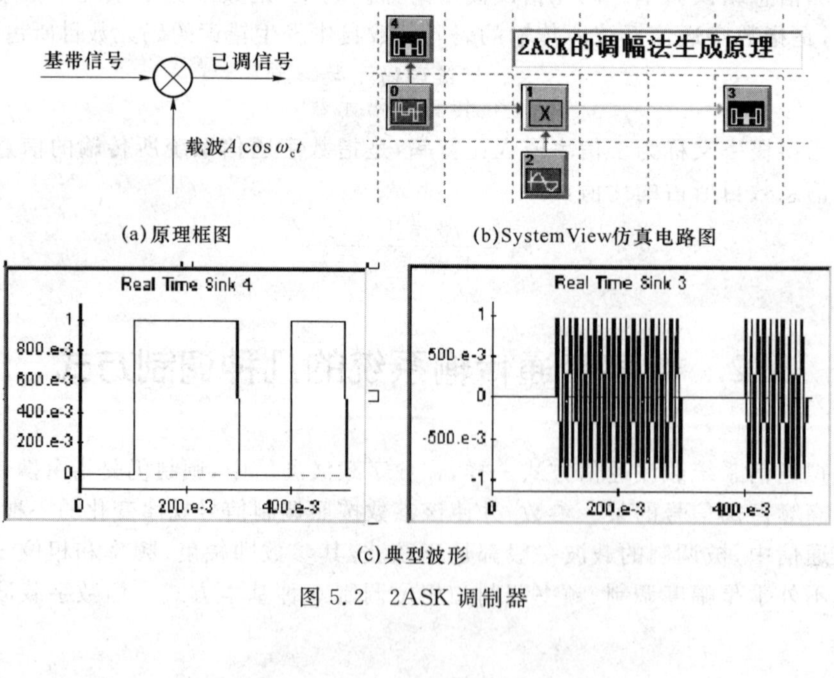

(a) 原理框图　(b) SystemView仿真电路图

(c) 典型波形

图 5.2　2ASK 调制器

2ASK 信号的解调有相干解调和非相干解调两种方法。这两种方法对应的方框图分别如图 5.3(a)和图 5.3(b)所示。一般来说，相干系统的抗噪声性能较非相干系统优越，尤其是在信噪比较低的情况下，其优越性更加突出；而在大信噪比的条件下，对这两种解调方式来说，为了得到相同的误码率对信噪比的要求相差不明显。非相干解调系统的主要优点是设备简单；而相干解调需要在接收端产生一个本地载波，接收机比较复杂，对设备相对简单的 2ASK 系统不适用，因此在 2ASK 中很少使用相干解调的方法。

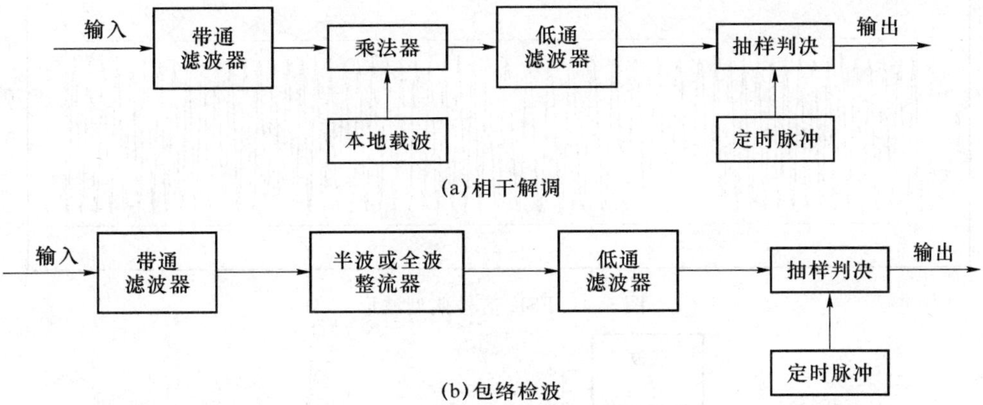

图 5.3　2ASK 信号的解调器框图

5.2.2　二进制频移键控

二进制频移键控通常简写为 2FSK(2 Frequency Shift Keying)。在二进制频移键控中，载波信号的频率携带调制信号的信息，它随着调制信号为 1 或 0 而不同。1 对应于某一载波频率，0 对应于另一个不同的载波频率。二进制频移键控信号可以看成是两个不同载波频率的 OOK 信号之和，因此，其已调信号的时域表达式可写为

$$S_{2FSK}(t)=\left[\sum_{n}a_{n}g(t-nT_{s})\right]\cos\omega_{1}t+\left[\sum_{n}\overline{a}_{n}g(t-nT_{s})\right]\cos\omega_{2}t \tag{5.5}$$

式中，$\omega_1=2\pi f_1$，$\omega_2=2\pi f_2$，$\overline{a_n}$是 a_n 的反码，$g(t)$为数字基带信号的时域波形。图 5.4 中给出了在 SystemView 上仿真的调制信号，以及与之对应的 2FSK 已调波信号的典型波形。图中表示的是一种最简单的情况，即调制信号(图的上半部分)是矩形脉冲，图的下半部分是 2FSK 的已调波信号波形。

2FSK 的调制器可以采用调频电路来实现，即用矩形脉冲序列的调制信号直接对载波进行调频。图 5.5 给出了另一种更简单的方法，即键控法。两个载波发生器各自产生频率为 f_1 和 f_2 的载波。调制器按照输入的二进制信号为 1 或 0 分别选择一个载波作为输出。

2FSK 信号的解调方式也有相干解调和非相干解调两种，分别如图 5.6(a)和图 5.6(b)所示。其原理与 2ASK 信号解调基本相同，不再赘述。

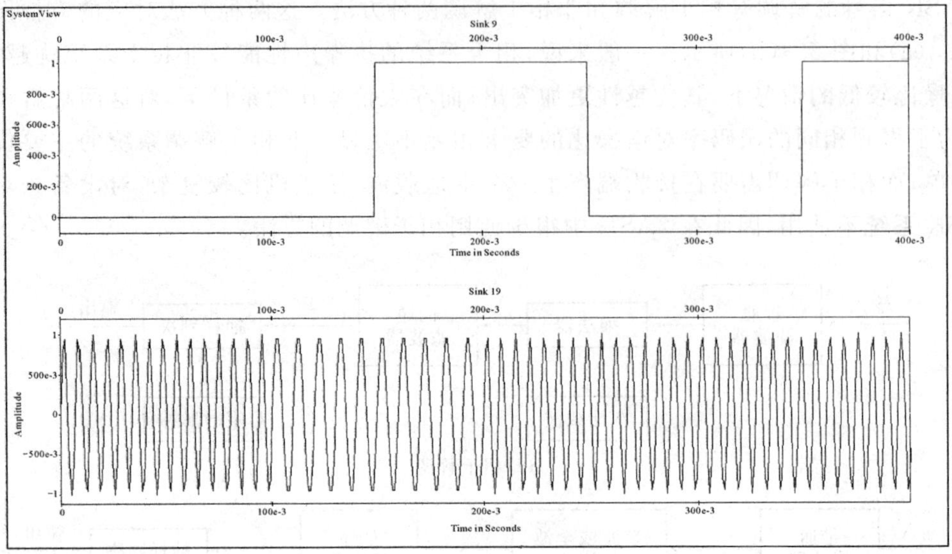

图 5.4　FSK 信号典型波形

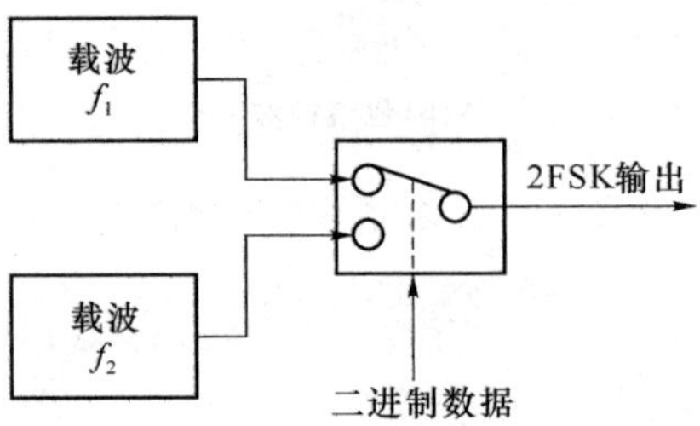

图 5.5　2FSK 调制器

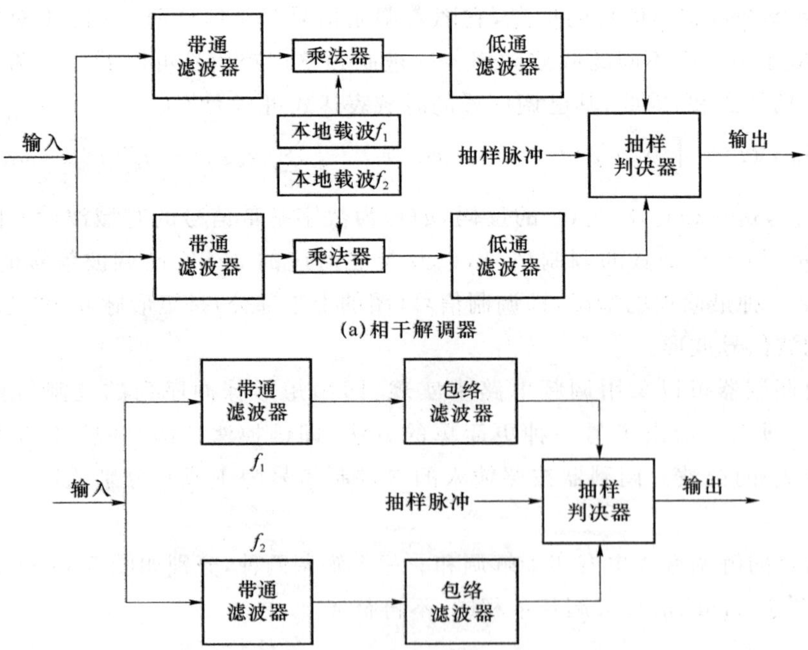

(b)非相干解调器

图 5.6　2FSK 解调器

5.2.3　二进制相移键控

二进制相移键控通常简写为 2PSK(2 Phase Shift Keying),又称为 BPSK(Binary Phase Shift Keying)。在 BPSK 中,携带调制信号信息的是载波信号的相位。例如,最常用的是用载波相位为 0°和 180°来分别表示调制信号的 1 或 0。由此,二进制相移键控已调信号的时域表达式可写为

$$S_{\mathrm{BPSK}}(t)=\left[\sum_{n}a_{n}g(t-nT_{s})\right]\cos\omega_{c}t \tag{5.6}$$

式中,调制码元 a_n 与 2ASK 及 2FSK 情况下有所不同,应为双极性二元码。用 SystemView 仿真得到的典型 BPSK 信号波形如图 5.7 所示。图中所示为相对比较特殊的情况,即为数字信号传输速率与载波频率间有确定的倍数关系时 2PSK 信号的波形。在更为一般的情况下,载波频率可以不是码速率的整数倍。

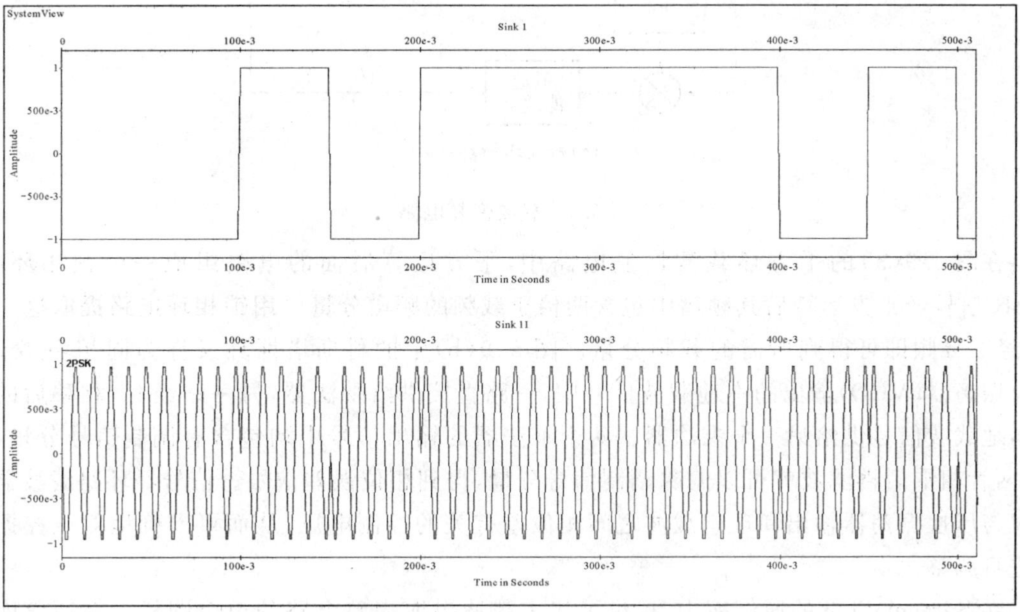

图 5.7　BPSK 信号典型波形

BPSK 信号调制器可以采用乘法器或相位选择器来实现,如图 5.8 所示。

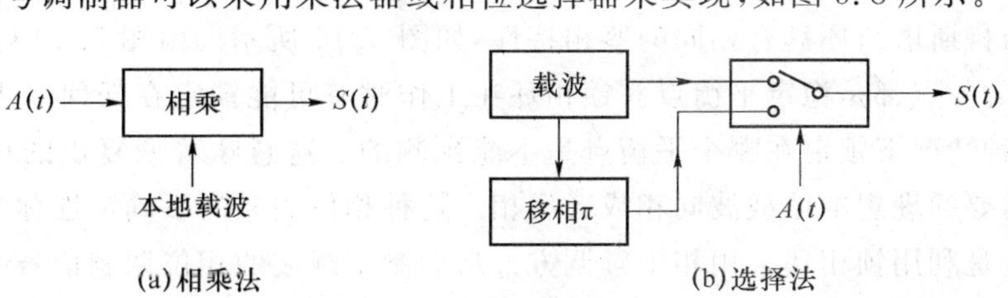

图 5.8　BPSK 调制器

BPSK 信号的频谱里不包含载波分量,因此,必须采用相干解调的方法,利用非线性变换来产生载波频率的分量。常用的载波恢复电路有两种,即平方环电路和科斯塔斯环(Costas Loop),分别如图 5.9(a)和图 5.9(b)所示。

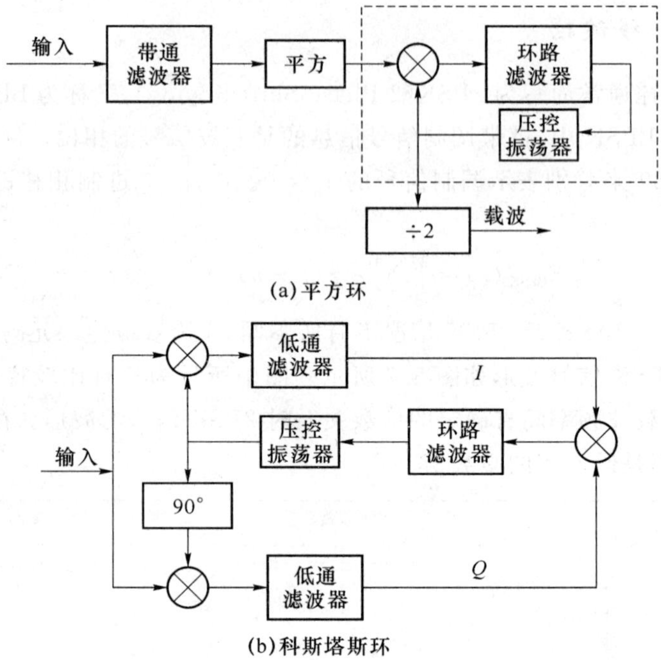

图 5.9　载波恢复电路

在图 5.9(a)的平方环载波恢复电路中，平方运算后面的电路组成一个锁相环路。BPSK 信号经平方运算后其频谱中包含两倍于载频的频谱分量。用锁相环电路提取这一分量，经二分频即可得到所需的载频分量。图 5.9(b)中的科斯塔斯环又称为同相-正交环。压控振荡器(VCO)输出的本地载波信号中，一路直接供给乘法器，另一路经 90°相移后的正交本地载波信号供给另一个乘法器。两个乘法器的输出信号中均包含有调制信号分量，因此，两者相乘后再滤波就可以滤除调制信号分量，得到相位误差信号。信号经环路滤波器得到仅与压控振荡器输出和理想载波之间相位差有关的控制电压，从而可准确地对压控振荡器进行调整。

在 SystemView 的通信库中，提供了代表载波提取完整电路的单个图标。在通信库解调器组(Demodulator)中，有两个专门用于载波提取的电路图标科斯塔斯环和锁相环。用户只需选择电路种类并设置相应的参数，就可以直接使用这些电路模块。

平方环与科斯塔斯环具有相同的鉴相特性，如图 5.10 所示。由图 5.10 可知，$\varphi=n\pi$(n 为任意整数)的各点都是稳定平衡点。锁相环在工作时有可能锁定在任何一个稳定平衡点上，并且在何种情况下锁定在哪个平衡点是不能预测的。这意味着恢复出的相干载波可能随机地与所需要的理想本地载波同相或者反相。这种相位关系的不确定性称为 0、π 两重相位模糊度。这是利用锁相环采用相干解调方式从抑制了载波的相位调制信号中恢复载波时不能避免的共同问题。在多进制相移键控中同样存在多重相位模糊度的问题。

图 5.11 中给出了一个比较完整的 BPSK 相干解调器的电路框图。如前所述，由于本地参考载波有 0、π 两重相位模糊度，解调得到的数字信号可能极性完全相反，输出信号中的 1 和 0 会刚好相反，即解调完全错误，并且何时出现这种情况是不能预测的。

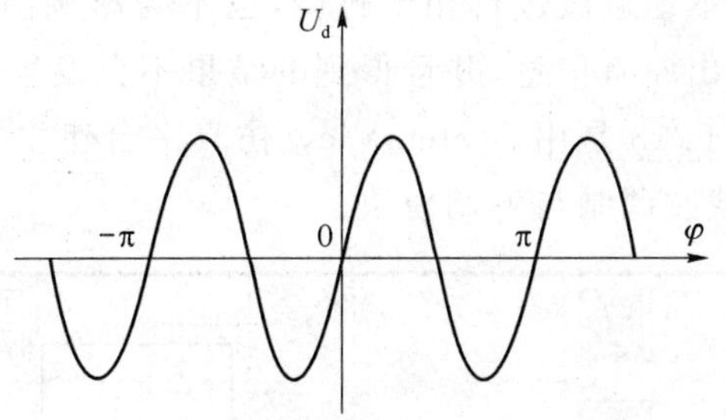

图 5.10　平方环和科斯塔斯环的鉴相特性曲线

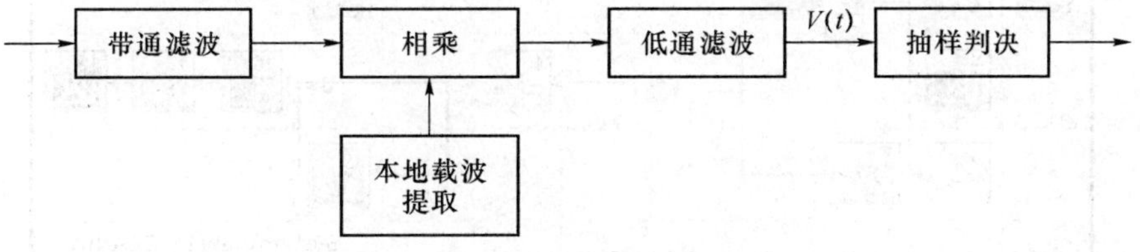

图 5.11　BPSK 相干解调器

5.2.4　二进制差分相移键控

在 5.2.3 小节介绍的 BPSK 信号中，携带调制信号信息的是载波的相位，它的变化是以未调制载波的相位为参考基准的，它利用了载波相位的绝对数值来传送信息，属于绝对调相的方法。对这种信号，用恢复本地载波的相干解调法来解调相移键控信号存在相位模糊度问题，可能导致解调完全失败。本节中则介绍一种可以克服相位模糊度对相干解调影响的方法，即差分相移键控法。

二进制差分相移键控通常简写为 2DPSK(2 Difference Phase Shift Keying)。与上述绝对调相不同，2DPSK 利用前后码元的相对相位变化来传送信息，因此称为相对调相。实现相对调相的方法是先对数字基带信号进行差分编码处理，将基带信号由绝对码表示变为用经差分编码的相对码表示，再用该相对码进行绝对相移键控。二进制差分相移键控通常也称为二相相对调相，其调制器方框图如图 5.12 所示。图中，差分编码电路依照 $b_n = a_n \oplus b_{n-1}$ 或 $b_n = \overline{a_n \oplus b_{n-1}}$ 的关系式将绝对码序列变为相对码序列。则一组二进制数字信息绝对码与其对应的相对码的关系如下：

绝对码 a_n：　1 0 0 1 0 1 1 0

相对码 b_n：　0 1 1 1 0 0 1 0 0 ($b_n = a_n \oplus b_{n-1}$)

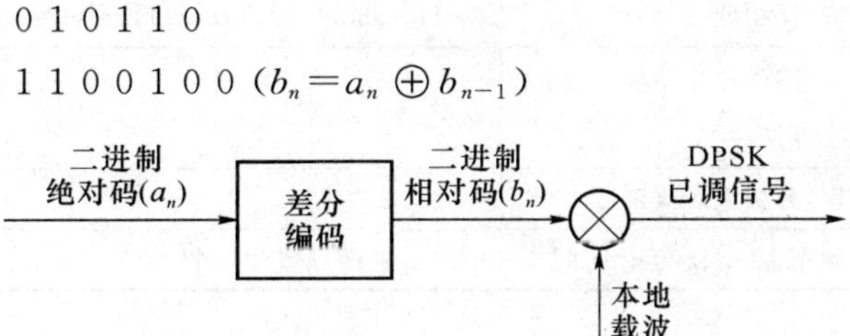

图 5.12　DPSK 调制器

在 DPSK 系统中，用前后码元已调信号的相位变化来表示待传输的数字信息，因此，即使利用具有相位模糊度的本地载波进行相干解调，也不会影响前后码元之间相位的相对关系。经差分译码即可恢复出原有信息，并且得到的结果不会发生任何倒置现象，从而克服了载波相位模糊度问题。图 5.13 是用 SystemView 仿真平台建立的差分编码/解码系统。为简便起见，系统中省略了载波调制与解调模块。

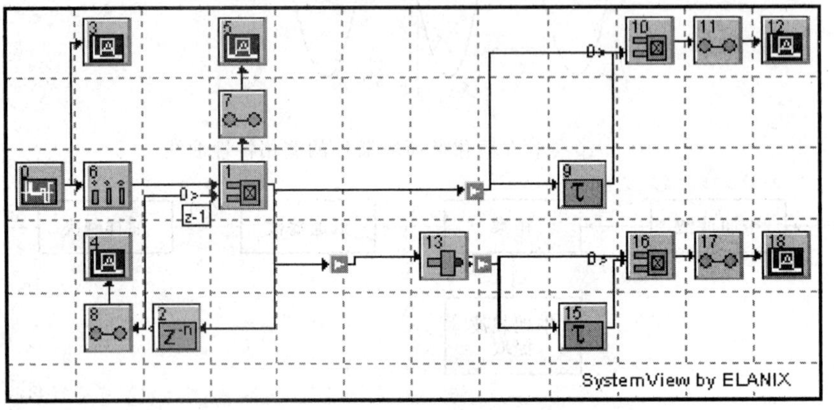

图 5.13　在 SystemView 平台上仿真的二进制差分编码/解码系统

图 5.15 中，图标 0 为伪随机 PN 序列，以它作为系统的信号源。图标 1 为异或运算图标，由它完成差分编码中的异或运算。由图标 5 观察窗可以观察到差分编码的结果。在解调部分，信号分为两路：上面一路为正常的解码输出，解码结果由图标 12 观察窗来观察；下面一路首先经过反相器图标 13 反相，用以模拟载波恢复时引入的相位 π 的误差，其解码结果由图标 18 观察窗观察。图中各图标的参数及系统时间参数如表 5.1 所示。

表 5.1　在 SystemView 平台上仿真二进制差分编码/解码系统参数设置

图标序号	图标名称	参数设置
0	信号源库，伪随机 PN 序列	Amplitude=1 V，Offset=0 V，Rate=1 kHz，Levels=2，Phase=0
1，10，16	算子库，异或运算符	Threshold=0 V，True=1，False=－1
2	算子库，采样点延迟器	Delay=0 samples
5	算子库，采样器	Rate=1 000 Hz
7，8，11，17	算子库，保持器	Last value，Gain=1
9，15	算子库，时间延迟器	Delay=1 ms
13	算子库，反相器	Threshold=0，True=1，False=－1
14，19，20	路由器（图中连接图标 13 的 3 个灰色小方框）	无
3，4，5，12，18	观察窗库，分析型观察窗	无
系统时钟	采样频率 10 kHz，运行时间 0～0.02 s，采样点数 201 个	

运行系统可以发现，上、下两路解调输出完全相同。图 5.14 是该系统仿真的波形结果，分别为信号源（w0：source）、编码结果（w2：code）、正常解码结果（w3：decode）及反相后信号解码结果（w4：ndecode）。

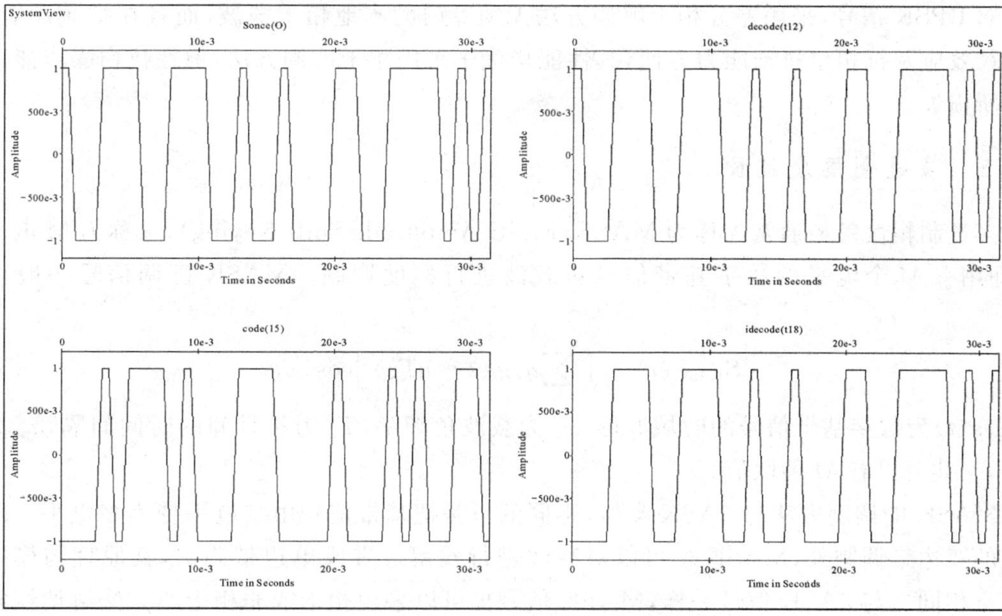

图 5.14　差分编码/解码系统运行结果

由系统结构可知，窗 3(decode)和窗 4(ndecode)是分别对两路完全反相信号解码的结果，窗 2(code)是对信号源进行差分编码的结果。从图中可以看出，除了最开始一个码的误差外，信号源与两种情况下分别解码的结果波形是完全相同的。而在实际 DPSK 的系统中，第一个码元不传送任何消息。由此可知，利用差分编码可以克服载波相位模糊度问题。

DPSK 的相干解调器如图 5.15 所示。

由于 DPSK 信号是用前后码元的相位差来传送信息的，因此，还可以用直接比较前后码元载波相位的方法来完成差分相干解调，其原理框图如图 5.16 所示。把 DPSK 已调信号精确地延迟一个码元间隔时间，然后再与信号自身相乘，相乘的结果就反映了前后码元的相对相位关系，再经低通滤波后，就可直接经采样判决恢复出原始数字信息。这种方法用信号本身作为比较的基准，无须恢复相干的本地载波，因此，也可看成是非相干解调或半相干解调。这种方法将差分译码的过程与解调结合进行，故不再需要单独的差分译码环节。

图 5.15　DPSK 相干解调器

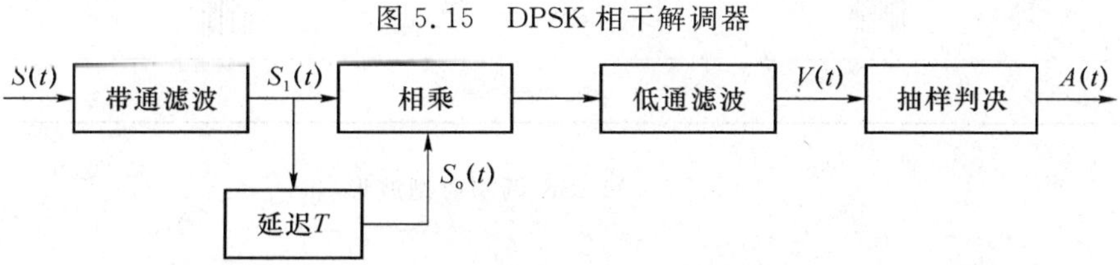

图 5.16　DPSK 差分相干解调器

对 DPSK 信号，采用差分相干解调方法无须专门的本地相干载波，而且在抗频漂能力、抗多径效应及抗相位抖动能力方面，其性能均优于采用相干解调方法，但在抗白噪声能力方面有所损失。

5.2.5 多进制幅度键控

多进制幅度键控通常简称为 MASK(Multi-Amplitude Shift Keying)，又称为 M 电平调制，即用有 M 个电平的数字基带信号对载波进行幅度调制。MASK 已调信号一般可表示为

$$S_{\mathrm{MASK}}(t)=\left[\sum_{n}a_{n}g(t-nT_{\mathrm{s}})\right]\cos\omega_{\mathrm{c}}t \tag{5.7}$$

式中，$g(t)$为数字基带信号的时域波形，ω_{c} 为载波角频率，T_{s} 为符号间的时间间隔，a_n 为幅度值，一共可以有 M 种取值。

MASK 的调制方法与 2ASK 类似，不同的只是把基带信号由二电平变为多电平。除了常规的双边带调制外，MASK 也可以对载波进行残留边带或单边带调制，其原理与模拟调制完全相同。与 2ASK 信号一样，MASK 信号也可以采用相干或非相干的方法解调恢复基带信号。其原理类似，在此不再赘述。

应当指出，多电平调制方式虽然是一种高效率的传输方式，但由于它的抗噪声能力较差，尤其是抗衰弱的能力不强，因而它一般只适宜在恒参信道下采用。

图 5.17 中给出了在 SystemView 上仿真的调制信号，以及与之对应的 MASK 已调波信号的典型波形，其中采用四进制信号。

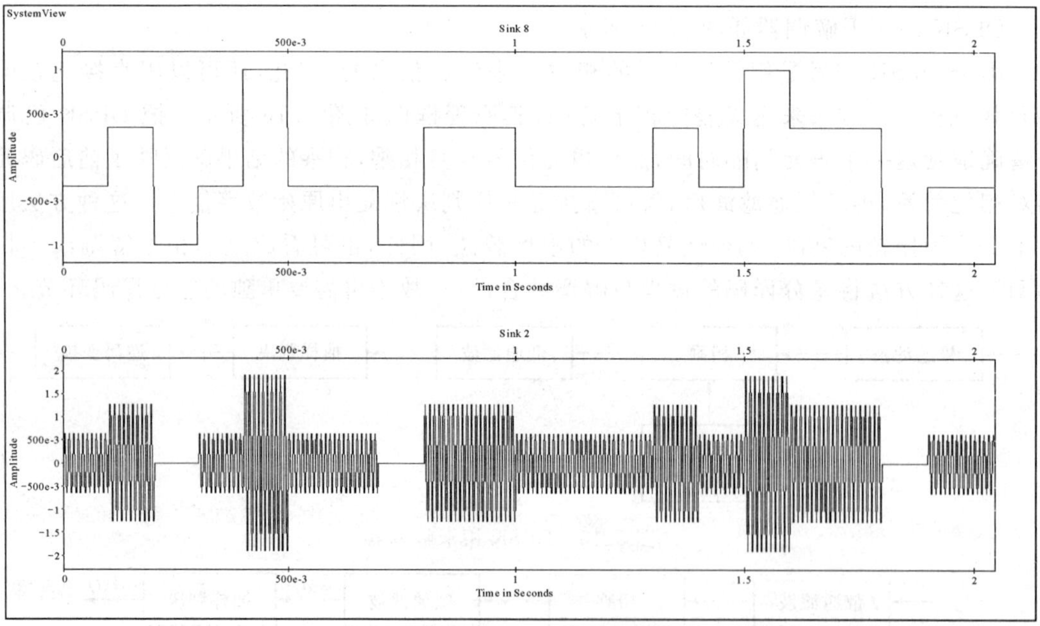

图 5.17　MASK 调制典型波形

5.2.6　多进制相移键控

多进制相移键控通常简称为 MPSK(Multiple Phase Shift Keying)，是利用载波的多个相位来代表多进制符号或二进制码组，即一个相位对应一个多进制信号或一组二进制码元。MPSK 信号的相位有 M 种取值。例如 $\theta_n = n \cdot 2\pi/M(n=1,2,\cdots,M)$，则 MPSK 信号可以表示为

$$S_{\text{MPSK}}(t) = A\cos(\omega_0 t + \theta_n) = A\cos(\omega_0 t + 2n\pi/M) \tag{5.8}$$

MPSK 信号的表达式经化简后，可以表示为对两个正交载波进行多电平双边带调制后所得两路 MASK 信号的叠加，因此，MPSK 信号可以用正交调制的方法产生。

MPSK 信号还可以用矢量图来描述。在矢量图中通常以 0°载波相位作为参考相位。图 5.18 中画出 $M=2$、4、8 三种情况下的矢量图，也称为星座图。对 $M>2$ 的 MPSK，根据初相位是否为 0，有 A 方式和 B 方式之分。例如，在图 5.18 中，图 5.18(b)为 A 方式下的 4PSK 矢量图，图 5.18(c)是 B 方式下的 4PSK 矢量图。

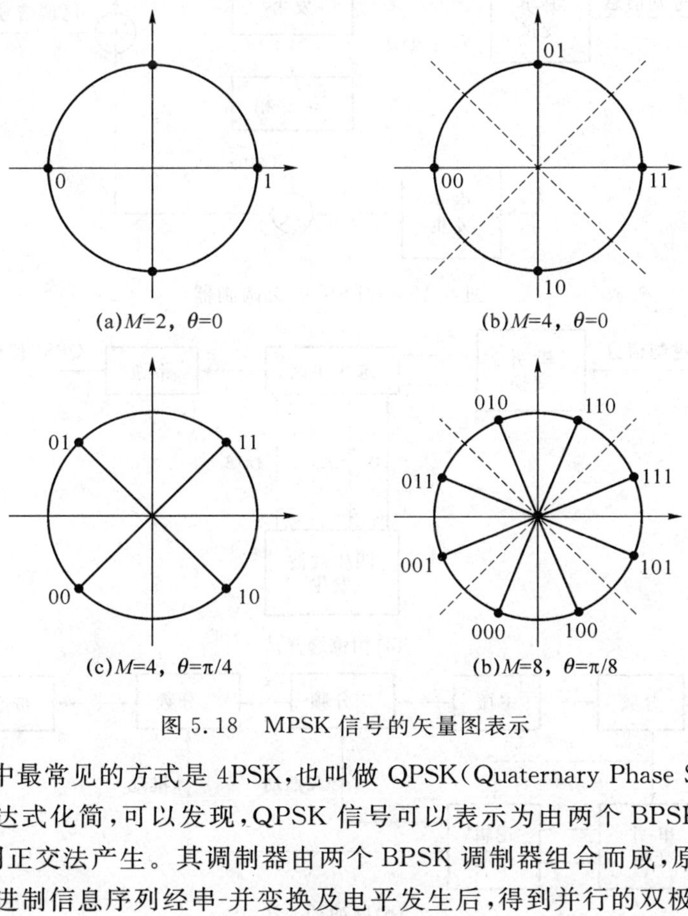

图 5.18　MPSK 信号的矢量图表示

MPSK 调制中最常见的方式是 4PSK，也叫做 QPSK(Quaternary Phase Shift Keying)。将 QPSK 信号的表达式化简，可以发现，QPSK 信号可以表示为由两个 BPSK 信号相加而成，因此，它也可以用正交法产生。其调制器由两个 BPSK 调制器组合而成，原理框图如图5.19 所示。输入的二进制信息序列经串-并变换及电平发生后，得到并行的双极性二电平的同相分量 $I(t)$和正交分量 $Q(t)$。这两个信号分别与载波 $\cos\omega_c t$ 和 $\sin\omega_c t$ 相乘，即分别完成 BPSK 的调制过程，然后相加即可得到 QPSK 信号。

另外，根据信号的特点，MPSK 也可以采用其他方法实现调制。例如，图 5.20(a)中给出了 QPSK 的相位选择法调制原理框图。载波发生器预先分别产生初相等于 QPSK 信号

的 4 种相位的载波，根据输入的信息信号不同，逻辑选择电路每次选择一种对应的载波作为输出，然后经带通滤波器滤除高频分量即可得到 QPSK 信号。这种方法比较适用于载频较高的场合。另一种调制方法是脉冲插入法，如图 5.20(b)所示。输入信息经串并变换和逻辑控制电路，产生 2 个推动脉冲，控制分频器的工作。主振荡器产生频率等于 QPSK 载波频率 4 倍的方波脉冲信号，经两级二分频输出。$\pi/2$ 推动脉冲的作用是使第 1 级二分频多分频一次，相当于分频链输出提前 $\pi/2$ 相位，π 推动脉冲使第 2 级二分频多分频一次，相当于分频链输出提前 π 相位。由此，根据输入的信息信号不同，控制两种推动脉冲，就可以得到不同相位的载波，达到用输入信号调制载波相位参数的目的。当然，分频链输出也是矩形脉冲，须经带通滤波才能得到以正弦波作载波的 QPSK 信号。

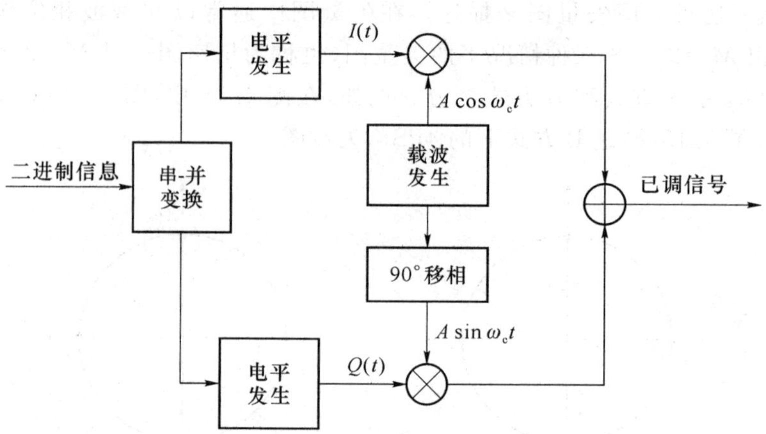

图 5.19　QPSK 正交调制器

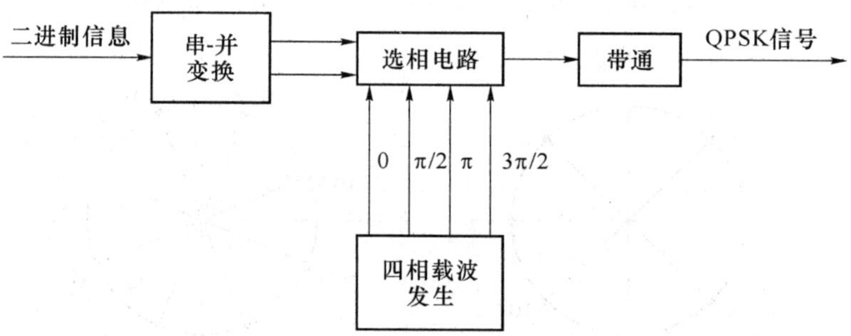

(a)相位选择法

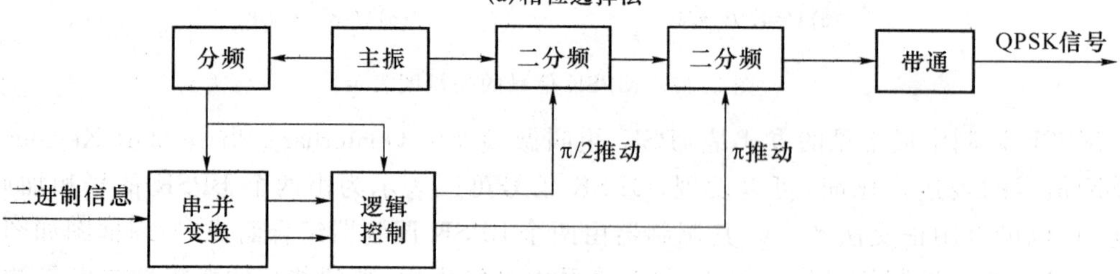

(b)脉冲插入法

图 5.20　QPSK 其他调制方法

图 5.21(a)给出了在 SystemView 上仿真的 QPSK 信号的同相分量 $I(t)$ 和正交分量 $Q(t)$，图 5.23(b)给出了与之对应的 QPSK 已调信号的典型波形。

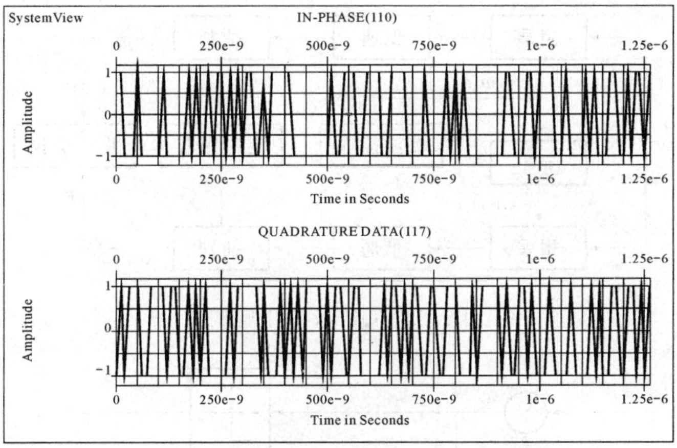

(a)QPSK信号的同相分量$I(t)$和正交分量$Q(t)$

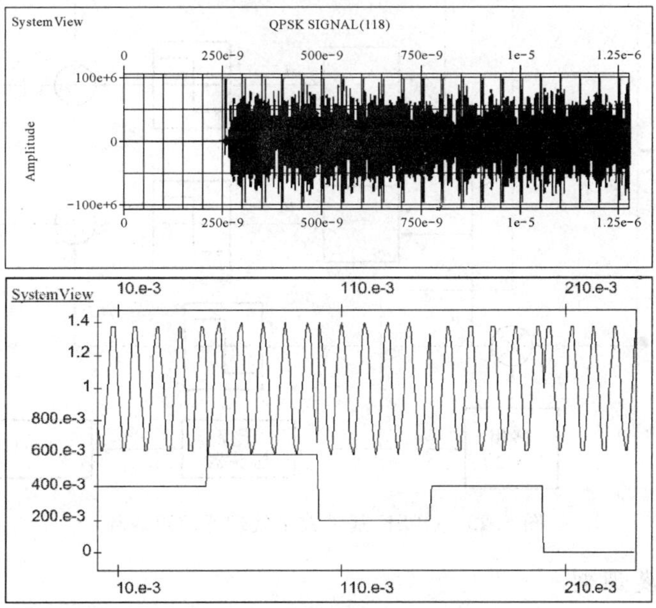

(b)QPSK已调信号的典型波形

图 5.21　QPSK 调制典型波形

MPSK 信号可以采用相干解调的方法。例如，QPSK 信号的相干解调器如图 5.22 所示。接收信号与同相和正交两路本地载波相乘后，分别经过相关器(或匹配滤波器)，可以得到信号同相分量 $I(t)$和正交分量 $Q(t)$，再经过电平判决以及并-串变换，即可得到解调输出的二进制信息。

图 5.23 中绘出了一种在 QPSK 信号解调中常用的基带数字处理载波跟踪环，它把载波恢复和相干解调结合在一起实现。

如前所述，在相干解调 MPSK 信号中，本地载波恢复也存在相位模糊度问题。为了解决载波相位模糊度问题，与 BPSK 一样，对于 M 进制相移键控也可以采用相对调相的方法。一般可以在输入二进制信息进行串-并变换的同时，加入逻辑运算，将其变为多进制相对码，然后再用绝对调相的调制器实现相位调制。解调时，也同样可以采用相干解调和差分译码的方法或者差分相干的方法来解调。

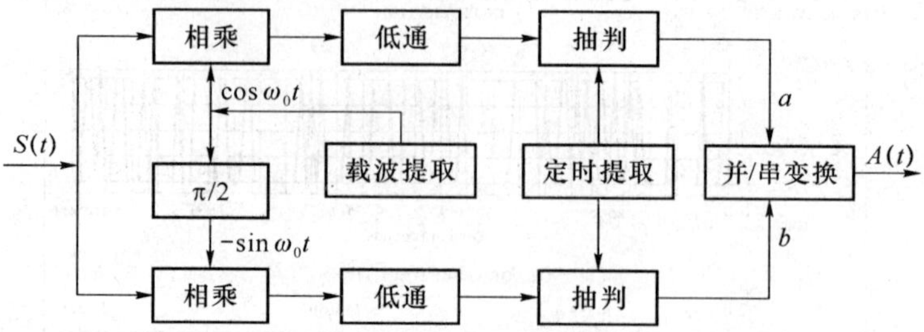

图 5.22　QPSK 相干解调器

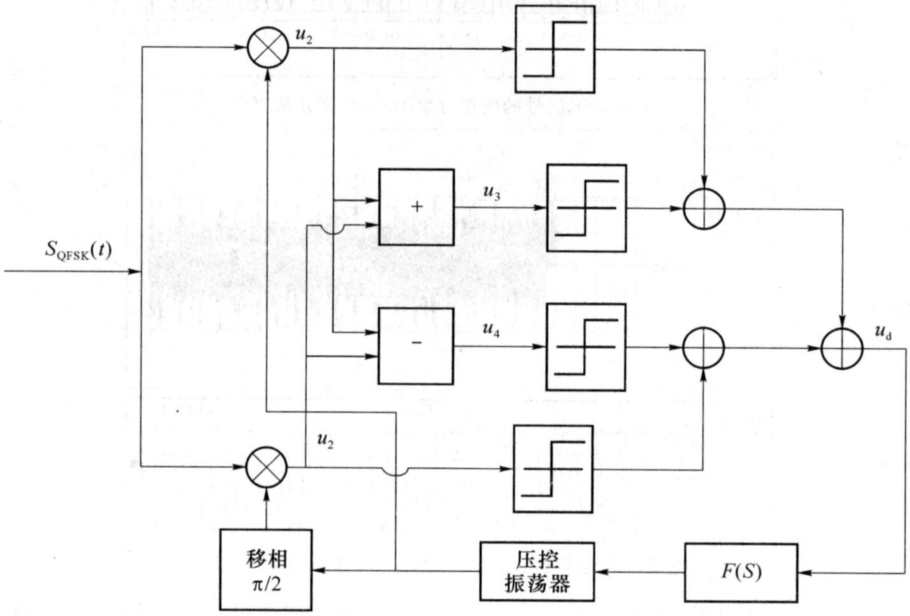

图 5.23　QPSK 基带数字处理滤波跟踪环

5.2.7　正交幅度调制

正交幅度调制通常简写为 MQAM(Multiple Quadrature Amplitude Modulation)。

正交幅度键控是指用两个正交的载波分别以幅移键控独立地传输两个数字信息的一种方式。它利用两个已调载波信号在相同频带内的频谱正交特性，来实现两路并行的、独立的数字信息传输。从星座图的角度来说，这种方式将幅度与相位参数结合起来，充分地利用整个信号平面，将矢量端点重新合理地分布；因此，可以在不减小各端点位置最小距离的情况下，增加信号矢量的端点数目，提高系统的抗干扰能力。目前，正交幅度调制正得到日益广泛的应用。其中最常用的即 MQAM。

以十六进制调制为例，当采用 16PSK 时，其星座图如图 5.24(a)所示。若采用幅度与相位相结合的有 16 个信号点的调制，两种可能的星座图如图 5.24(b)和图 5.24(c)所示。其中(b)图称为正交幅度调制，记做 16QAM；(c)图是话路频带(300～4 000 Hz)内传送 9 600 bit/s 的一种国际标准星座图，常记做 16APK。

MQAM 如同 MPSK 一样，也可以用正交调制的方法产生。不同的是：MPSK 在 $M>4$ 时，为了保证合成矢量端点落在圆上，同相与正交两路基带信号的电平不是互相独立，而是互相关联的。而 MQAM 的同相和正交两路基带信号的电平则是互相独立的。MQAM 调制器的一般框图如图 5.25(a)所示。速率为 R_b 的输入二进制序列经串-并变换器，变为两个双电平序列，速率分别减半，$2-L(L=\sqrt{M})$电平变换器将速率为 $R_b/2$ 的双电平序列变成速率为 $R_b/\log_2 M$ 的 L 电平信号，然后分别与两个正交的载波相乘，相加后即可得到 MQAM 信号。MQAM 信号的解调同样可以采用正交的相干解调方法，其方框图如图 5.25(b)所示。同相路和正交路的 L 电平基带信号用有$(L-1)$个门限电平的判决器判决后，分别恢复出速率等于 $R_b/2$ 的二进制序列，最后经并-串变换器将两路二进制序列合成一个速率为 R_b 的二进制序列，完成解调。

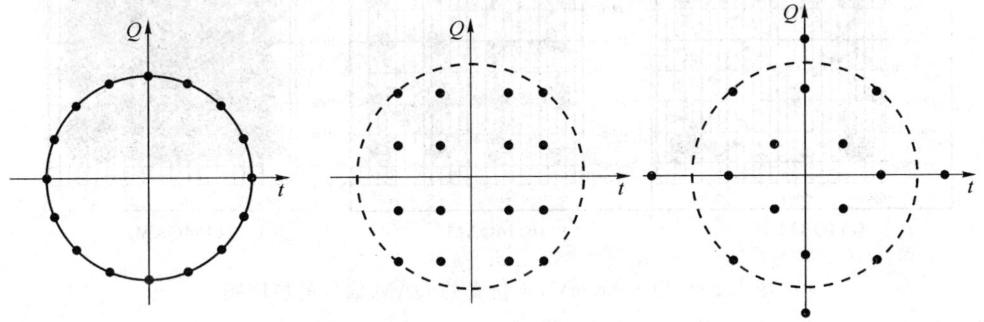

(a)　　(b)　　(c)

图 5.24　16PSK、16QAM 和 16APK 星座图

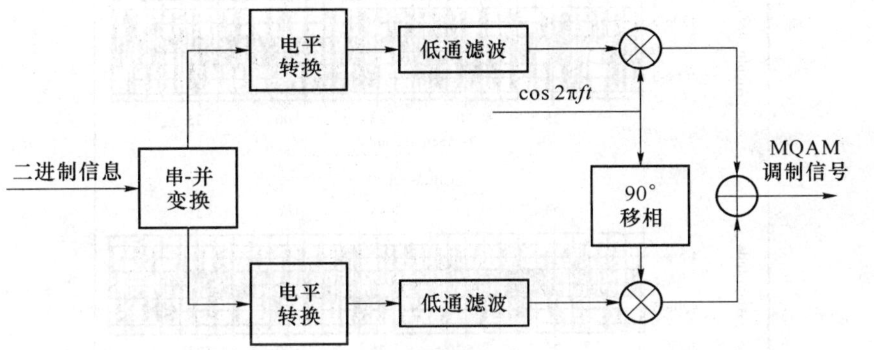

(a) 调制器

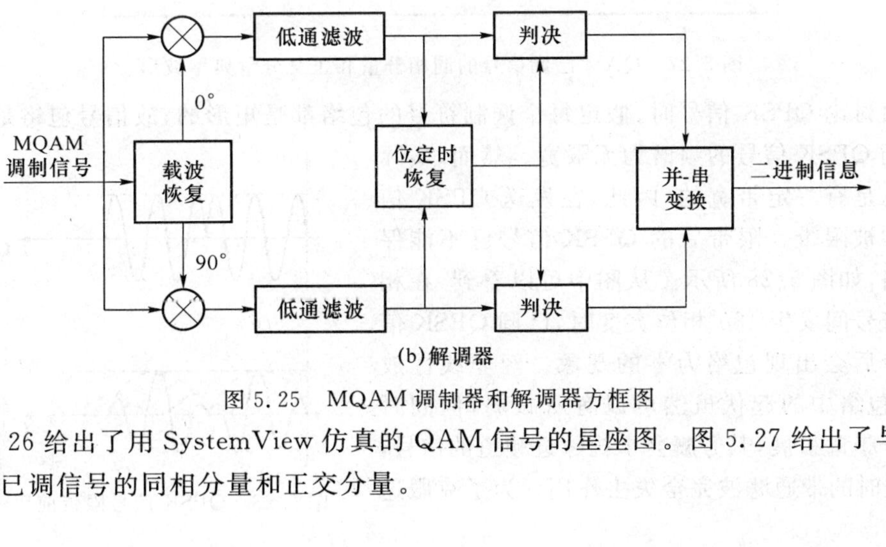

(b) 解调器

图 5.25　MQAM 调制器和解调器方框图

图 5.26 给出了用 SystemView 仿真的 QAM 信号的星座图。图 5.27 给出了与之对应的 QAM 已调信号的同相分量和正交分量。

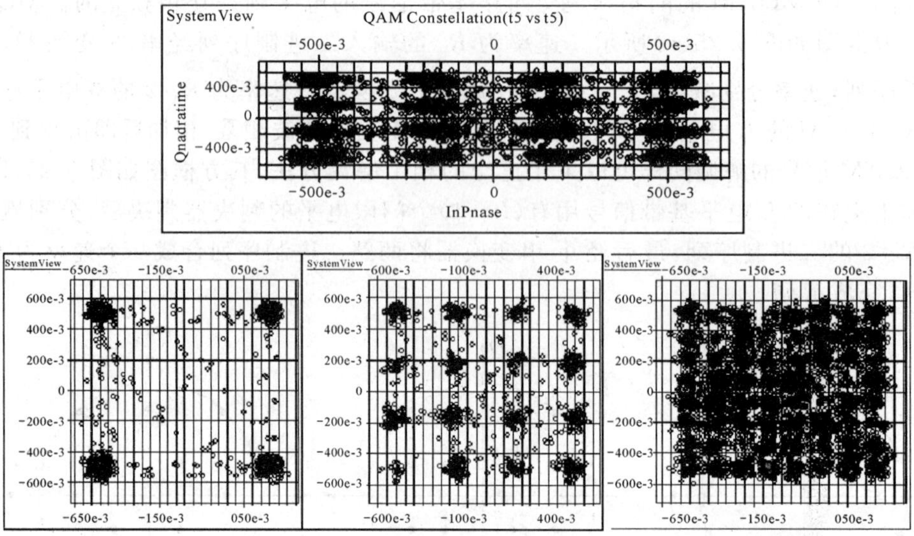

(a)4QAM (b)16QAM (c)64QAM

图 5.26 用 SystemView 仿真的 QAM 信号的星座图

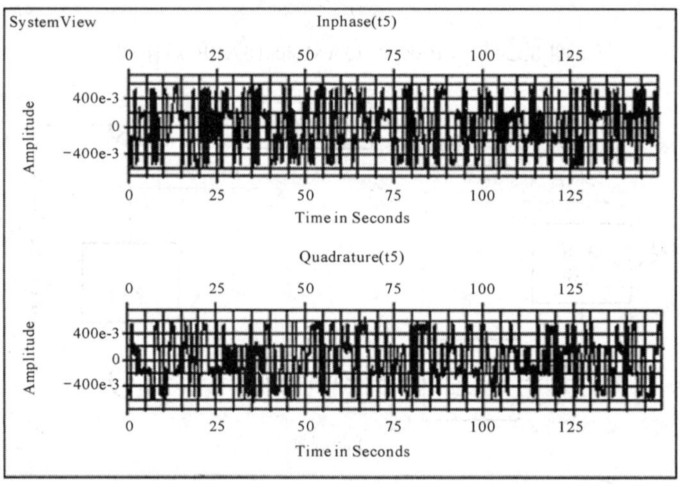

图 5.27 QAM 已调信号的同相分量和正交分量典型波形

前面讨论 QPSK 信号时，假定每个调制符号的包络都是矩形的，故信号包络是恒定的，此时已调 QPSK 信号的频谱为无限宽。然而，实际的信道总是有一定带宽的，因此，在发送 QPSK 信号时常常被限带。限带后的 QPSK 信号已不能保持恒包络，如图 5.28 所示。从图中可以看到，在相邻调制符号间发生 180°相位突变时，已调 QPSK 信号经限带后会出现包络为零的现象。经非线性放大器后，包络中的起伏虽然可以有所减弱，但同时会使信号频谱扩展，其旁瓣会干扰邻近频道的信号，导致发送时的带通滤波完全失去作用。为了克服这

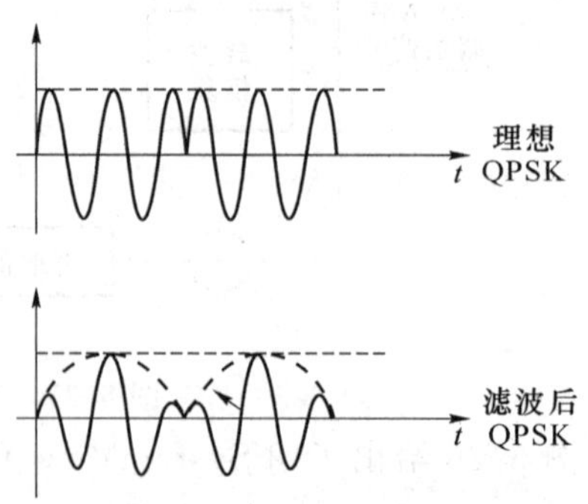

图 5.28 QPSK 信号限带前后的波形

种现象,提出了几种能在非线性限带信道中使用的恒包络调制方法,将在后面 5.2.8～5.2.11 节中详细讨论。

5.2.8　偏移四相相移键控

在 QPSK 信号的星座图中,4 个端点中任意两者间的直线过渡都是可能的,如图 5.29(a)所示。在这 4 个点中,如果发生沿正方形对角线的过渡,将会造成 QPSK 信号产生 180°的相位突变,此时经限带后信号包络的起伏达到最大。如果在正交调制时,将正交基带信号相对于同相基带信号延迟一个基带码元的时间,就可以避免这种对角线过渡,以免发生已调波信号 180°的相位突变,可以减小包络起伏。这种将正交基带信号延时一段时间的调制方法称为偏移四相相移键控(OQPSK),又称为参差四相相移键控(SQPSK)。

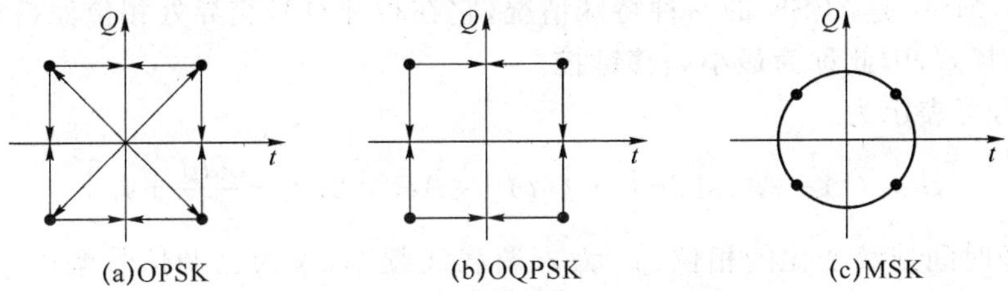

图 5.29　相位转移图

将正交路信号偏移 $T_s/2$ 可消除已调信号中相位突变 180°的现象,每隔 $T_s/2$ 信号相位只可能发生±90°的变化,因而星座图中信号点只能沿正方形 4 边移动,如图 5.29(b)所示。滤波后的 OQPSK 信号中,包络的最大值与最小值之比约为$\sqrt{2}$,不会出现图 5.26 中比值无限大的情形。

OQPSK 信号可以用正交调制法产生,其调制器结构如图 5.30(a)中所示,其相干解调器与 QPSK 的相同,如图 5.30(b)所示,相干解调的误码性能也与 QPSK 的相同。

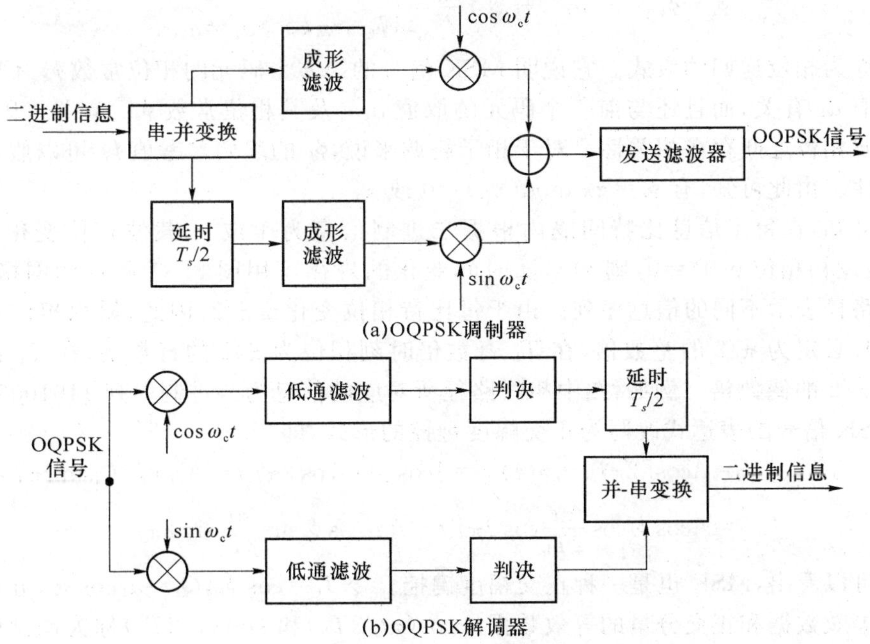

图 5.30　OQPSK 调制器与解调器原理框图

5.2.9 最小频移键控

不论是 BPSK、QPSK 信号，还是 OQPSK 信号，其码元交替处载波相位都会发生突变，导致产生很大的旁瓣。经过带宽受限的信道后，信号包络不再保持恒定。再经过非线性电路后，会发生频谱扩展现象，从而影响通信质量。几种信号只是突变的程度不同，OQPSK 虽然消除了 QPSK 信号中的 180°相位突变，但并没有从根本上解决包络起伏问题。为了克服相移键控信号的这种缺陷，产生了连续相位频移键控（CPFSK）的调制方式。这种连续相位频移键控既能保持包络恒定，又能保持已调波信号的相位连续以减小旁瓣，目前主要应用于卫星通信和移动通信中。

最小频移键控通常简写为 MSK(Minimum Shift Keying)，是上述 CPFSK 中的一种，常简写为 MSK。MSK 是 2FSK 的一种特殊情况，它在相邻符号交界处相位保持连续，具有正交信号的最小频差，因此称为最小频移键控。

MSK 信号可表示为

$$S_{\mathrm{MSK}}(t)=A\cos[2\pi f_c+\phi(t)]=A\cos\left[2\pi f_c-\frac{\pi a_k t}{2T_b}+\phi_k\right] \tag{5.9}$$

其中，$\phi(t)$为随时间连续变化的相位，f_c 为未调载波频率，A 为已调信号幅度，T_b 为二进制信息的码元间隔。为了满足 2FSK 信号正交条件，最小频差应为 $\Delta f=f_2-f_1=1/2T_b$，f_1、f_2 分别为 2FSK 信号的频率。此时有 $f_c=(f_1+f_2)/2$，$\phi(t)=\pm(2\pi\Delta f t)/2+\phi_k$，$\phi_k$ 为第 k 个码元的载波相位常数，它在该码元的持续时间 T_b 内保持不变。由此 MSK 信号可写为

$$S_{\mathrm{MSK}}(t)=A\cos\left[2\pi f_c+\frac{\pi a_k t}{2T_b}-\phi_k\right] \quad kT_b\leqslant t\leqslant(k+1)T_b \tag{5.10}$$

这里，$a_k=\pm1$，分别表示二进制信息 1 和 0。

相位常数的选择应保证 MSK 信号的相位在码元转换时刻是连续的，即

$$\phi_k=\phi_{k-1}+(a_{k-1}-a_k)\frac{k\pi}{2}=\begin{cases}\phi_{k-1} & a_k=a_{k-1}\\ \phi_{k-1}\pm k\pi & a_k\neq a_{k-1}\end{cases} \tag{5.11}$$

式(5.11)称为相位递归约束式。它说明 MSK 信号的第 k 个码元的相位常数 ϕ_k 不仅与当前的码元取值 a_k 有关，而且还与前一个码元的取值 a_{k-1} 及其相位常数 ϕ_{k-1} 有关。因此，前后码元的载波相位之间存在相关性。对于相干解调来说，ϕ_k 的起始参考值 ϕ_0 可以假定为零而不失一般性。由此可知，有 $\phi_k=k\pi \bmod(2\pi)=0$ 或 π。

由此可知，在每个信息比特间隔内根据二进制信息为 1 或 0，载波相位变化 $+\pi/2$ 或 $-\pi/2$。假设初相位 $\phi(0)=0$，则 $\phi(t)$随时间变化的规律可用图 5.31 所示的网格图表示。每条相位路径表示不同的信息序列。由于每比特相位变化 $\pm\pi/2$，因此，累积相位 $\phi(t)$在每比特结束时必定为 $\pi/2$ 的整数倍，在 T_b 奇数倍时刻相位为 $\pi/2$ 的奇数倍，在 T_b 偶数倍时刻相位为 $\pi/2$ 的偶数倍。例如，图中粗线路径所对应的信息为二进制序列 1101000。

将 MSK 信号的表达式改写为正交幅度键控的形式，即

$$\begin{aligned}S_{\mathrm{MSK}}(t)&=A\cos[2\pi f_c t+\phi(t)]=A\cos\phi(t)\cos 2\pi f_c t-A\sin\phi(t)\sin 2\pi f_c t\\&=A\cos\phi_k\cos\frac{\pi t}{2T_b}\cos 2\pi f_c t-Aa_k\cos\phi_k\sin\frac{\pi t}{2T_b}\sin 2\pi f_c\end{aligned} \tag{5.12}$$

由此可以看出，MSK 也是一种正交幅度键控。令 $I_k=\cos\phi_k$，$Q_k=a_k\cos\phi_k$，分别称为同相分量的等效数据和正交分量的等效数据。$\cos(\pi t/2T_b)$和 $\sin(\pi t/2T_b)$称为调制函数或加权函数。根据已知的输入数据 a_k 及相位常数 ϕ_k，就可以得到等效数据 I_k 和 Q_k。等效数据

I_k 和 Q_k 正好是输入数据序列 a_k 经差分编码后进行串-并变换的结果，且 I_k 和 Q_k 彼此之间正好错开了一个码元宽度 T_b。图 5.32 中给出了用 SystemView 仿真得到的 QPSK、OQPSK、MSK 信号同相和正交分量的基带信号 $I(t)$ 和 $Q(t)$ 的典型波形。

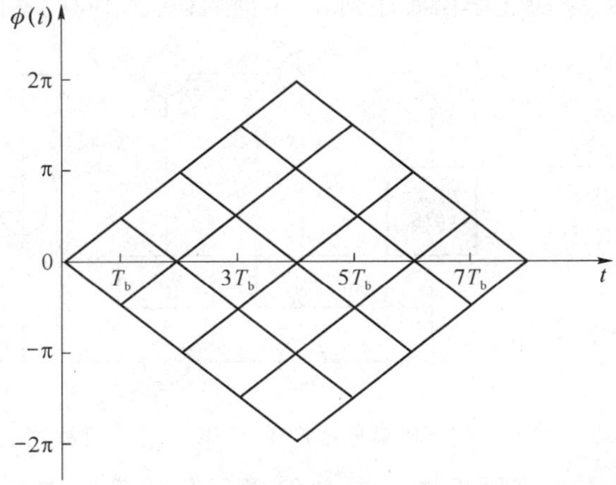

图 5.31　MSK 信号的相位路径图

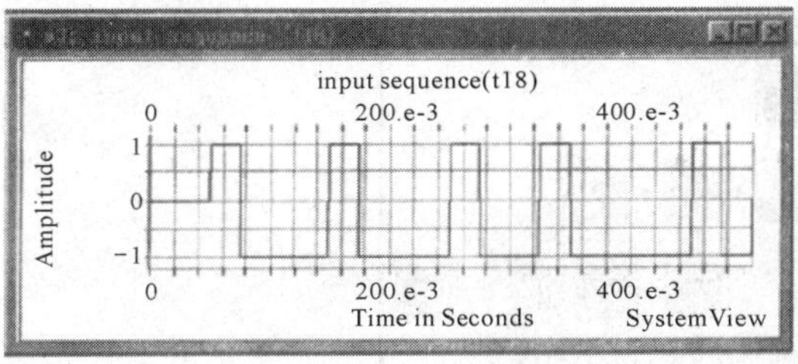

(a)输入序列

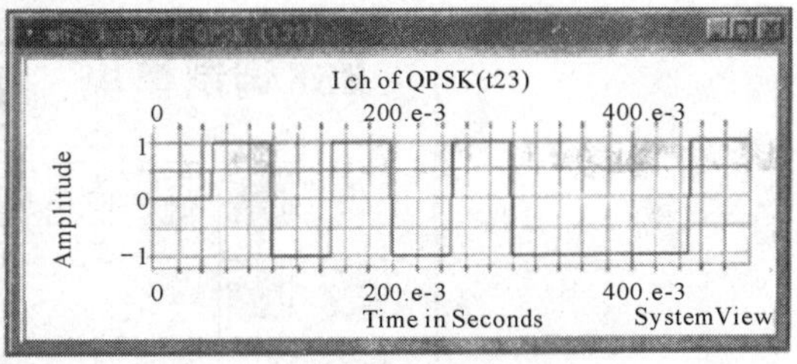

(b)QPSK的同相分量

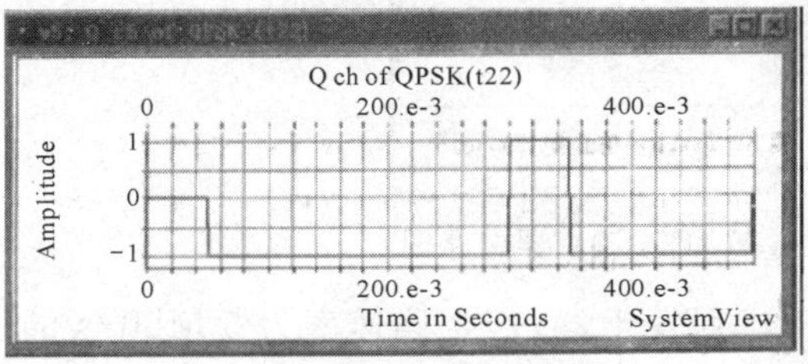

(c)QPSK的正交分量

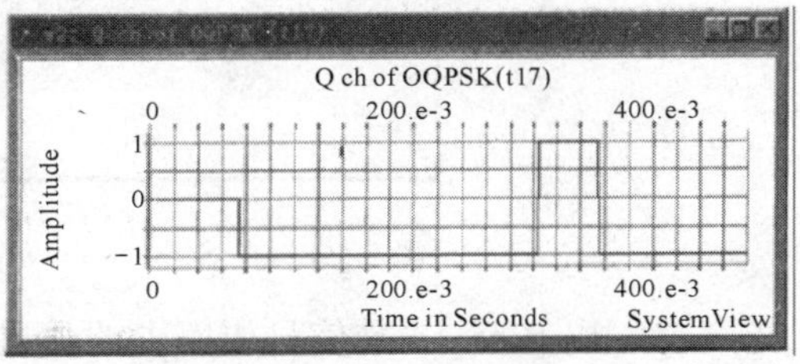

(d)OQPSK的正交分量(其同相分量与QPSK相同)

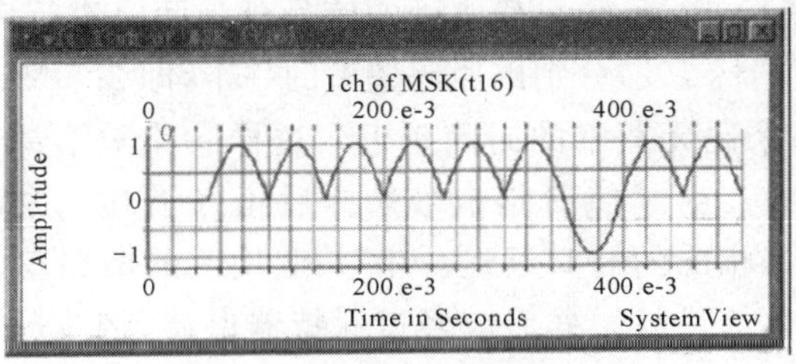

(e)MSK的同相分量

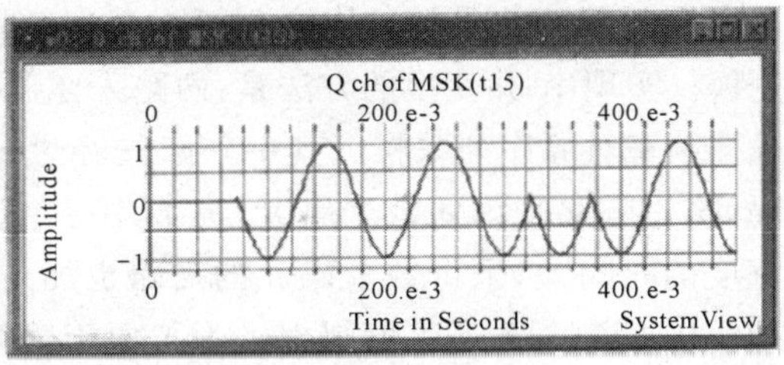

(f)MSK的正交分量

图 5.32　用 SystemView 仿真得到的 QPSK、OQPSK、MSK 信号的同相、正交基带信号

产生 MSK 信号的方法较多，正交法是其中的一种。由上面的推导可以得到正交幅度键控法产生 MSK 信号的原理框图如图 5.33 所示。

按照这种方法产生的 MSK 信号，在每个码元间隔时间内的载波频率取 f_1 或 f_2 决定于信源序列 a_k 中对应码元为 1 或为 0。如果省略图中的差分编码器，其余部分不变，则可以产生另一种 MSK 信号。它仍是恒定包络、连续相位的调频信号。不同的是，在每个码元间隔内的载波频率取 f_1 或 f_2 决定于信源序列 a_k 中前后码元相同或不同。

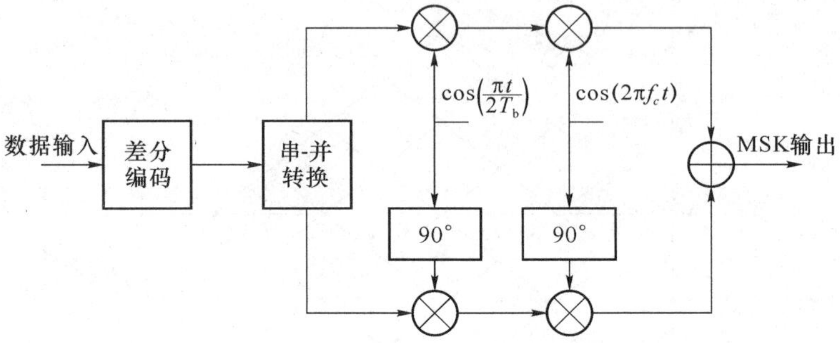

图 5.33　正交幅度键控法产生 MSK 信号原理框图

按照第二种方法即省略该原理图中差分编码部分的系统在 SysternView 上实现的 MSK 调制器电路图如图 5.34 所示。

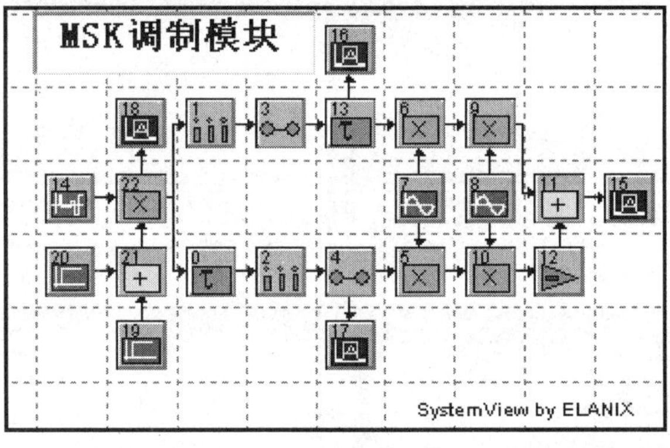

图 5.34　在 SysternView 上仿真 MSK 调制器电路图

图 5.34 中，图标 14 是信号源库中的伪随机序列发生器，产生码速率为 5 Mbit/s 的伪随机序列，作为系统的码源。为了节省仿真时间，用由图标 19、20、21 组成的时间窗截取了一段有限时间的信号。该码序列可由观察窗图标 18 观察。截取后的信号分为两路进行串-并变换。实现串-并变换的方法是：两路采样器（图标 1、2）分别以原码速率的一半，即 2.5 MHz 的采样频率对原序列采样。其中一路先经过一个码元宽度的时间延迟。这样一路采第奇数个码元，另一路采第偶数个码元，完成串-并变换。为了使两路信号采样后正好错开一个码元宽度的时间差，采奇数个码元的支路也加入了相应的时间延迟。串-并变换后的两路信号分别由图标 16、17 观察窗观察。为了便于观察，信号被采样后应经过保持器保持，将波形的数据速率恢复为系统的采样频率。

图 5.34 中图标 7、8 均为正弦信号发生器。其中图标 7 的正弦信号的频率为1.25 MHz，产生调制加权函数；图标 8 的正弦信号的频率为 61.25 MHz，产生未调制载波。同相和正交分量的等效数据完成串-并变换后，再分别与调制加权函数和未调制载波相乘，然后两路信号相减，就可以得到最后的 MSK 调制波形。

图 5.34 电路中各图标的参数设置如表 5.2 所列。

表 5.2　MSK 调制器仿真电路图参数设置

图标序号	图标名称	参数设置
0,13	算子库,时间延迟器	Delay=0.2 μs
1,2	算子库,采样器	Rate=2.5 MHz
3,4	算子库,保持器	Gain=1
7	信号源库,正弦信号源	Amp=1 V,Freq=1.25 MHz,Phase=0°
8	信号源库,正弦信号源	Amp=1 V,Freq=61.25 MHz,Phase=0°
12	算子库,增益放大器	Gain=−1
14	信号源库,伪随机 PN 序列发生器	Amp=1 V,Offset=0 V,Rate=5 MHz,Leve′s=2,Phase=0°
19	信号源库,阶跃信号发生器	Amp=−1 V,Start=4.8 μs,Offset=0 V
20	信号源库,阶跃信号发生器	Amp=1 V,Start=0 μs,Offset=0 V
5,6,9,10,22	乘法器	无
11,21	加法器	无
15,16,17,18	观察窗库,分析型观察窗	无
系统时钟	开始时间 0 s,采样频率 2.4 GHz,采样点数 16 384 个	

仿真得到的结果波形如图 5.35 所示。图 5.35(a)为原码元序列及其串-并变换结果。窗 3(code source)为原码元序列,窗 1(I)、窗 2(Q)分别为串-并变换后的同相分量和正交分量。从图 5.35(a)中可以看出,同相分量和正交分量之间错开了一个码元宽度 T_b。图 5.35(b)为 MSK 调制信号。窗 0(MSK)的波形图给出了直接观察的已调波的波形。图 5.35(b)的窗 4 是将该 MSK 信号局部放大的波形。从图 5.35(b)中可以看出,MSK 信号是一种恒包络的、连续相位的调频信号,信号没有相位突变,因此,有效地减少了带外功率辐射。

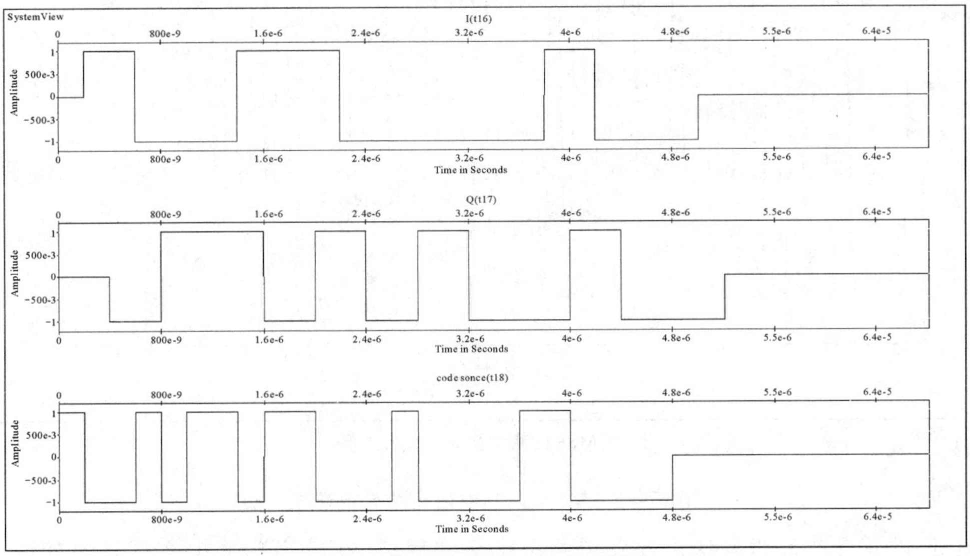

(a)码元序列及串-并变换结果

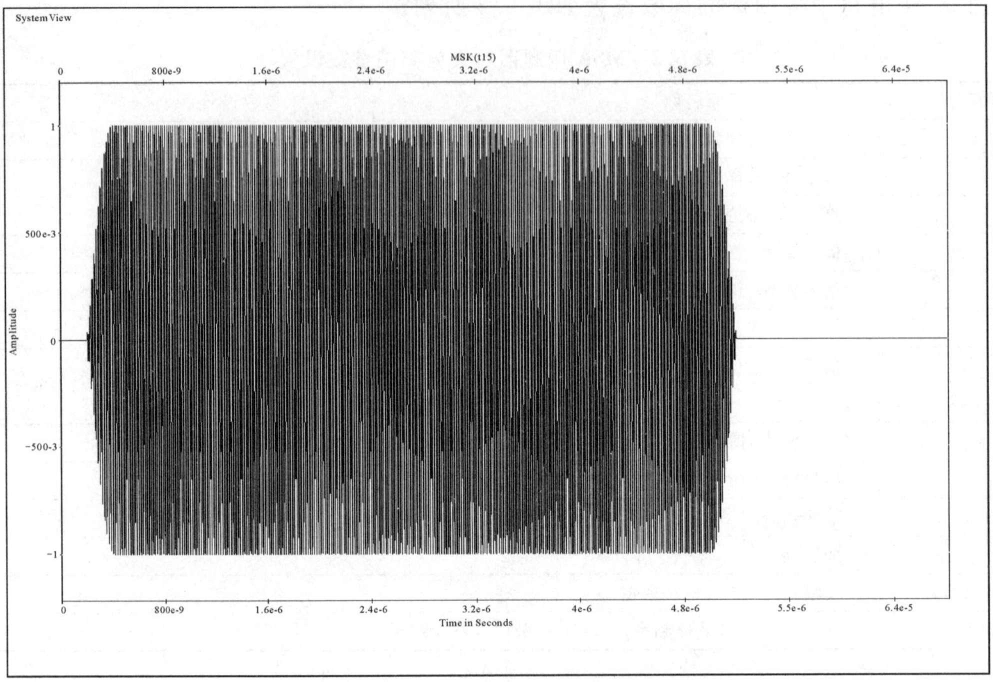

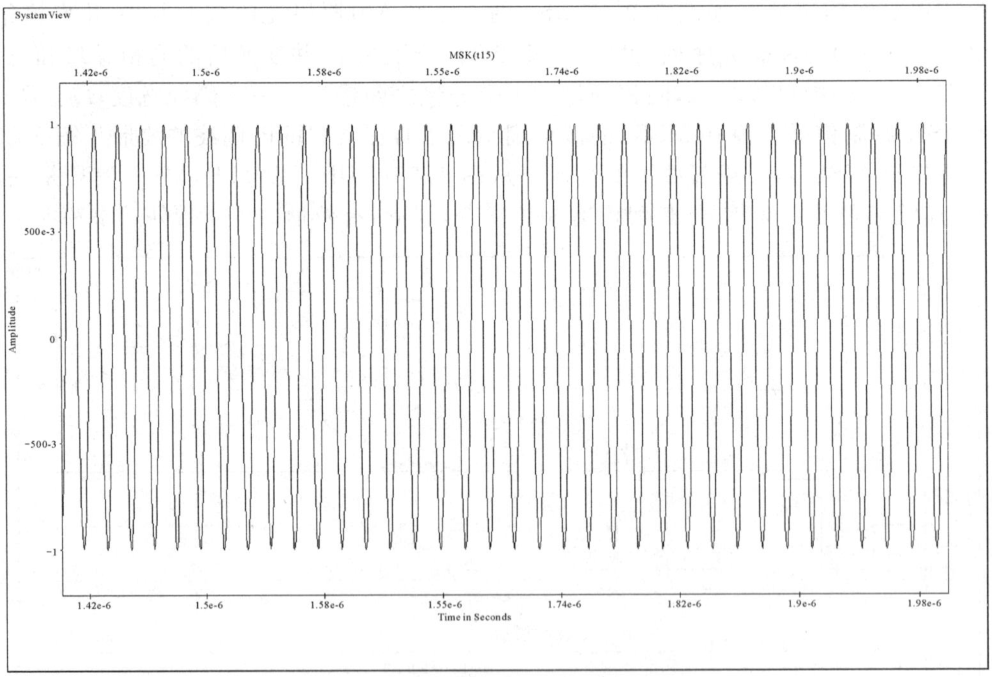

(b)MSK已调波及局部放大波形

图 5.35　MSK 调制器仿真结果电路图

MSK 的正交幅度键控法需要获得两个正交的载波，在较高频率上实现是比较困难的。在一些实际扩频通信系统中，如 JTIDS(联合战术信息分布系统)和 PLRS(位置报告系统)等，采用声表面波(SAW)滤波器产生 MSK 信号。具体可参考第 4 章中有关内容。MSK 信号的解调方式多种多样，可以用相干解调法，也可以用非相干解调法。可根据实际系统的需要灵活选择。

5.2.10　高斯最小频移键控

为了进一步减少已调波的主瓣宽度和邻道中的带外辐射，在调制前可以用某种低通滤波器对矩形信号进行预滤波，得到平滑后的某种新的波形，在通过调频后可能得到良好的频谱特性。如果采用高斯滤波器作为调制前基带滤波器，即先将基带信号变换成高斯脉冲，再进行 MSK 调制，那么这种方式称为高斯 MSK 或 GMSK(Gaussian MSK)。

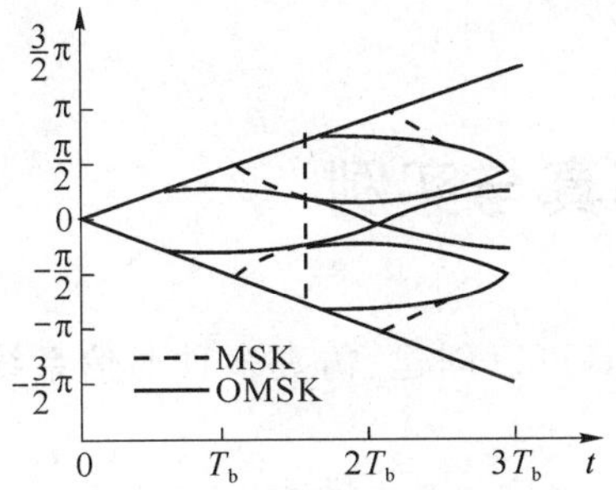

图 5.36　GMSK 的相位路径图

由于成型后的高斯脉冲包络无陡峭边沿，亦无拐点，因此，经调制后的已调波相位路径在 MSK 的基础上进一步得到平滑，其相位路径如图 5.36 所示。从图中可以看出，它把 MSK 相位路径的尖角平滑掉了，其频谱特性优于 MSK。GMSK 可以满足临道带外功率辐射低于 −60～−80 dB 的指标，适用于移动无线通信，已确定为移动通信的一种标准调制方式。

GMSK 调制的原理方框图如图 5.37 所示。图中的 LPF 是高斯滤波器。在 SystemView 线性系统与滤波器图标的通信滤波器中，对该滤波器可以直接设置参数即可完成设计。它的输出直接对 VCO 调频，以保证已调波包络恒定和相位连续。为使功率谱为窄带频谱，该滤波器应具有以下特性：

- 窄带锐截止，以便于抑制高频分量；
- 脉冲响应的过冲量小，以防止瞬时频偏过大；
- 滤波器输出的脉冲响应面积应对应于 π/2 的相移，以使调制指数为 1/2。

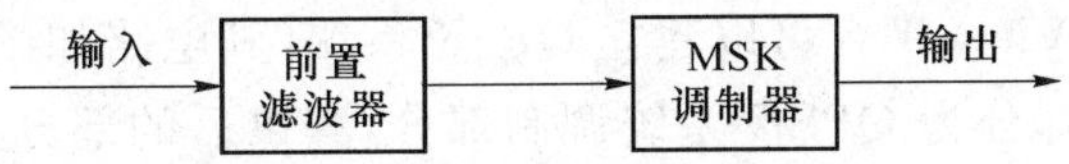

图 5.37　GMSK 调制的原理框图

上述输入数据流经高斯滤波器后，直接对 VCO 进行调频是 GMSK 调制最简单的方法。但是，这种调制器有缺点，即由于所要求的 VCO 的线性和灵敏度受到限制，保持中心频率在规定值比较困难。为克服这个缺点，可采用精心制作的环路(PLL)调制器，如图5.38所示。它是在 π/2 相移 BPSK 调制器后再接一个锁相环。其中 π/2 相移的 BPSK 是保证每个码元的相位变化均为 ±π/2，而锁相环对 BPSK 的相位突变进行平滑，使得在码元转换点相位连续，而且没有尖角。因此，最重要的是精心设计 PLL 的传输函数以满足输出功率谱特性要求。

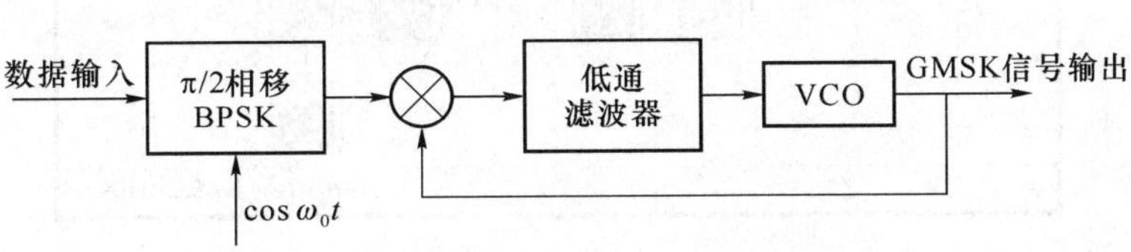

图 5.38　PLL 型的 GMSK 调制器

GMSK 信号的解调可以采用与 MSK 类似的正交相干解调方法，还可以采用偏移频率锁定和模拟相加的相干解调。由于篇幅所限，这里就不作介绍了。

数字基带信号在每个码元内的能量总是一定的，无论采用哪种方式进行传输，能量都包含在已调波的频谱中；因此，当已调波频谱旁瓣较小时，主瓣必然加宽，反之亦然。GMSK（以及其他一些类似的调制方式如 TFM 等）由于采用了预调制滤波器，把信号中主瓣能量去掉了一些，因此，可以使旁瓣较小，同时主瓣较窄。但这样在接收机输入端的信噪比相对要降低。因此，GMSK 的抗噪声性能比没有采用预调制滤波器的 MSK 和 4PSK 都要差一些。也就是说，用信噪比做代价来换取较好的频谱特性。不过，在 GMSK 中，这个代价不大，因此 GMSK 在无线移动通信中得到了广泛的应用。

5.3 QPSK 系统原理仿真与实例

利用 SystemView 仿真平台及其强大的信号分析工具可以创建、仿真多种通信系统，并对各种通信系统进行分析。

5.3.1 QPSK 调制与解调原理仿真

在 5.2 节中已经简要介绍了 QPSK 系统的组成、原理等。本节中以 v26 标准的 QPSK 信号为例，介绍在 SystemView 平台上仿真 QPSK 系统的方法。

v26 信号的一些参数如下：该信号为差分编码正交调制的 QPSK 信号，其调制信号的码速率为 2.4 kbit/s，经串-并变换后，I、Q 通道的码速率分别为 1.2 kbit/s；调制载波为 1.8 kHz 的正弦波，为实现软解调，其数据采样频率为 9.6 kbit/s。

在图 5.21 和图 5.24 中画出了 QPSK 正交调制和相干解调方法的组成原理框图。按照该框图，利用 SystemView 平台可以建立 QPSK 系统，其电路如图 5.39 所示。以图标 25 加法器为界，其以前的部分为 QPSK 系统调制部分，其以后的部分为 QPSK 系统的解调部分。同时，已调信号在此与图标 26 产生的高斯噪声相加，以模拟信道中产生的噪声。

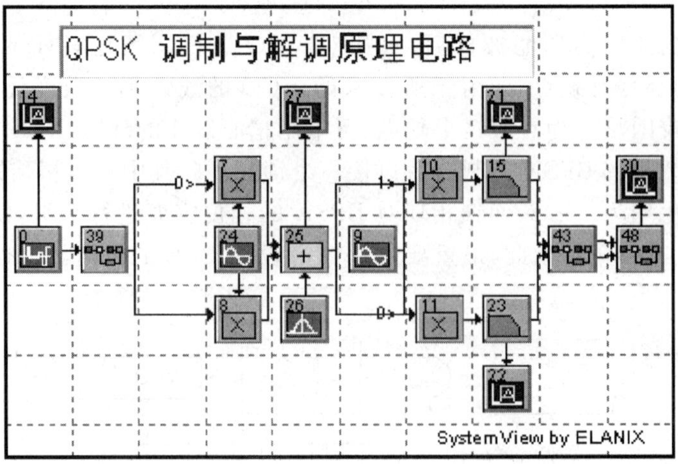

图 5.39 QPSK 系统原理仿真电路图

二进制信息由图 5.39 中的图标 0(即伪随机序列发生器)产生。该码源可由图标 14 观察窗进行观察。串-并变换及电平产生由图中的子系统图标 39 完成。图标 24 正弦波发生器产生 1.8 kHz 的载波,其同相和正交两路输出分别与经串-并变换后的两路码元相乘。正弦波发生器本身就有同相和正交两路输出,因此,图中不用另加 $\pi/2$ 移相器。码元与载波相乘分别完成两个独立的 BPSK 调制后,两路 BPSK 信号相加,即可得到最后的 QPSK 信号。该信号可由图标 27 观察窗进行观察。

接收端采用的是相干解调法。本地载波采用与调制载波同频同相的正弦波信号(在原理仿真中,省略了本地载波提取的部分。在实际应用中,提取与调制载波同频同相的载波是很复杂的,也是相干解调法的关键所在。有关载波提取环的仿真,请参考 5.3.2 小节的内容)。QPSK 已调信号与本地载波相乘后,经接收低通滤波器滤除高频分量,得到同相和正交通路的码元分量,在子系统图标 43 中完成波形恢复。之后,两路码元信号送入子系统图标 48 中完成并-串变换,输出的解调结果由观察窗图标 30 进行观察。

图 5.39 中的串-并变换子系统图标 39 的内部电路图如图 5.40 所示。其实现串-并变换的方法是:两路采样器(图标 1、2)分别以 1.2 kHz 的采样频率对原序列采样。其中一路先经过一个码元宽度的时间延迟,这样一路采第奇数个码元;另一路采第偶数个码元,完成串-并变换(参见图 5.35 波形示意图)。为了使两路信号采样后在相位上对齐,采奇数个码元的支路也加入了相应的时间延迟。串-并变换后的两路信号分别由图标 12、13 观察窗进行观察。为了便于观察,信号被采样后应经过保持器保持,将波形的采样频率恢复为 9.6 kbit/s,最后经输出端口图标 41、42 输出。

图 5.39 中,波形恢复子系统 43 和并-串变换子系统 48 的内部电路图分别如图 5.41(a)和(b)所示。波形恢复模块中两路信号先分别经过延迟后再以各自的码速率进行采样。图标 31、32 的延迟时间是解调仿真的重要参数。从通信系统的概念上说,应该是从滤波输出码元的开始时刻到眼图中眼睛睁开最大的时刻之间的时间,以保证系统获得最大的噪声容限。

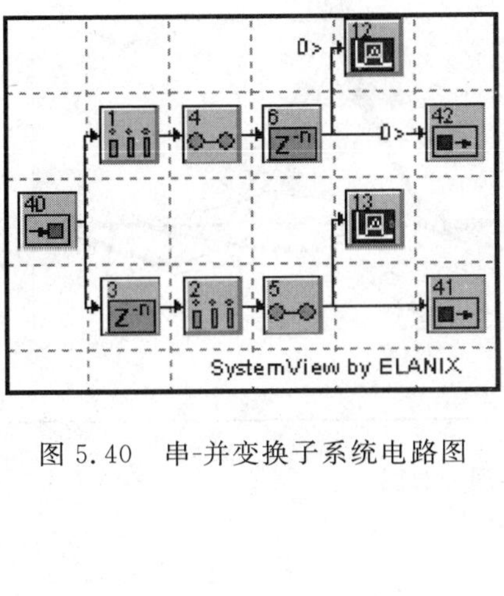

图 5.40　串-并变换子系统电路图

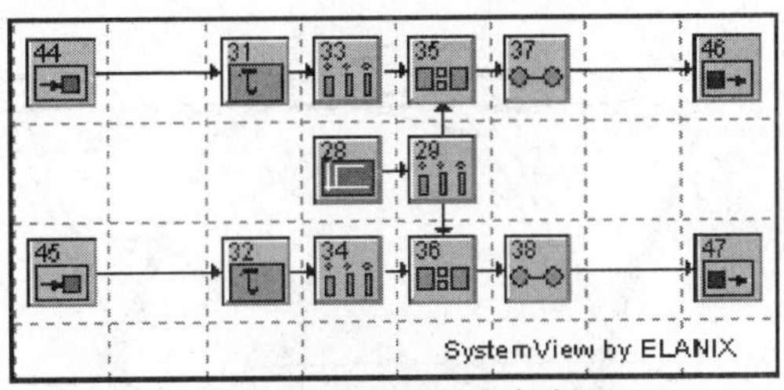

(a)波形恢复子系统电路图

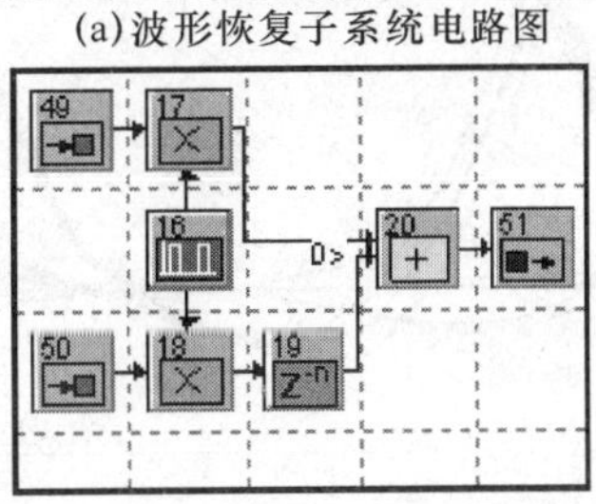

(b)并-串变换子系统电路图

图 5.41　解调端子系统电路图

为此，将两路滤波器的输出分别接至观察窗图标 21、22(图 5.39)，以在分析窗口中绘制眼图。系统中的滤波器采用 3 个极点的 Butterworth 低通滤波器，截止频率为 1.2 kHz，即等于该通道的码速率(关于滤波器的设计，请参考第 2 章)。系统运行后，进入分析窗界面，调用接收计算器，如图 5.42 所示，选择“Style”，标签对应的的“Slice”项，分别在其“Start(sec)”(开始时间)和“Length(sec)”(时间片长度)的对话框中输入 0 和 0.002 5，并在窗口列表中选择滤波器的输出图标 21 或 22，单击“OK”按钮，系统就会绘出眼图，如图 5.43 所示。

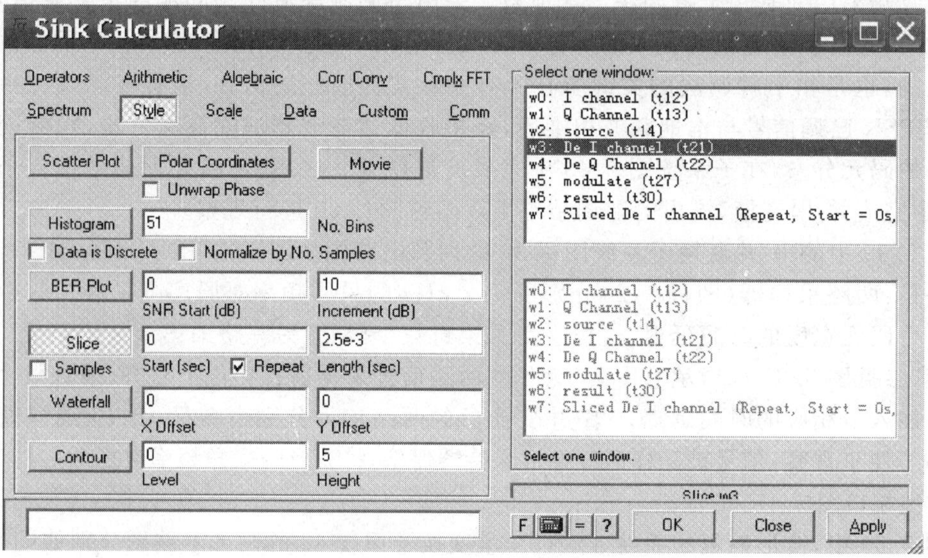

图 5.42　利用接收计算器绘制眼图

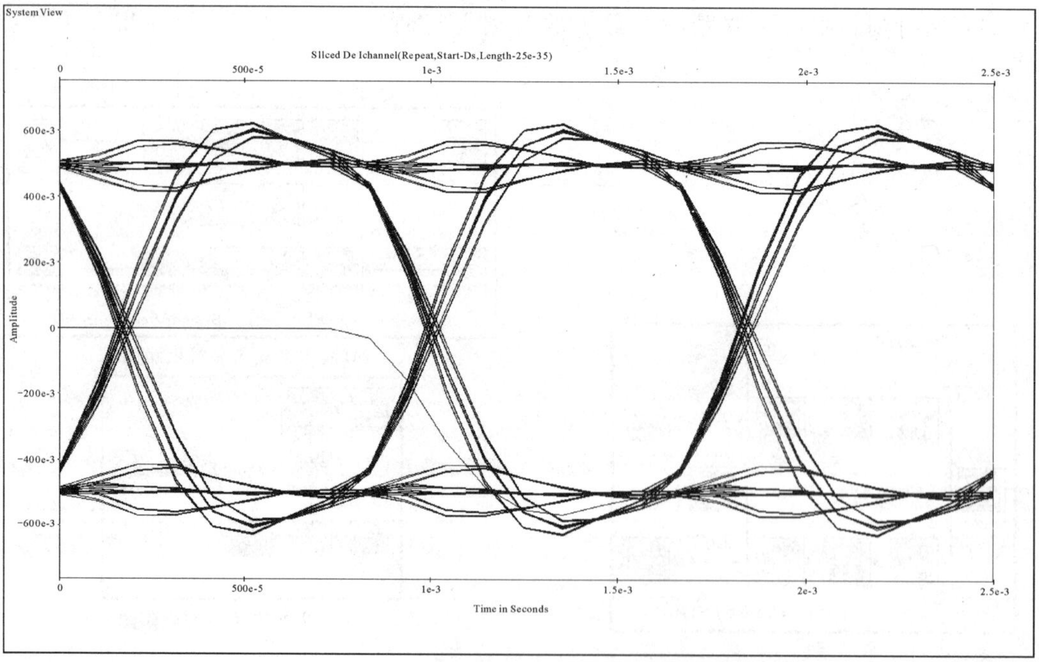

图 5.43　*I* 通道输出码元序列的眼图

从图 5.43 中容易看出，若将该信号延迟 0.383 ms，即可在各采样时刻(0、1/1 200 s、2/1 200 s…)采到“眼睛”睁开最大的值，则可以获得较好的抗噪声性能。此时返回设计窗中将延迟图标 31、32(图 3.37(a))的延迟时间设为 500 μs。图标 35(图 3.37(a))是算子库逻辑组中的比较器，它完成判决功能。从前面的眼图中可以清楚地看到，正负电平的门限是 0；因此，选用信号源库中的幅度为 0 的阶跃信号作为门限信号。为了保证比较器两个输入信号的速率相同，该阶跃信号也应以码元速率进行采样。比较结果经保持器将数据速率恢复为系统采样频率从本子系统输出。

并-串变换的方法是，先用 2.4 kHz 的方波脉冲与恢复的两路输出波形相乘，取出同相和正交通道的波形信息，再将其中一路延迟一个码元宽度的时间使两路信号错开，然后将两路信号相加即可。注意，在延迟时，为了保证解调信息与原码信息相同，应对在前面进行串-并变换时先经过延迟的那一路信号进行延迟。

整个系统中各个图标的参数设置如表 5.3 所示。

表 5.3　QPSK 系统仿真电路图

图标序号	图标名称	参数设置
0	信号源库，伪随机 PN 序列发生器	Amp=1 V，Offset=0 V，Rate=2 400 Hz，Levels=2，Phase=0°
1,2,29,33,34	算子库，采样器	Rate=1 200 Hz
3,19	算子库，采样点延迟	Delay=4 samples
4,5,37,38	算子库，保持器	Gain=1，Hold Last Sample
6	算子库，采样点延迟	Delay=8 samples
9,24,30	信号源库，正弦信号发生器	Amp=1 V，Freq=1 800 Hz，Phase=0°
15,23	算子库，线性系统与滤波器	Butterworth Lowpass IIR，3 Poles，Fc=1 200 Hz
16	信号源库，方波序列发生器	Amp=1 V，Freq=1 200 Hz，PulseW=416.7 μs，Offset=0 V，Phase=0°
26	信号源库，高斯噪声产生器	Std Dev=0 V，Mean=0 V
28	信号源库，阶跃信号发生器	Amp=0 V，Start=0 s，Offset=0 V
31,32	算子库，时间延迟	Delay=383 μs
35,36	算子库，比较器	Comparison='>='，True Output=1 V，False Output=−1 V
39	子系统	串-并变换子系统
43	子系统	波形恢复子系统
48	子系统	并-串变换
40,44,45,49,50	输入输出端口	子系统输入端口
41,42,46,47,51	输入输出端口	子系统输出端口
20,25	加法器	无
7,8,10,11,17,18	乘法器	无
12,13,14,21,22,27	观察窗	无
系统时钟	开始时间 0 s，采样频率 9.6 kHz，采样点数 8 192 个	

5.3.2 QPSK 信号载波提取及实际采样数据相干解调仿真

前面已经对 QPSK 原理框图进行了仿真，但在实际中，要直接获得一个与原调制载波同频同相的本地载波并不十分容易，需要利用载波提取环。图 5.44 中给出了一种用于 QPSK 信号解调的载波跟踪环，它可以从 QPSK 信号中提取载波从而完成相干解调。整个系统在 SystemView 平台上的完整仿真电路图如图 5.44 所示。

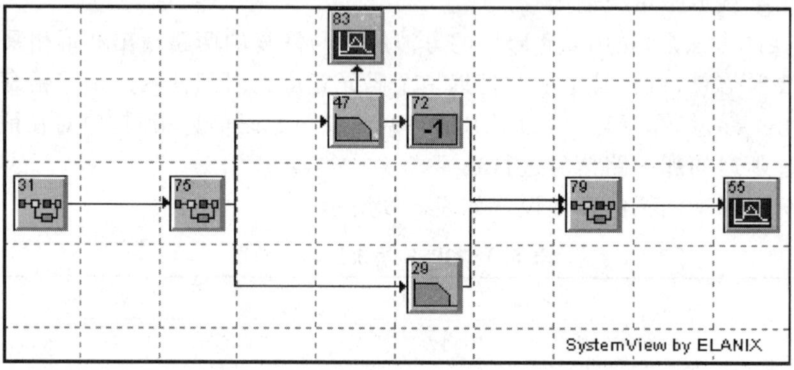

图 5.44 QPSK 系统载波提取相干解调仿真电路

图 5.44 中有 3 个子系统：其中子系统图标 31 为前述 QPSK 系统调制部分，即相当于图 5.39 中的图标 0、7、8、24、25 及子系统图标 39 构成的子系统；子系统图标 79 为前述 QPSK 系统的波形恢复及并-串变换部分，即相当于图 5.35 中的子系统图标 43 和 48 组成的子系统，其原理及组成不再赘述。

图 5.44 中图标 75 即为按照图 5.25 建立的载波提取环子系统，其内部电路如图 5.45 所示。

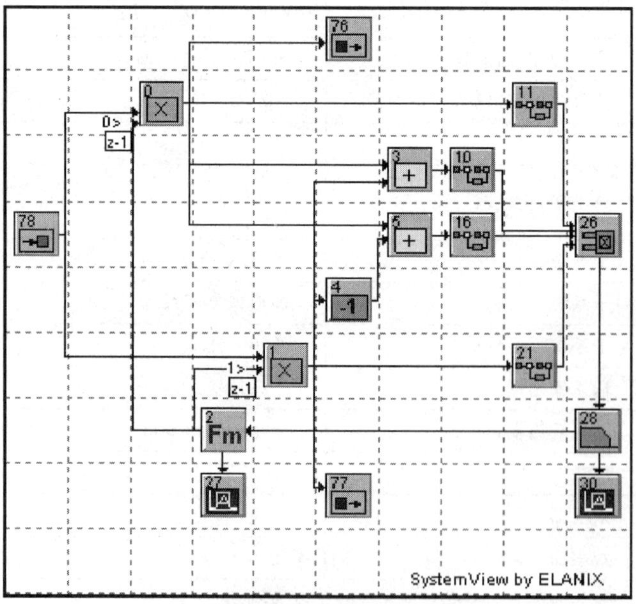

图 5.45 载波提取环内部电路

图5.44中子系统图标31产生的理想QPSK信号经图5.45中输入端口83输入。图标2为频率调制器图标,其输出的载波频率随输入信号规律变化,以其作为载波提取环中的压控振荡器(VCO)。压控振荡器输出的同相和正交两路信号分别与输入的QPSK信号相乘,经过图标3、4、5完成相加和相减运算。子系统图标10、11、16、21为判决器,同样由比较器和门限构成,其方法和原理与前述相同。判决输出的4路信号由图标26进行异或。在本系统中,用外部数据文件作为信号源,存换原QPSK信号源子系统图标31。运行系统并观察波形,在图5.46中给出了运行结果,包括采祥的QPSK信号、最后解调输出VCO的控制信号、滤波器输出信号的眼图、VCO输出信号的频谱。

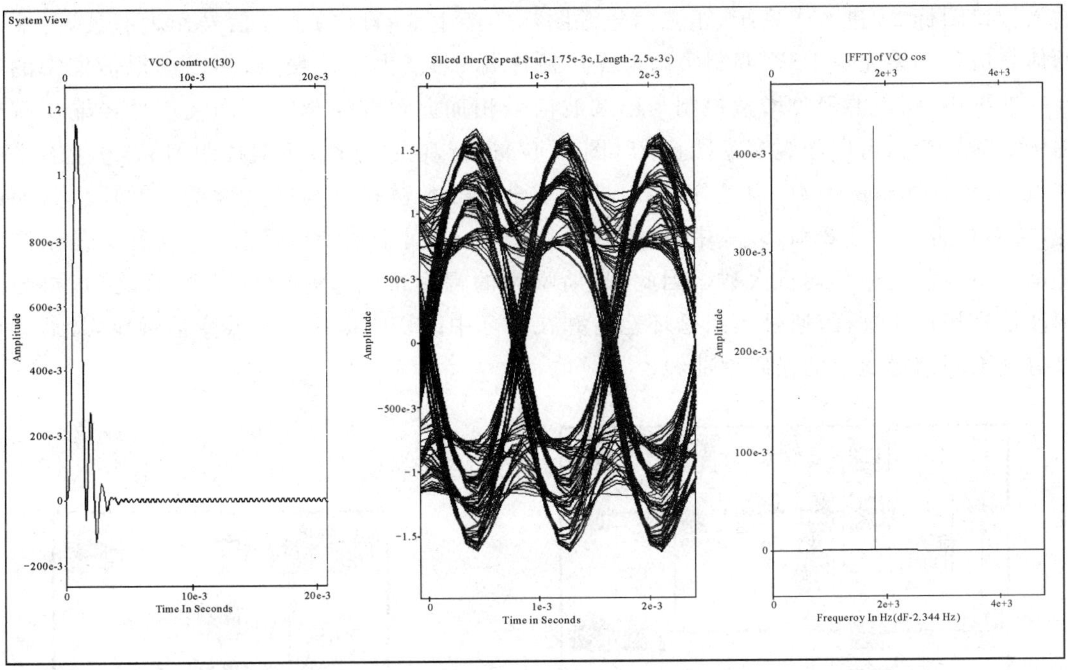

图5.46　对数据文件中采样QPSK信号解调及分析的结果波形

图5.46(a)是数据文件中保存的采样的QPSK信号及解调恢复得到的码序列。为了便于观察,将两个信号分别进行了局部放大。图5.46(b)是输入VCO的控制信号、由滤波器输出信号绘制的眼图和VCO输出信号的频谱。从图中可以看出,VCO输出的相干载波信号的频谱纯度较高,基本稳定在1.8 kHz;眼图睁开,其噪声容限较图5.46中的小;VCO的输入误差信号除去捕捉时间以外,基本稳定于0附近。

5.4　误码率的计算

在5.1节和5.2节中介绍了用差分编码方法可以克服相位解调中相位模糊度的问题。本节中首先介绍2DPSK系统的组成在SystemView上的仿真,并以该系统为例,介绍用SystemView计算通信系统误码率的方法。

利用SystemView平台仿真的2DPSK完整系统的电路如图5.47所示。图中以图标0

伪随机序列作为信号源。该信号源经图标 1 和 2 完成差分编码后，分为两路。其中一路不经过调制解调，直接在子系统图标 37 中作差分解码，解码结果经图标 35 延迟后，由观察窗图标 5 观察，并同调制解调后的输出结果对比；另一路信号在子系统图标 26 中完成 PSK 调制，然后送入子系统图标 29 完成 PSK 解调，由子系统图标 32 完成差分解码，解调和差分解码最后的结果经观察窗图标 14 进行观察。图标 18 是通信库中的误码率计算图标。信号源的输出经过图标 16 延迟、图标 17 采样后，与解调输出保持同步关系。两路信号分别输入误码率计算图标，计算结果由观察窗图标 20 进行观察。

图 5.47 中调制模块子系统图标 22 内部的电路图如图 5.48 所示。二进制信息信号由输入端口图标 23 进入子系统，正弦信号源图标 7 产生 8 kHz 的正弦信号作为载波，与输入的信息信号相乘完成 PSK 调制。高斯噪声源图标 18 产生高斯噪声，用以模拟信道中的加性高斯噪声，噪声源经过增益控制与已调波信号相加。含有噪声的已调波信号经输出端口图标 28 输出后，可以经观察窗图标 25(图 5.47)进行观察。分贝增益控制图标 20 上有一个红点，表示该图标的参数(增益分贝数)进行了全局参数链接。其增益随系统循环次数而改变，关系式为 $G_i=-2\times c_1$。式中 G_i 是图标的增益；c_1 属于系统时间参数，其意义是系统循环运行中当前的循环运行次数。因此，高斯噪声的幅度每循环一次衰减 2 dB 之后，再与已调波信号相加。这样，通过不断循环运行并在循环中改变噪声增益来改变信噪比，最后就可以得到不同信噪比下的误码率曲线。

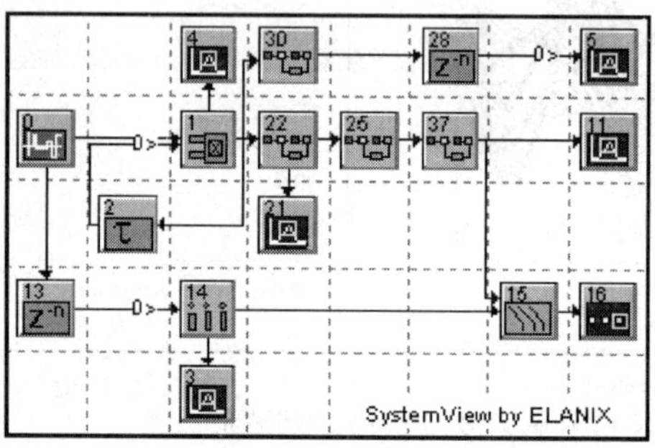

图 5.47　DPSK 系统在 SystemView 上的实现

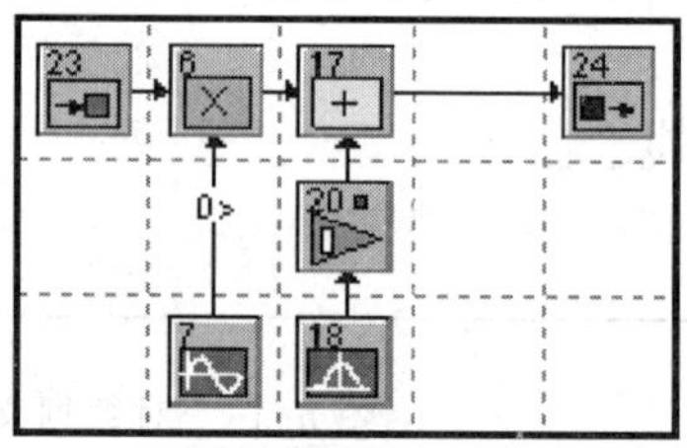

图 5.48　子系统图标 26——BPSK 调制子系统内部电路图

图 5.47 中子系统图标 25 为解调模块，采用相干解调的方法，其内部电路图如图 5.49 所示。解调方法与前面 QPSK 相干解调方法完全类似。在此处为了简便起见，省略了载波恢复部分，直接用正弦信号源图标 9 产生与调制载波同频同相的本地载波，与已调波信号相乘，并经过低通滤波，绘制眼图并判断采样时刻，延迟采样，最后由输出端口图标 31 输出解调结果。门限判决包含在后面的差分解码模块中。

图 5.47 中子系统图标 37 和 30 为差分解码子系统，采用同一个子系统文件。其内部电路如图 5.50 所示。差分编码/解码的电路及其工作原理见 5.2 节中关于 2DPSK 系统的说明。其中的反相器图标模拟了相干解调中载波相位 180°模糊的情况。

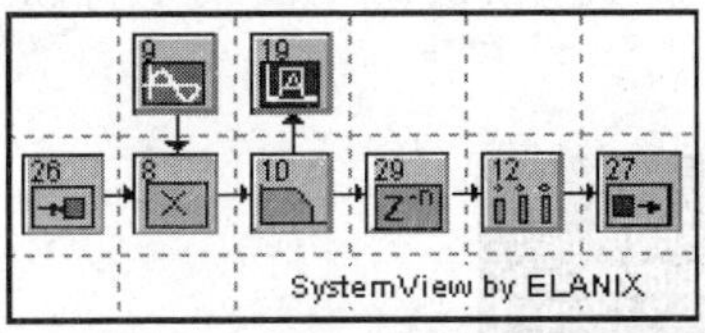

图 5.49　子系统图标 29 解调模块内部电路

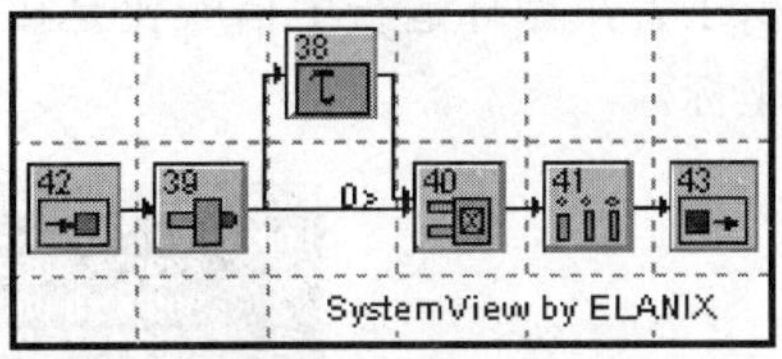

图 5.50　子系统图标 32、37 差分解码模块内部电路

系统中各图标的参数如表 5.4 所示。

表 5.4　2DPSK 系统仿真电路图标设置

图标序号	图标名称	参数设置
0	信号源库，伪随机 PN 序列发生器	Amp＝1 V，Offset＝0 V，Rate＝1 000 Hz，Levels＝2，Phase＝0°
1，13，10	算子库，异或运算符	Threshold＝0 V，True＝1，False＝－1
2	算子库，时间延迟	Delay＝900 μs
7，9	信号源库，正弦信号发生器	Amp＝1 V，Freq＝8 000 Hz，Phase＝0°
10	算子库，线性系统与滤波器	Butterworth Lowpass IIR，3 Poles，Fc＝1 000 Hz
11，38	算子库，时间延迟	Delay＝1 000 μs
12，39	算子库，反相器	Threshold＝0 V，True＝1，False＝－1
15，17，19，41	算子库，采样器	Rate＝1 000 Hz
16，35	算子库，采样点延迟	Delay＝10 samples
18	通信库，误码率计算	No. Trials＝1 bit/s，Threshcld＝0 V，Offset＝2 ms
22	信号源库，高斯噪声产生器	Pwr Density＝0.001 W/Hz，System＝1 Ω
24	算子库，增益控制	Gain Units＝dB Power，Gain＝－2 dB
36	算子库，采样点延迟	Delay＝0 samples
26	子系统	PSK 调制子系统
29	子系统	PSK 解调子系统
32，37	子系统	差分解码子系统
27，30，33，42	输入/输出端口	子系统输入端口
28，31，34，43	输入/输出端口	子系统输出端口
21	加法器	无
6，8	乘法器	无
3，4，5，14，23，25	观察窗库，分析型观察窗	无
20	观察窗库，运行终值观察窗	无
系统时钟	开始时间 0 s，采样频率 10 kHz，采样点数 50 001 个，循环运行 5 次	

运行该系统，可以在设计窗口界面内直接得到各次循环运行终值，即每次运行的误码率。同时，进入分析窗口后，可以用接收计算器绘制误码率曲线，如图 5.51 所示。图 5.51(a)是各次循环运行中计算的误码率结果。下面，就可以利用接收计算器计算误码率曲线了。在利用接收计算器计算误码率曲线时，要求给出横坐标信噪比的起始值和单位刻度的

长度。由于各次循环运行中信噪比是按分贝数递减的。因此，在误码率曲线中将纵坐标取为对数坐标。

Final Value Sink 16: Bit Error Rate

Loop	N	Time	Value
1	4998	5.00000000000000	2.85314125650260e-1
2	9996	10.0000000000000	2.24889955982393e-1
3	14994	15.0000000000000	1.40456182472989e-1
4	19992	20.0000000000000	7.00280112044818e-2
5	24990	25.0000000000000	2.60104041616647e-2

(a)各次循环运行误码率计算结果

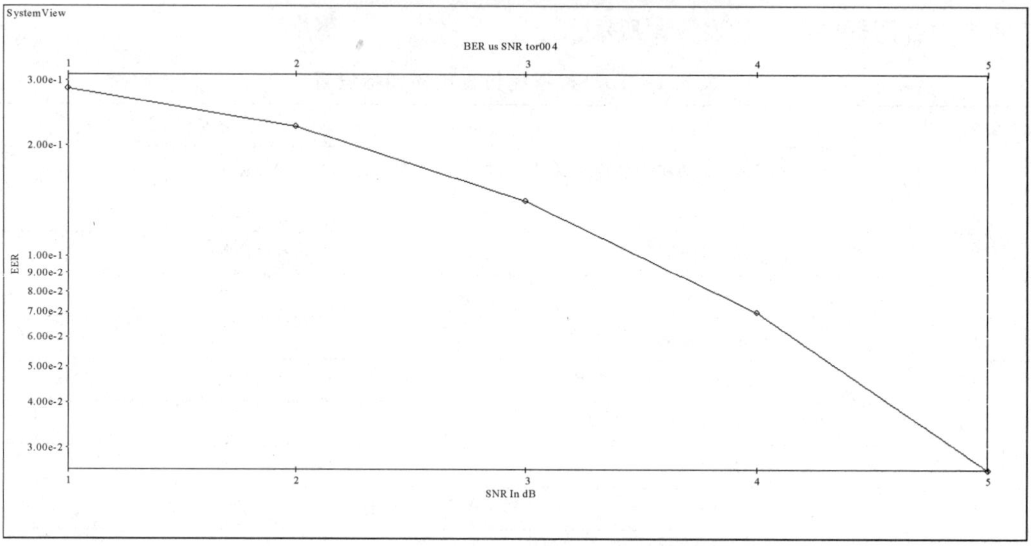

(b)误码率曲线

图 5.51　运行结果及误码率曲线

在二进制调制中，每个码元间隔 T_s 内只传送一比特信息。其误码率与误比特率相同。通常，误比特率曲线以 $\varepsilon=E_b/n_0$ 为横坐标画出。E_b/n_0 是计算误比特率的关键参数。E_b 为单位比特的平均信号能量，对于幅度为 A、码元宽度为 τ 的单极性非归零码，$E_b=A^2\tau/2$；对于幅度为 A、码元宽度为 τ 的双极性非归零码，$E_b=A^2\tau$。n_0 为噪声的单边功率谱密度，它等于双边噪声功率谱密度的 2 倍。在本系统中，容易算出，$E_b=(1)^2\times0.001=10^{-3}$，$n_0=0.001$。如果不经过噪声衰减，则有 $\varepsilon=1$。在系统参数设置时，增益控制的参数为从 −2 dB 开始，每循环一次减少 2 dB，即噪声幅度减少 2 dB，所以信噪比增加 1 dB。因此，横坐标的起始值应为 1 dB，单位刻度的长度也为 1 dB。将两个参数分别输入指定的对话框，并在窗口列表中选择误码率窗口，再单击“OK”按钮，即可完成按指定参数计算出的误码率曲线，如图 5.51(b)所示。需要注意的是，该误码率曲线是仿真运行的结果，与理论计算的结果有一定差别。每次循环运行的时间越长，即计算误码率时所取得的码元个数越多，仿真结果与理论结果就越逼近。

第6章　模拟信号的数字传输

模拟信号不但可以用载波调制后传输，而且可以将其数字化后用数字通信方式传输。模拟信号的数字化传输带来的好处是，当数字信号经过多次转换、中继、远距离传输后不会使信噪比恶化。而模拟信号经过多次中继后会产生额外的信噪比恶化，降低传输信号的质量。而且，模拟信号数字化以后可以很方便地进行时分或码分多路传输，从而可有效地提高信道的利用率。因此，模拟信号的数字传输技术已广泛应用于现代通信的各个领域，从有线的程控交换机到无线的GSM手机，从卫星数字电视广播到长途光纤通信，到处都有数字化的模拟信号存在。本章主要讨论抽样定理、脉冲编码调制(PCM)和增量调制(ΔM)的原理及相关内容的仿真。

6.1　抽样定理

6.1.1　低通信号的抽样定理

抽样定理是模拟信号数字化传输的理论基础，它告诉我们：如果对某一带宽的有限时间连续的模拟信号进行抽样，且在抽样率达到一定数值时，根据这些抽样值就可以在接收端准确地恢复原信号。也就是说，要传输模拟信号不一定传输模拟信号本身，只需传输按抽样定理得到的抽样值就可以了。

均匀抽样定理指出：对一个频带限制在$(0, f_H)$内的时间连续信号$m(t)$，如果以$1/(2f_H)$的间隔对其进行等间隔抽样，则$m(t)$将被所得到的抽样值完全确定。即抽样速率大于等于信号带宽的两倍就可保证不会产生信号的混迭。$1/(2f_H)$是抽样的最大间隔，也称为奈奎斯特间隔。

由后面的仿真实验结果可以观察到，当采样频率小于奈奎斯特频率时，在接收端恢复的信号，失真比较大，这是因为存在信号的混迭；当采样频率大于或等于奈奎斯特频率时，恢复信号与原信号基本一致。理论上，理想的抽样频率为2倍的奈奎斯特带宽，但实际工程应用中，限带信号绝不会严格限带，且实际滤波器特性并不理想，通常抽样频率为2.5～5倍f_H以避免失真。例如，普通的话音信号带宽为3 300 Hz左右，而抽样频率则通常选8 kHz。

6.1.2　信号的采样与恢复仿真实验

如图6.1所示是低通信号采样与恢复的原理图。对应的SystemView仿真系统原理图如图6.2所示。图中被采样的模拟信号源为幅度1 V、频率100 Hz的正弦波，抽样脉冲为窄脉宽矩形脉冲，脉宽为1 μs。抽样器采用乘法器代替。用于恢复信号的低通滤波器采用三阶巴特沃兹(Butterworth)低通滤波器。为观察信号抽样、恢复不失真的条件和引起失真的原因,分别选取了 100 Hz、200 Hz、500 Hz 等几种不同的抽样频率。

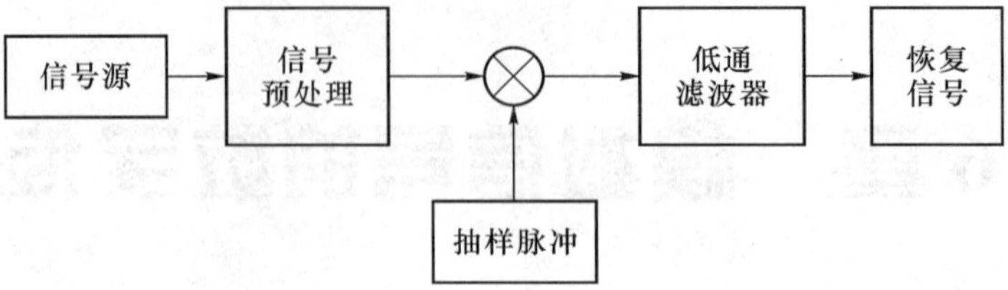

图 6.1　信号的采样与恢复原理图

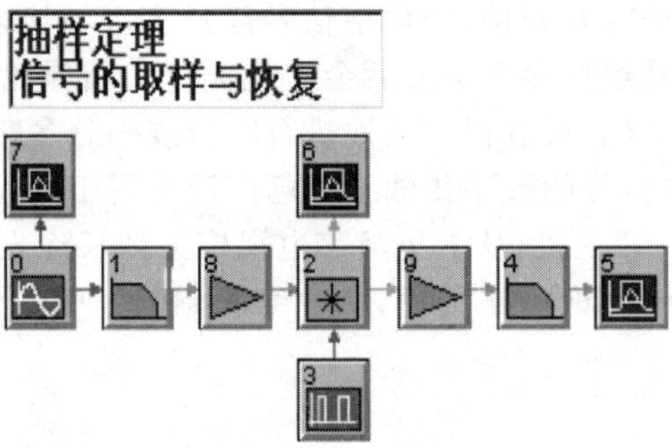

图 6.2　信号的采样与恢复仿真系统原理图

图 6.3 所示是原信号波形。图 6.4 是抽样脉冲波形。图 6.5 是采用 500 Hz 抽样后的信号波形,图 6.6 是通过低通滤波器后 500 Hz 抽样恢复后的信号波形图。图 6.7、图 6.8 分别是抽样频率为 100 Hz 和 200 Hz 时恢复的波形,显然在抽样频率为 100 Hz 时,恢复波形存在较大的失真。

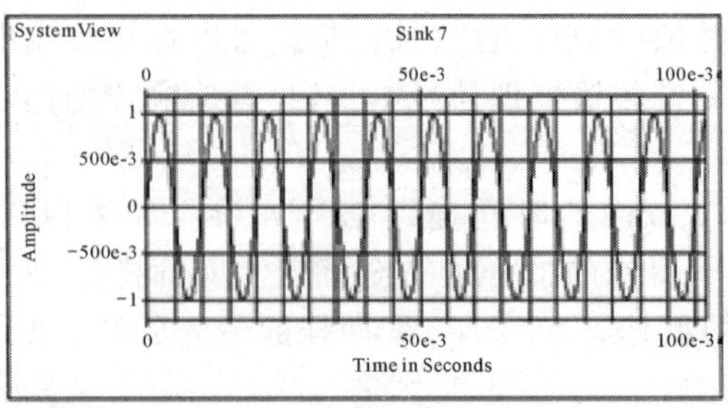

图 6.3　输入信号原波形

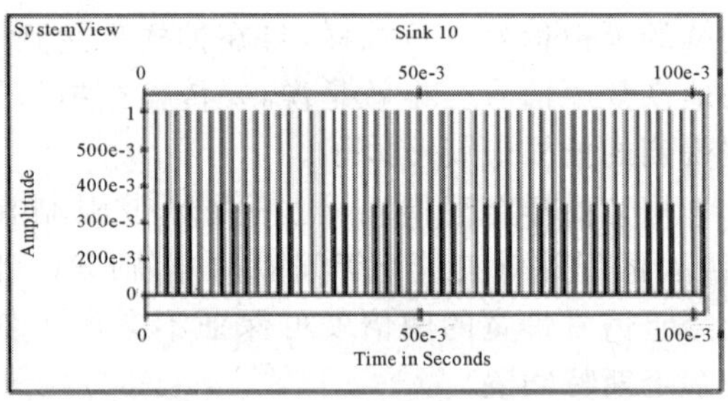

图 6.4　抽样脉冲波形

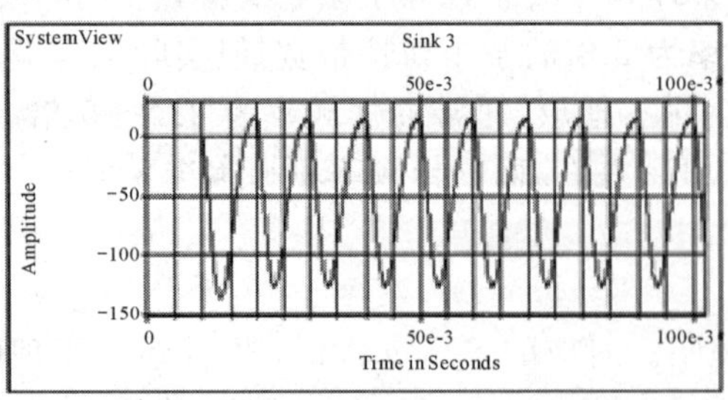

图 6.5　500 Hz 抽样后的信号波形

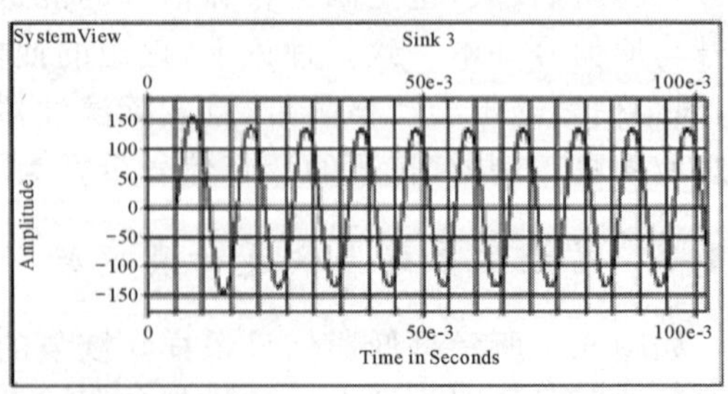

图 6.6　500 Hz 抽样恢复后的信号波形

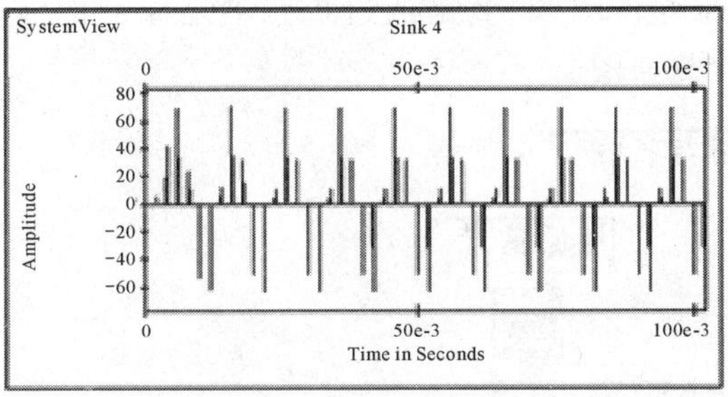

图 6.7　100 Hz 抽样恢复后的信号波形

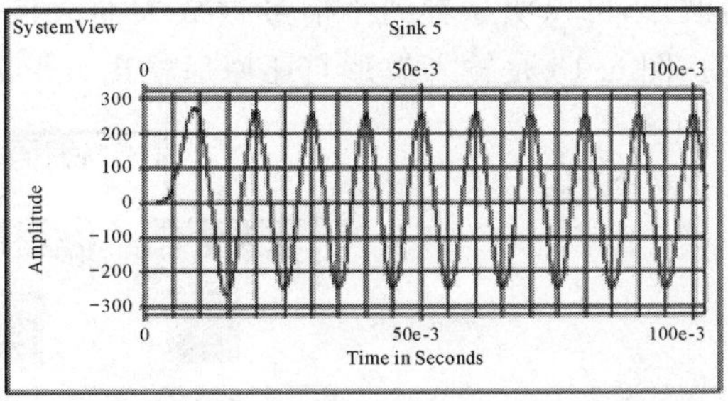

图 6.8　200 Hz 抽样恢复后的信号波形

6.2　脉冲编码调制(PCM)

6.2.1　脉冲编码调制原理

在现代通信系统中以 PCM 为代表的编码调制技术被广泛应用于模拟信号的数字传输。除 PCM 外,DPCM 和 ADPCM 的应用范围更广。PCM 的主要优点是:抗干扰能力强,失真小,传输特性稳定。尤其是远距离信号再生中继时噪声不累积,而且可以采用压缩编码、纠错编码和保密编码等来提高系统的有效性、可靠性和保密性。另外,PCM 还可以在一个信道上将多路信号进行时分复用传输。

脉冲编码调制(PCM)是把模拟信号变换为数字信号的一种调制方式,其最大的特点是把连续输入的模拟信号变换为在时域和振幅上都离散的量,然后将其转化为代码形式传输。

PCM 编码通过抽样、量化、编码三个步骤将连续变化的模拟信号转换为数字编码。为便于用数字电路实现,其量化电平数一般为 2 的整数次幂,有利于采用二进制编码表示。采用均匀量化时,其抗噪声性能与量化级数有关,每增加一位编码,其信噪比增加约 6 dB,但实现的电路复杂程度也随之增加,占用带宽也越宽。因此实际采用的量化方式多为非均匀量化,通常使用信号压缩与扩张技术来实现非均匀量化。在保持信号固有的动态范围前提下,在量化前将小信号进行放大而对大信号进行压缩。通常的压缩方法有 13 折线 A 律和 μ 律两种标准,国际通信中多采用 A 律。采用信号压缩后,用 8 位编码实际可以表示均匀量化 11 位编码时才能表示的动态范围,能有效提高小信号时的信噪比。

与 PCM 编码相关的压缩与扩张理论描述和性能分析请读者参考有关书籍,在此不作更多的叙述。

6.2.2　信号的压缩与扩张仿真实验

在 SystemView 系统仿真软件中,系统提供了 A 律和 μ 律两种标准的压缩器和扩张器,读者可以根据需要选取其中一种进行仿真实验。如图 6.9 所示是 PCM 信号压缩与扩张的仿真实验原理图。其中信号源采用了高斯噪声通过一个限带滤波器来模拟随机的语音信号。压缩器和扩张器都采用 A 律标准。A/D 和 D/A 转换器采用 8 位二进制码表示,收、发二者之间数据不经过信道传输,直接连接。图 6.10 是原信号波形。图 6.11 是压缩后的信号波形，可以明显看到小信号被放大而大信号被压缩。图 6.12 是通过扩张器还原后的波形。图 6.13 是输入波形与还原后输出波形的比较覆盖图。

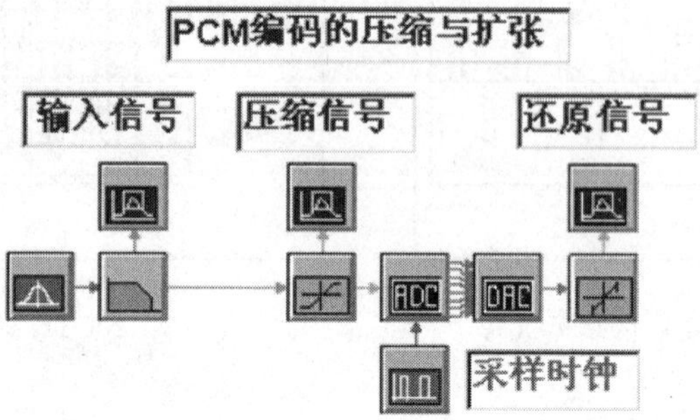

图 6.9　PCM 编码压缩与扩张仿真实验原理图

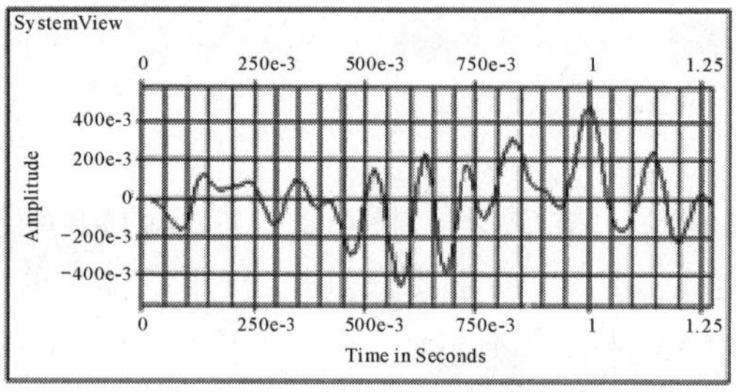

图 6.10　未压缩的原始输入信号波形

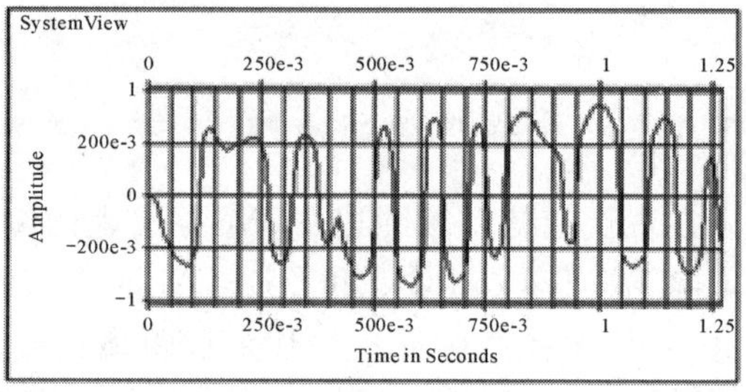

图 6.11　经过压缩的信号波形

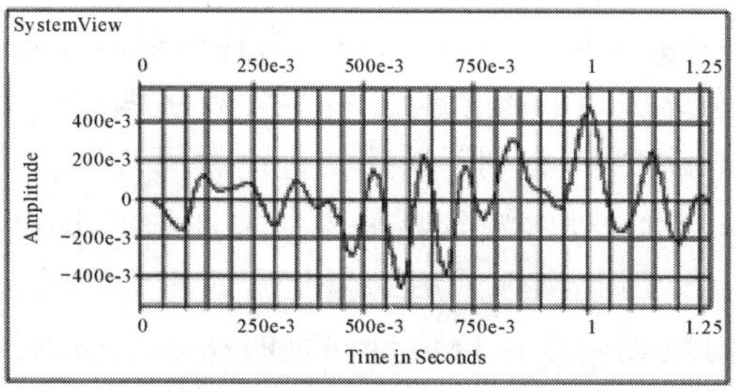

图 6.12　经过扩张器还原后的信号波形

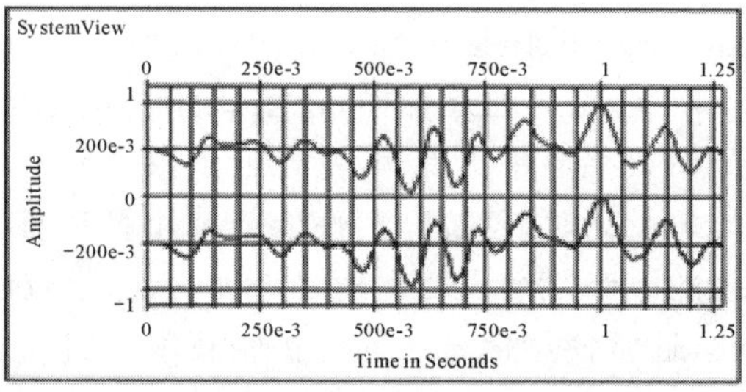

图 6.13　输入与输出信号的比较覆盖图

6.3　增量调制(ΔM)

6.3.1　预测编码的工作原理

预测编码方式，是目前应用比较广泛的声码器技术之一。常见的 DPCM、ADPCM、ΔM、Δ-$\sum M$ 调制等都属于预测编码方式的声码器技术。所谓预测编码，就是根据过去的信号样值预测下一个样值，并仅把预测值与现实的样值之差（预测误差）加以量化、编码以后进行传输的方式，如图 6.14 所示。在接收端，经过和发送端的预测完全相同的操作，可以得到量化的原信号，然后再通过低通滤波便可恢复与原信号近似的波形。在这种情况下，如果能进行适当的预测，便可期望预测误差的幅度变化范围比信号本身的振幅变化范围小。因此，如果解调后的量化噪声相同，则在传输预测误差的方式下的量化比特数将比传输信号瞬时振幅值的一般 PCM 方式所需的量化比特数少；或者在比特数与 PCM 方式相同情况下，可获得更高的传输质量。

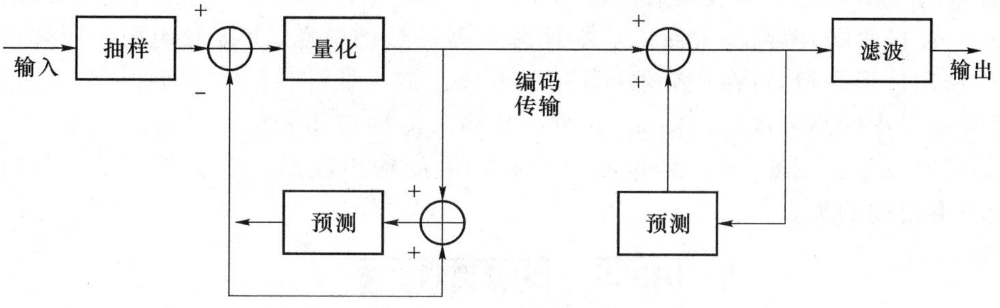

图 6.14　预测编码原理图

6.3.2　增量调制(ΔM)工作原理

增量调制简称 ΔM 或增量脉码调制方式(DM)，它是继 PCM 后出现的又一种模拟信号数字化的方法。1946 年由法国工程师 De Loraine 提出，目的在于简化模拟信号的数字化方法。主要在军事通信和卫星通信中广泛使用，有时也作为高速大规模集成电路中的 A/D 转换器使用。

它是一种把信号上一采样的样值作为预测值的单纯预测编码方式。增量调制是预测编码中最简单的一种。它将信号瞬时值与前一个抽样时刻的量化值之差进行量化，而且只对这个差值的符号进行编码，而不对差值的大小编码。因此量化只限于正和负两个电平，只用 1 比特传输一个样值。如果差值是正的，就发“1”码，若差值为负就发“0”码。因此，数码“1”和“0”只是表示信号相对于前一时刻的增减，不代表信号的绝对值。同样，在接收端，每收到一个“1”码，译码器的输出相对于前一个时刻的值上升一个量阶。每收到一个“0”码就下降一个量阶。当收到连“1”码时，表示信号连续增长；当收到连“0”码时，表示信号连续下降。译码器的输出再经过低通滤波器滤去高频量化噪声，从而恢复原信号，只要抽样频率足够高，量化阶距大小适当，收端恢复的信号与原信号非常接近，量化噪声可以很小。

增量调制与 PCM 比较有如下特点：

- 在比特率较低时，增量调制的量化信噪比高于 PCM；
- 增量调制抗误码性能好，可用于比特误码率为 $10^{-2}\sim10^{-3}$ 的信道，而 PCM 则要求 $10^{-4}\sim10^{-6}$；
- 增量调制通常采用单纯的比较器和积分器作编译码器(预测器)，结构比 PCM 简单。

在 ΔM 中量化过程中存在斜率过载(量化)失真，主要是因为输入信号的斜率较大，调制器跟踪不上而产生的。因为在 ΔM 中每个抽样间隔内只容许有一个量化电平的变化，所以当输入信号的斜率比抽样周期决定的固定斜率大时，量化阶的大小便跟不上输入信号的变化，因而产生斜率过载失真(或称为斜率过载噪声)。

ΔM 的工作原理图与图 6.14 基本一致，只不过在调制端使用的量化器只有 1 比特输出，即 Δ 输出 1 或 −1 两个值。预测值为上一时间的抽样值与差值 Δ 之和。输出端译码器既可以使用与编码器本地译码器一致的电路译码，也可以直接使用积分器和低通滤波器组成。

6.3.3 增量调制的仿真

图 6.15 所示为一简单增量调制的仿真实验原理图。图中的话音信号源采用了一个高斯噪声源经过 3 kHz 低通滤波器后的输出来模拟。调整图中的图符 5 的增益可以改变差值 Δ 的大小。在接收端，解调器未使用与本地解调器一致的电路，直接使用积分器解调输出。如果希望输出波形平滑，可在积分器（图符 6）和输出放大器（图符 7）之间加入一个低通滤波器，以滤除信号中的高频成分。图 6.16 所示是输入的模拟话音信号波形。图 6.17 是增量调制后的输出波形。图 6.18 为经过积分器解调后的输出波形。观察图 6.19 可以比较输入、输出波形之间的失真。

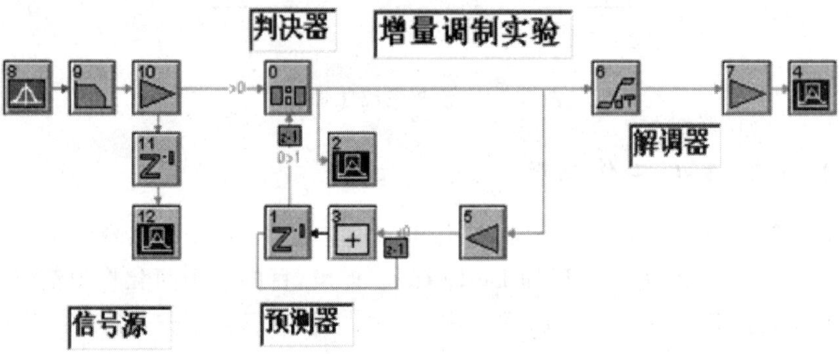

图 6.15　增量调制仿真实验原理图

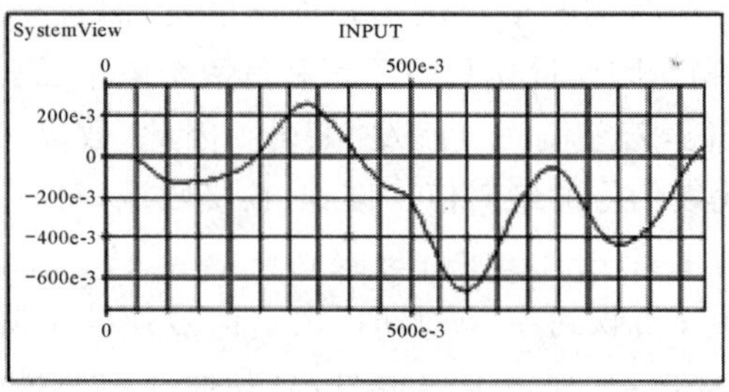

图 6.16　模拟话音信号输入波形

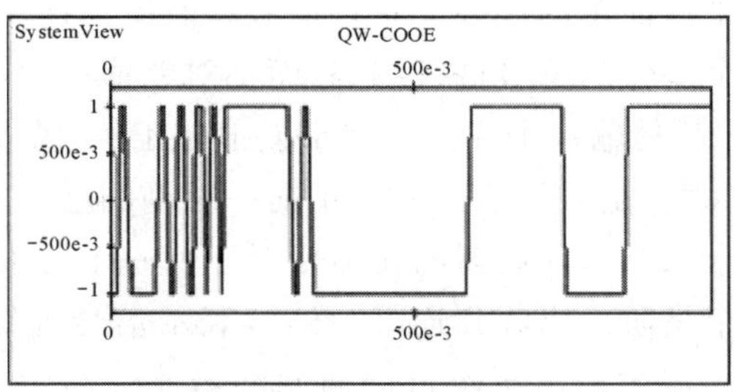

图 6.17　增量调制输出波形

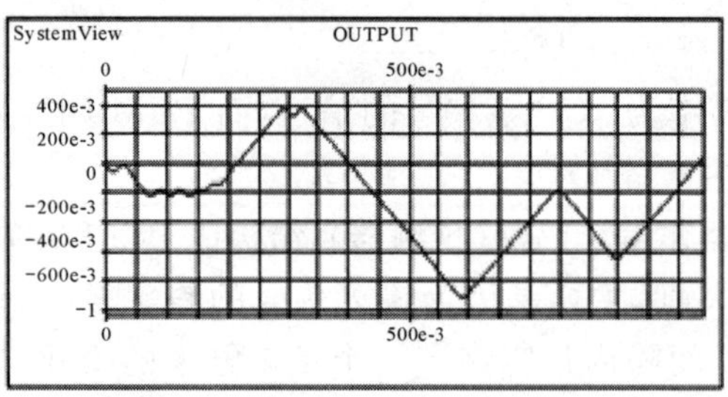

图 6.18　增量解调输入波形

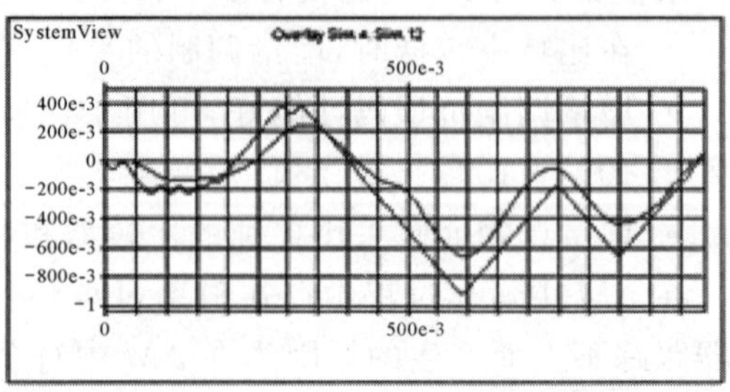

图 6.19　输入、输出波形覆盖图

由理论分析可知，ΔM 的量化信噪比与抽样频率成三次方关系，即抽样频率每提高一倍则量化信噪比提高 9 dB。通常 ΔM 的抽样频率至少 16 kHz 以上才能使量化信噪比达到 15 dB 以上。32 kHz 时，量化信噪比约为 26 dB，可以用于一般的通信质量要求。如果设信道可用的最小信噪比为 15 dB，则信号的动态范围仅有 11 dB，远远不能满足高质量通信要求的 35～50 dB 的动态范围，除非抽样频率提高到 100 kHz 以上采用实用价值。上述理论分析的结论，读者可以通过改变仿真实验的信号抽样频率观察到。当抽样频率低于 16 kHz 时，信号失真已十分明显，当抽样频率为 128 kHz 时失真较小。

改进 ΔM 动态范围的方法有很多，其基本原理是采用自适应方法使量阶 Δ 的大小随输入信号的统计特性变化而跟踪变化。如量阶能随信号瞬时压扩，则称为瞬时压扩 ΔM，记作 ADM。若量阶 Δ 随音节时间间隔（5～20 ms）中信号平均斜率变化，则称为连续可变斜率增量调制，记作 CVSD。由于这种方法中信号斜率是根据码流中连“1”或连“0”的个数来检测的，所以又称为数字检测、音节压扩的自适应增量调制，简称数字压扩增量调制。图 6.20 给出了数字压扩增量调制的方框图。

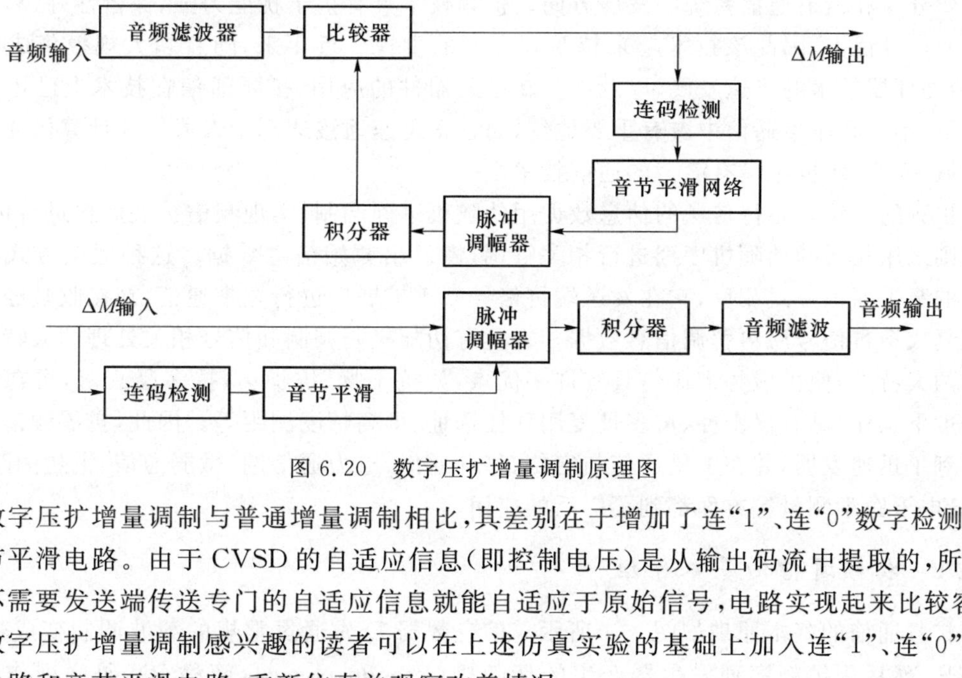

图 6.20　数字压扩增量调制原理图

数字压扩增量调制与普通增量调制相比，其差别在于增加了连“1”、连“0”数字检测电路和音节平滑电路。由于 CVSD 的自适应信息（即控制电压）是从输出码流中提取的，所以接收端不需要发送端传送专门的自适应信息就能自适应于原始信号，电路实现起来比较容易。对于数字压扩增量调制感兴趣的读者可以在上述仿真实验的基础上加入连“1”、连“0”数字检测电路和音节平滑电路，重新仿真并观察改善情况。

第 7 章　扩频通信系统的仿真

7.1　扩频通信的基本原理

扩展频谱通信(Spread Spectrum Communication)简称扩频通信,扩频通信是通信的一个重要分支和信道通信系统的发展方向。扩频技术具有抗干扰能力强、保密性好、易于实现多址通信等优点,因此该技术越来越受到人们的重视。近年来,随着超大规模集成电路技术、微处理器技术的飞速发展,以及一些新型元器件的应用,扩频通信在技术上已迈上了新的台阶,不仅在军事通信中占有重要地位,而且正迅速地渗透到个人通信和计算机通信等民用领域,成为 21 世纪最有潜力的通信技术之一。

扩频的方法是将待传送的信息数据用伪随机序列调制,实现频谱扩展后再进行传输,接收端则采用相同的伪随机序列进行相关解调,恢复出原始信息数据。这种通信方式与一般常见的窄带通信方式相反,它在发送端将信号频谱扩展后进行宽带通信,在接收端经相关处理恢复成窄带信号后再解调信息数据。它具有伪随机码调制和信号相关处理两大特点。正是这两大特点,使扩展频谱通信具有许多优点,如抗干扰、抗噪声、抗多径衰落,可在低功率谱密度下工作,具有保密性、可多址复用和任选址、可高精度测距等。因此,扩展频谱通信方式得到了迅速发展,并在卫星通信与定位、移动通信、电力通信网、微弱通信、雷达测距、无损检测、电子医学测量等方面都到了广泛的应用。

7.1.1　扩频通信的基本原理

扩频通信的基本原理如图 7.1 所示。信息数据 D 先通过常规的载波调制变成带宽 B_1 的信号,然后用扩频序列发生器产生的伪随机(Pseudo Noise),简称 PN 码序列作扩频调制,形成带宽为 $B_2(B_2 \gg B_1)$,功率谱密度极低的扩频信号后再发射。信息数据 D 也可先经伪随机码扩频,然后再经载波调制。众多的通信用户使用各自不同的伪随机码,可以在同一频带内同时传输。在接收端,需用与发送端相同的伪随机码作扩频解调处理,把宽带信号恢复成窄带信号,并用常规的信号处理方法解调出信息数据 D,显然,当接收端不知道发送端使用的伪随机码时,要进行解扩是非常难甚至是不可能的,这样就实现了信息数据的保密通信。当接收端采用对应的伪随机码接收某一扩频信号时,通信信道中其他的扩频信号在该接收端的解扩相频处理器无信号输出,不会对该频率信号的解扩解调产生干扰。这样,不同用户的接收端使用不同的伪随机码作解扩处理,就可得到相应的信息数据,实现多用户(或多址)通信。

扩频通信系统的基本工作方式如下：

(1) 直接序列扩频(Direct Sequence Spread Sprectrum)方式，即所谓的直扩(DS)方式。直接序列扩频(简称直序扩频)系统的基本结构如图 7.2 所示。输入的信息数据 D，经过载波调制变成了带宽为 B_1 的信号，再由伪随机码调制成带宽为 B_2 的宽带信号后发射。在接收端首先通过同步电路捕捉发送来的 PN 码的准确相位，产生与发进来的伪随机码同相的本地参考伪码，以供解扩使用。直序扩频方式是扩频应用中最典型、最常用的一种。

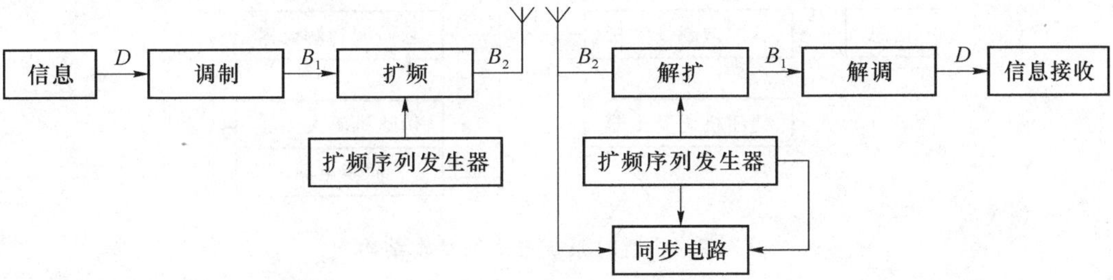

图 7.1　扩频通信基本原理图

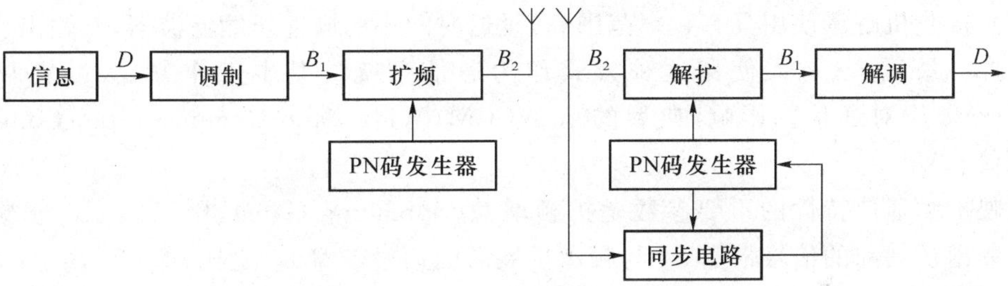

图 7.2　直序扩频系统基本结构

(2) 跳变频率(Frequency Hopping)方式，即所谓跳频(FH)方式。跳频系统的基本结构如图 7.3 所示。信息数据 D 先经载波调制成带宽为 B_1 的信号，再进行扩频。其输出信号的载波频率受伪随机码发生器控制，在带宽为 $B_2(B_2 \gg B_1)$ 的频带内随机跳变，实现带宽为 B_1 的窄带信号到带宽为 B_2 的发射信号的频谱扩展。受伪随机码控制的发射载波频率合成器，可以是由高速数字信号控制频率跳变的频率合成器。因此，载波调制多半使用与相位无关的调频方式，其跳频工作称为非相干 FH 方式。扩展后的频带由整个频率合成器生成的最小跳频间隔和频率间隔数决定。跳频速度由信号种类、信息数据速率、纠错方法等决定，有高速、中速、低速跳频之分。

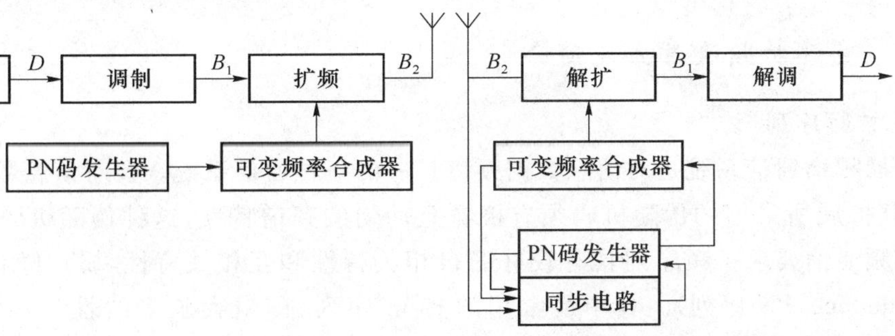

图 7.3　跳频系统方式的基本结构

(3) 跳变时间方式(Time Hopping)方式,即所谓跳时(TH)方式。跳时系统的基本结构如图 7.4 所示,信息数据 D 送入受伪随机码控制的脉冲调制发射机,发射出携带信息数据且为伪随机间隔的射频信号。这种工作方式允许在随机时分多址通信中,发射机和接收机使用同一个天线。在实际系统中,跳时方式很少单独使用,多半与其他工作方式混合使用,构成需要的实际系统。

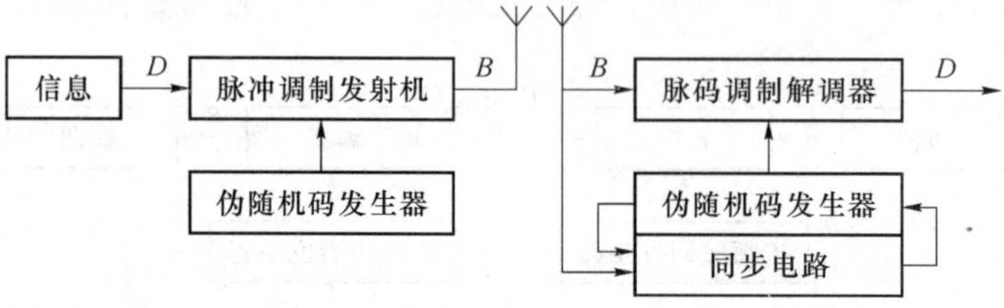

图 7.4　跳时系统方式的基本结构

(4) 宽带线性调频(Chirp Modulation)方式,即 Chirp 方式。宽带线性调频在过去是作为雷达测距时一种工作方式使用的。发射信号是一个频偏为△f 的宽带调频波(通常是线性调频),接收机解调使用具有频率范围高,延迟时间小的脉冲压缩滤波器,其输出为极窄的压缩脉冲。最近,已有人使用这种方式作为通信系统的基本工作方式,以克服多普勒(Doppler)效应对通信的影响,典型的是 WCCM(Wide Band Command and Control System)系统。

反映扩频通信特性的重要参数是扩频增益(Spreading Gain),用 G 表示。扩频增益 G 定义为频谱扩展前的信号带宽 B_1 与频谱扩展后的信号带宽 B_2 之比,即 $G=B_2/B_1$。

在扩频通信中,接收机对扩频信号解扩后只提取伪随机码相关处理后带宽为 B_1 的信号成分。而滤除宽频带 B_2 中的外部干扰、噪声和其他用户通信信号的影响。扩频增益 G 准确反映了扩频通信的这种能力。它描述了扩频通信系统对信噪比改善的程度。例如,一般 DS 系统的扩频增益在 15～35 dB。高空通信用的 DS 系统都具有较高的扩频增益,可高达 70 dB。

上述 4 种是基本的扩频工作方式,最常用的是直序扩频和跳变频率两种方式。在实际系统中,仅仅采用单一工作方式不能达到所希望的性能,往往采用两种或两种以上工作方式的混合形式。在本章中,结合实际系统,主要介绍直序扩频系统。在 7.1.2 小节中简单介绍直序扩频系统的几个基本概念和基本原理,从 7.2 节开始介绍几种实际中应用的直序扩频系统。

7.1.2　直序扩频通信系统简介

1. 扩频序列

扩展频谱通信系统是对信息数据频谱扩展的一种通信系统。要对信息数据的频谱进行扩展,其扩展所采用的伪随机码须有极宽且均匀的频谱特性,这种伪随机码就称为扩频序列。扩频通信要求扩频序列具有较好的自相关特性和互相关特性,属伪随机序列(Pseudo Noisesquence,PN 序列)。其中最常用的有 m 序列(即最大长度线性反馈移位寄存器序列)、Gold 序列、M 序列(结构型非线性移位寄存器序列)等。

2. 直序扩频系统

直序扩频(DS)系统是最典型的扩展频谱通信系统，其组成如图 7.2 所示，由发射机和接收机两部分组成。

发射机输入信息数据 D，被扩频序列扩频后形成高速数字序列，扩频的方式有很多，例如，输入信息信号与扩频序列进行相乘、模 2 相加等，也可采用发送信息与伪随机序列的循环移位状态一一对应的方式进行扩频。扩频后信号通过载波调制器调制到载波信号上。最常见的是采用 BPSK 调制方式，它的调制、解调设备相对简单，对采用长扩频码的系统较为适用。对于那些对调制信号频谱要求较高的系统，也可采用 MSK 或 GMSK 等调制方式。由于 MSK 的调制、解调较为复杂，一般用于扩频码较短的系统中。在实际系统中，是采用先扩频后调制的方式还是采用先调制后扩频的方式，可以根据需要灵活选择。

完成了扩频和载波调制后，则形成频谱较宽的扩频信号，经宽带放大后进行发射，接收机接收到信号后，要根据发送端采用的扩频码和载波调制方式进行解扩和解调处理。接收端可根据需要，选择先解调后解扩或者先解扩后解调的方式，有的系统是将解扩和解调同时完成的，如 4.2.2 小节中介绍的 MSK 直序扩频声表面波(SAW)卷积相关解调系统。

根据发送端采用的调制方式不同，接收端的解调方式也有所不同。例如，对于采用 MSK 调制的直序扩频系统，由于 MSK 信号的载波提取十分困难，所以一般采用相关解调方法，而对于采用 BPSK 调制的系统，在接收端可选择相关解调方法，也可提取本地载被进行相干解调，如 4.2.4 小节介绍的数字相关解调方法。

要实现正确的解扩，必须保证接收机的参考扩频序列与发送端采用的扩频序列相同且同相，因此，扩频序列的同步捕捉与跟踪电路是扩频通信系统接收机的重要组成部分。接收端接收到扩频信号，经前置放大后再经如下电路处理，即扩频序列同步捕捉电路、扩频序列同步跟踪电路、载波同步跟踪(对相关解调的系统，不需要载波同步)及数据解调电路，分别完成扩频序列同步捕捉与跟踪、载波同步、数据解调。

扩频序列的捕捉是指接收机在开始接收发送来的扩频信号时，调整和选择接收机的本地扩频序列相位，使它与发进来的扩频序列相位保持一致。扩频序列的捕捉过程也就是接收机捕捉发送来的扩频序列相位的过程，又称为扩频序列的初始同步。对扩频序列的捕捉有多种方法，如扩频序列相位搜索捕捉法(滑动相位相关捕捉法)和序列相关捕捉法等。完成扩频序列的捕捉后，本地参考序列与发送序列的相位达到一致。但每取捕捉完成后相位会有误差。典型的扩频序列相位搜索捕捉法，在捕捉完成后最大还会有 $T_c/2$ 的相位差。扩频通信系统为了准确、可靠地工作，除了要实现扩频的捕捉(初始同步)外，还要实现扩频序列的同步跟踪(同步锁定)。实现扩频序列同步跟踪的方法和电路也有很多，如基带相关同步跟踪环、包络相关跟踪环、单相关器同步跟踪环等。另外，声表面波器件，如声表面波抽头延时线、声表面波卷积群等，也常常用于实现扩频序列的捕捉、跟踪和信息解调。

直序扩频系统的内容十分广泛。根据需要不同，实际直序扩频系统的扩频、调制、解扩、解调等各部分可采用不同的方案。在本章后面部分将结合实际系统介绍几种实际直序扩频系统，并介绍根据其基本原理在 SystemView 平台上仿真分析的方法。因为篇幅所限，本章重点是介绍扩频系统的原理，即对信息数据扩频与解扩、载波调制与解调方案的研究，因此，载波调制和解调主要在中频回路上进行仿真，对发射/接收机部分的射频回路未作考虑。另外，接收端的同步捕捉与跟踪电路也未涉及。

7.1.3 简化的直接序列扩频系统的仿真

直接序列调制就是载波直接被伪随机码序列调制，其基本原理图如图 7.5 所示。

在发射机端，要传送的信息先转换成二进制数据或符号，与伪随机码(PN 码)进行模 2 和运算后形成复合码，再用该复合码去直接调制载波。通常为提高发射机的工作效率和发射功率，扩频系统中一般采用平衡调制器。抑制载波的平衡调制对提高扩频信号的抗侦破能力也十分有利。在接收机端，用与发射机端完全同步的 PN 码对接收信号进行解扩后经解调器还原输出原始数据信息。

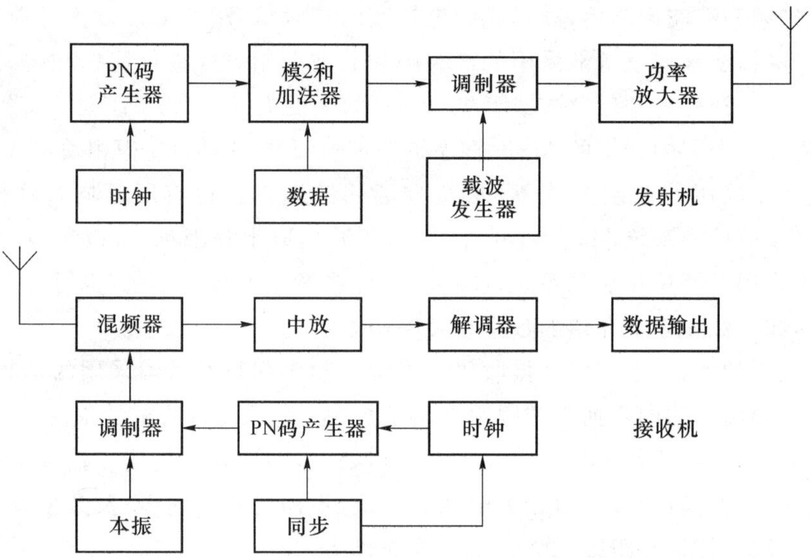

图 7.5　简化的直接序列扩频系统原理图

图 7.6 是直接序列扩频系统的仿真原理图。因为本例仅仅作为一个仿真来说明直接序列扩频在抗干扰方面的优越性，所以未按实际工程中使用的常规直接序列扩频原理来建模，而是直接采用了比较简单直接的方式来构造模型。数据信号源采用了个较低频率(1 kHz)的随机序列(图符 0)通过一个 1 kHz 的低通滤波器(图符 3)来代替。扩频用的 PN 码采用了 10 kHz 的 PN 码(图符 2)，这样理论上可以获得 10 倍的扩频增益。扩频调制也未使用通常的模 2 和加法运算，而是通过乘法器直接用 PN 码调制数据信号，合成后的扩频复合信号同样也是直接用更高的载波(图符 12，100 kHz)调制发射，省去了常规的平衡调制等步骤。为了观察扩频系统的抗干扰性能，使用了干扰信号源。该干扰信号可以是单频率窄带干扰，也可以是宽带的扫频信号，或者是高斯噪声，读者可根据情况随意选取干扰源的信号类型和幅度(或功率谱密度)，默认的干扰信号源为 90～120 kHz 的扫频脉冲信号源。

为简单起见，在接收端，通过本地载波解调后的复合信号直接与原扩频 PN 码相乘后解扩，中间省略了有关本地 PN 发生器和相关的码同步电路。因为直接使用原 PN 码，所以理论上可认为收发两端是完全同步的。需要说明的是，实际工程中的码同步是个十分复杂的问题，其复杂程度以及在此问题上付出的代价往往比扩频本身要多得多。

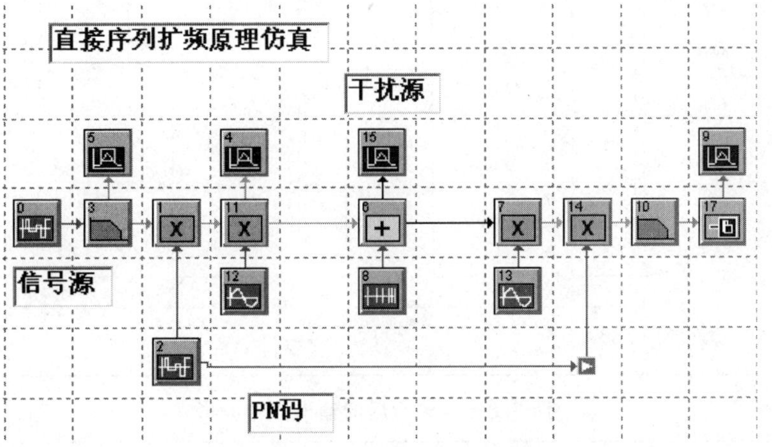

图 7.6　简化的直接序列扩频系统仿真原理图

图 7.7 所示是经过预滤波器后(图符 3)的输入信号波形，图 7.8 是解扩后整型的输出信号波形图，图 7.9 是未加干扰信号前的已调信号频谱图。图 7.10 是加入干扰信号后的已调信号频谱图。可以十分明显地观察到，在 100 kHz 附近有较强的干扰存在，而解扩后的信号与输入的原信号波形基本一致，完全未受干扰影响。不断加大噪声或干扰的幅度，当达到系统的干扰门限时，则不能准确地恢复原始波形。

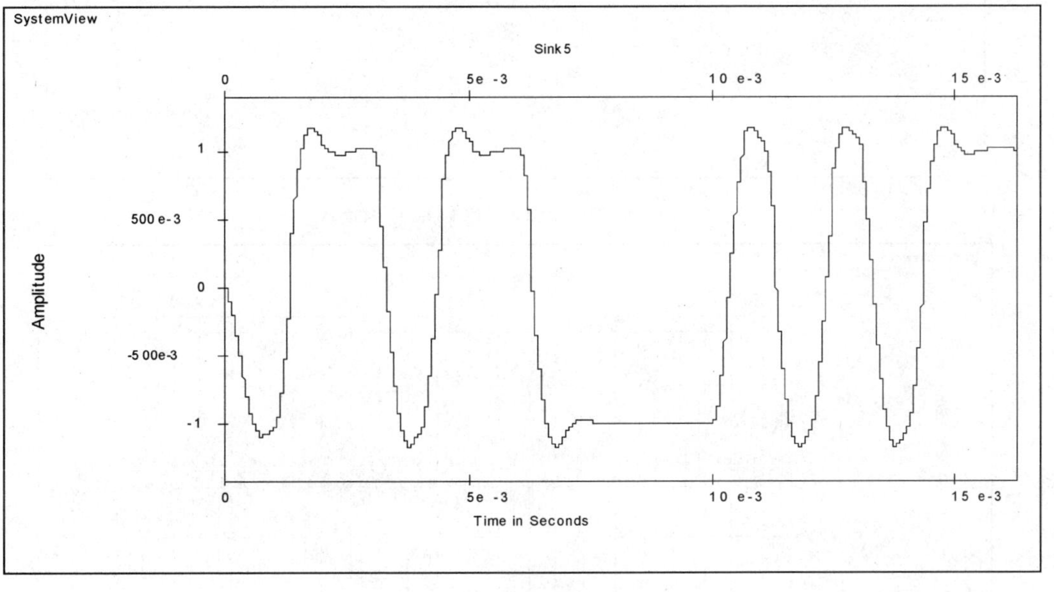

图 7.7　经预处理后的输入信号波形

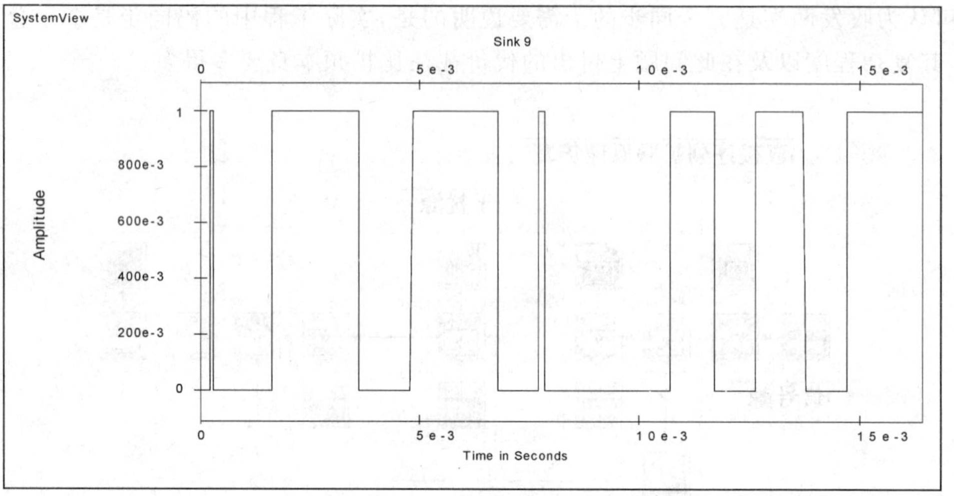

图 7.8 经整型后的输出信号波形

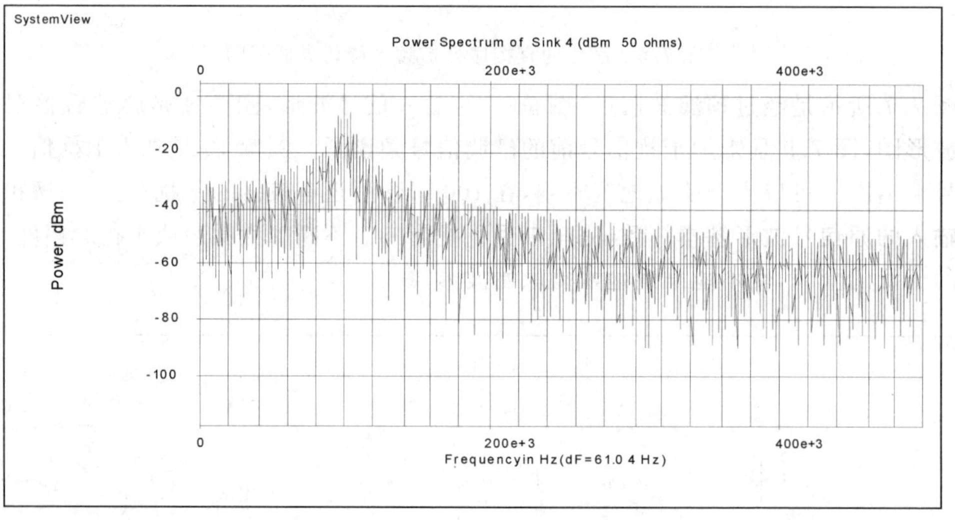

图 7.9 未加干扰前的已调信号频谱图

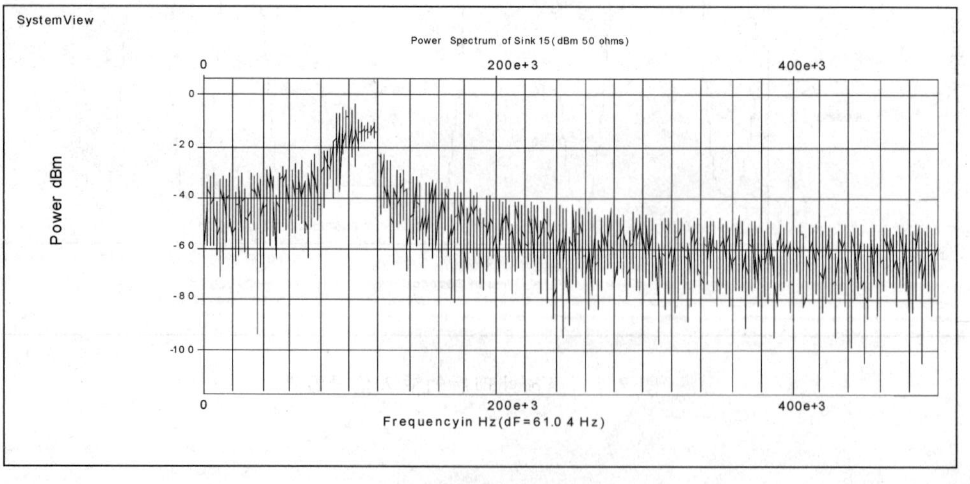

图 7.10 加入干扰后的已调信号频图

7.2　扩频系统中的 PN 码

7.2.1　扩频码的特性

在扩频系统中,信号频谱的扩展是通过扩频码实现的。扩频系统的性能与扩频码的性能有很大关系。对扩频码通常提出下列要求:

(1) 易于产生;

(2) 具有随机性;

(3) 扩频码应具有尽可能长的周期,使干扰者难以通过扩频码的一小段去重建整个码序列;

(4) 扩频码应具有双值自相关函数和良好的互相关特性,有利于接收时的截获和跟踪,以及多用户应用。

从理论上说,用纯随机序列去扩展信号频谱是最理想的。但在接收机中为了解扩应当有一个同发送端扩谱码同步的副本。因此,实际工程中,我们只能用伪随机或伪噪声(PN)序列作为扩频码。伪随机序列具有貌似噪声的性质,但它又是周期性的有规律的,既容易产生,又可以加工和复制。

伪随机序列具有类似于随机序列的性质,归纳起来有下列三点。

(1) 平衡特性:伪随机序列中 0 和 1 的个数接近相等;

(2) 游程特性:把伪随机序列中连续出现 0 或 1 的子序列称为游程。连续的 0 或 1 的个数称为游程长度。伪随机序列中长度为 1 的游程约占游程总数的 1/2,长度为 2 的游程约占游程总数的 $1/2^2$,长度为 3 的游程约占游程总数的 $1/2^3$……

(3) 相关特性:伪随机序列的自相关函数具有类似于白噪声自相关函数的性质。

伪随机序列具有类似于随机序列的性质,但它的结构或形式是预先可以确定的,并且可以重复地产生和复制。扩频码中应用最广的是 m 序列,又称最大长度序列。其它还有 L 序列和霍尔序列等。L 序列是勒让德(Legendre)序列或一次剩余序列的简称。霍尔序列又叫孪生素数序列。由于 m 序列在扩频码中占据特别重要的地位。因此,本节主要对 m 序列的性质及 m 序列的产生进行讨论。

7.2.2　伪随机序列的产生

伪随机序列可由线性移位寄存器电路产生。该电路由 r 级串联的双态器件、移位脉冲产生器和模 2 加法器组成。图 7.11 所示为用 4 级移位寄存器构成的 PN 序列发生器。下面以 4 级移位寄存器为例,说明伪随机序列的产生。规定移位寄存器的状态是各级从右至左的顺序排列而成的序列,这样的状态叫正状态或简称状态。反之,称移位寄存器状态是各级从左至右的次序排列而成的序列叫反状态。例如,初始状态是 0001,那么 $a_{n-4}=0$,$a_{n-3}=0$,$a_{n-2}=0$,$a_{n-1}=1$。图 7.11 中的反馈逻辑为 $a_n = a_{n-3} \oplus a_{n-4}$,对于初始状态为 0001,经过一个时钟节拍后,各级状态自左向右移到下一级,末级输出位数,与此同时模 2 加法器输出值加到移位寄存器第一级,从而形成移位寄存器的新状态,下一个时钟节拍到来又继续上述过程。末级输出序列就是伪随机序列。图 7.12 是该 PN 序列发生器的仿真原理图。图 7.13 是其产生的伪随机序列 a_n = 100110101111000100110101111000…，这是一个周期为 15 的周期序列。改变反馈逻辑的位置及数量还可以得到更多不同的序列输出。

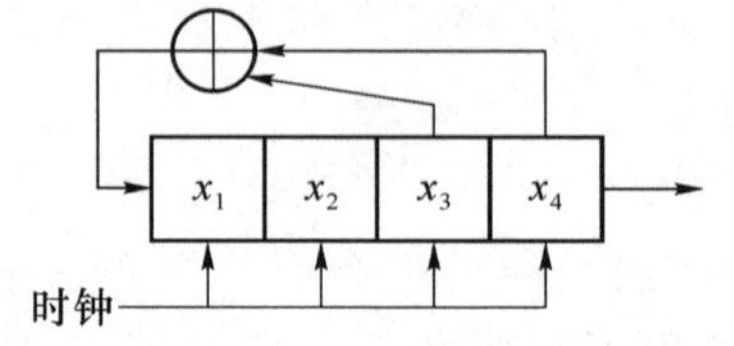

图 7.11 用 4 位移位寄存器构成的 PN 码发生器

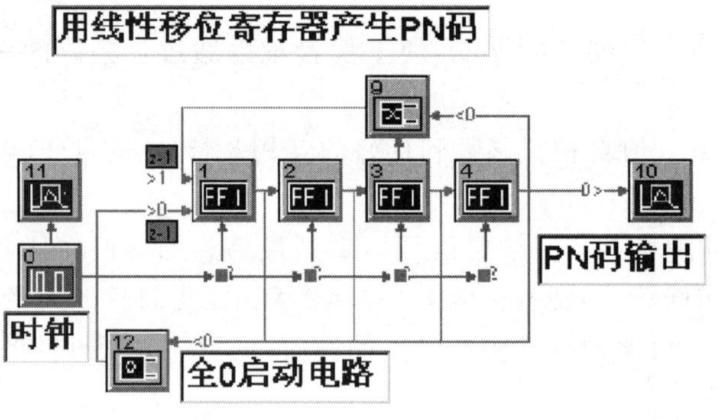

图 7.12 用 4 位移位寄存器构成的 PN 码发生器仿真原理图

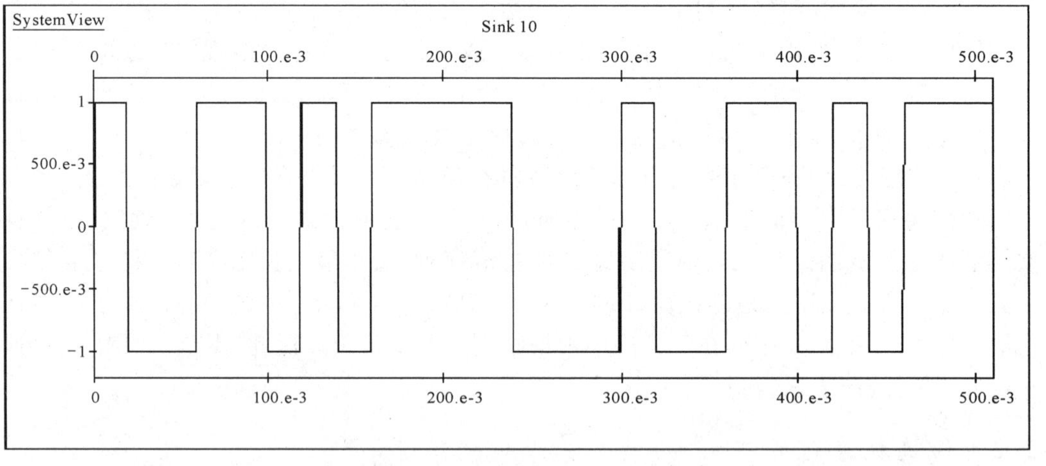

图 7.13 用图 7.11 电路产生的周期为 15 的 PN 码序列波形图

从上述例子可以得到下列结论：

(1) 线性移位寄存器的输出序列是个周期序列；

(2) 当初始状态是 0 状态时，线性移位寄存器输出全 0 序列；

(3) 级数相同的线性移位寄存器的输出序列和反馈逻辑有关；

(4) 同一个线性移位寄存器的输出序列还和起始状态有关；

(5) 对于级数为 r 的线性移位寄存器，当周期 $p=2^r-1$ 时，改变移位寄存器初始状态，只改变序列的初相。这样的序列称为最大长度序列或 m 序列。

7.2.3　m 序列产生器的结构

如 7.2.2 节所述，7 级线性移位寄存器，能产生的序列的最大可能周期是 $p=2^7-1$。这样的序列称为最大长度序列或 m 序列。m 序列具有许多优良特性，是最常采用的扩谱码序列。它具有如下性质。

(1) 平衡性：最大长度序列中 1 的数目比 0 始终多 1 个，1 的个数为 2^r，0 的个数为2^r-1；

(2) 移位可加性：某个 m 序列同相移为任意值的同一 m 序列的模 2 和是另一相移的 m 序列。

在实际工程应用中，m 序列既可以用硬件产生，也可以用软件产生，然后存在 ROM 中通过相应的时钟同步输出。在硬件中可使用移位寄存器，也可用声表面滤波器件等延迟线来产生。用移位寄存器产生 m 序列，从结构上又有两种方式。一种是简单线性码序列发生器(SSRG)，其反馈信号的抽头通常用$[a,b,c,\cdots,n]_s$ 的形式表示；另一种是模块式码序列发生器(MSRG)，其反馈信号的抽头通常用$[a,b,c,\cdots,n]_s$ 的形式表示。第一种结构如图 7.14(a)所示，参加反馈的各级输出经多次模 2 和后把最后结果送入第一级。第一种结构如图 7.14(b)，多级的输出都可能与反馈信号模 2 和后送入下一级，因为 n 级码产生器是由 n 个相同模块构成，因而称为模块式结构，每个模块中包括一级触发器和一级模 2 和加法器构成。可以证明，这两种结构是等价的，即可产生同一 m 序列，不同的是前一种因多个模 2 和是串联的，所以延时大，工作速度较低，后一种模 2 和在各级触发器之间，模 2 和的动作是同时并行的，所以延时小，工作速度高。摩托罗拉(Motolora)公司把四个模块集成在一起，型号为 MC85040。需要注意的是，不管哪种结构都需有全“0”启动电路，否则由于某种原因(如启动)发生器可能死在全“0”状态。

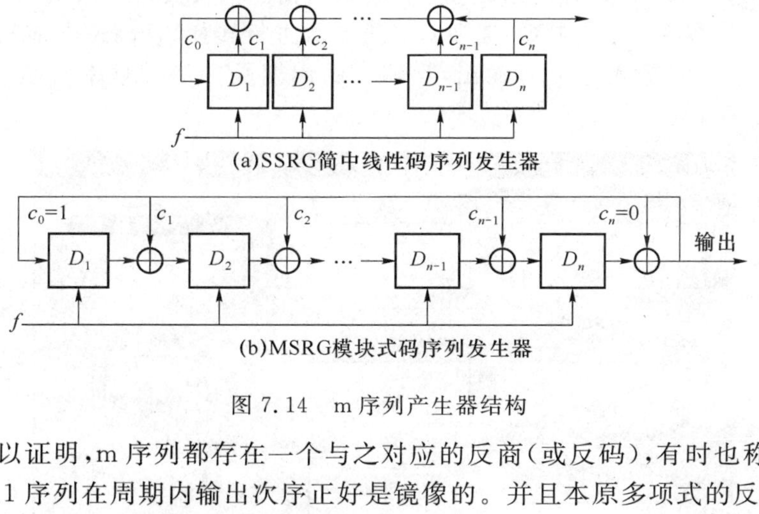

图 7.14　m 序列产生器结构

另外还可以证明，m 序列都存在一个与之对应的反商(或反码)，有时也称为镜像序列。两者输出的 0、1 序列在周期内输出次序正好是镜像的。并且本原多项式的反商也是本原多项式(本原多项式性质)。反商定义为

$$f^R(x)=x^n f\left(\frac{1}{x}\right)$$

当 $n=4$ 时，$f(x)=1+x+x^4$ 是本原多项式，反商 $f^R(x)=x^4\left(1+\frac{1}{x}+\frac{1}{x^4}\right)=1+x^3+x^4$ 也是本原多项式。同样 7.2.2 小节中的[3,4]s 与[1,4]s 也互为反商。图 7.15 是它们的序

列输出波形比较图。

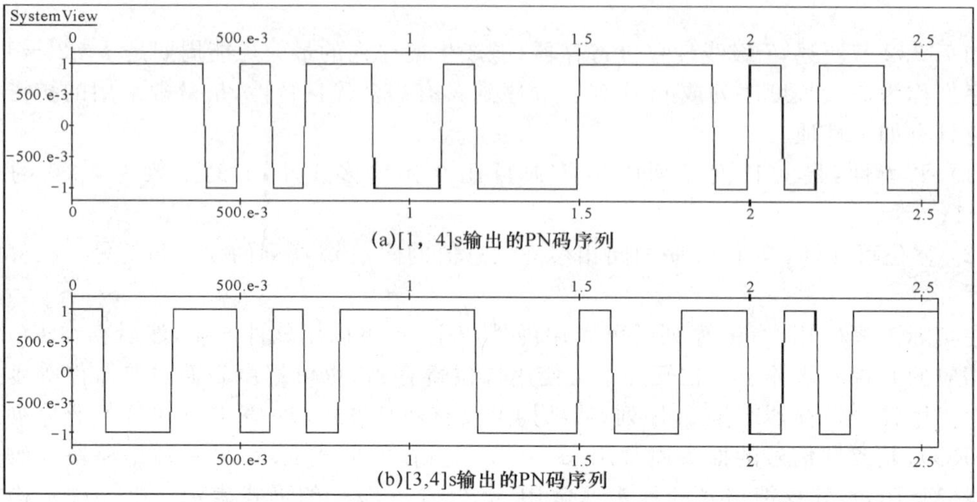

(a)[1, 4]s输出的PN码序列

(b)[3,4]s输出的PN码序列

图 7.15　m 序列及其反商(镜像序列)的输出波形

7.2.4　PN 码发生器仿真图符的参数设置

SystemView 为方便用户对不同 PN 码的需要,除了在系统信号源图符中提供了 PN 码信号源外,还专门在通信图符库中给出了一个 PN 码发生器的图符。用户只需要在该图符的输入端加入一定频率的时钟信号,给出相应的移位寄存器长度、反馈系数(或抽头)和起始种子(Seed)便可得到所需的 PN 序列。当选择一个通信图符的 PN 码发生器时,单击"参数设置"按钮即出现如图 7.16 所示的窗口。此时,在"Register Length"栏内输入所需的寄存器长度数,在"Register Taps"栏内用鼠标单击勾取所需的抽头数,在"Seed"栏内输入初始化种子,注意,种子的数字为十进制数,需要对二进制数进行转换,且高位在前从左至右排列。另外,该图符必须要有输入才能有输出,且输入的周期脉冲信号频率就是该序列的输出频率。

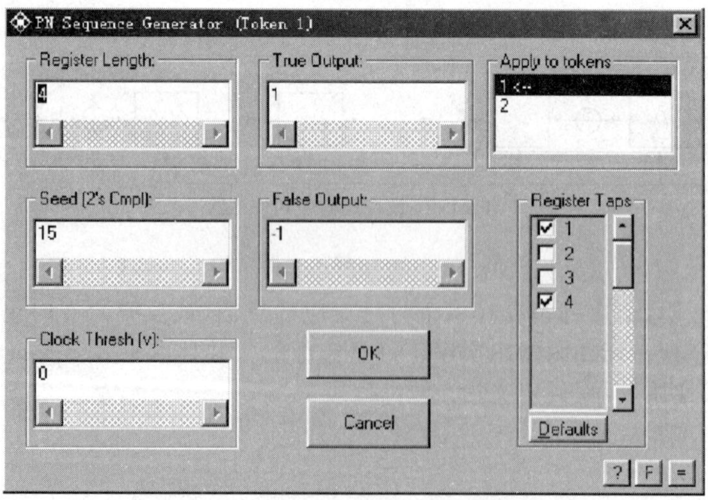

图 7.16　PN 码发生器的参数设置

7.3 复合码

7.3.1 戈尔德(Gold)码

当选用伪随机序列作为码分多址通信的地址码时,m 序列有很大的局限性。这主要是因为由 m 序列组成的互相关特性好的互为优选的序列集很少。例如,9 级移位寄存器产生的 m 序列有 48 个,取出个序列,只能找到 12 个 m 序列与其相关的互相关值最大值等于 33。但找不到多于 3 个序列的组,其中任意两序列之间的互相关最大值等于 33。如果要求的地址数多,只有降低对互相关的要求。例如,当互相关值不超过 65 时,可以从 48 个序列中挑选出几组由 6 个 m 序列组成的集。

Gold 码是 Gold 于 1967 年提出的。产生 Gold 码的方法有两种,它是用一对优选的周期和速率均相同的 m 序列的移位寄存器串联或并联后得到的。通常多使用并联结构,即将两个 m 序列进行模 2 和后输出。其构成原理如图 7.17 所示。

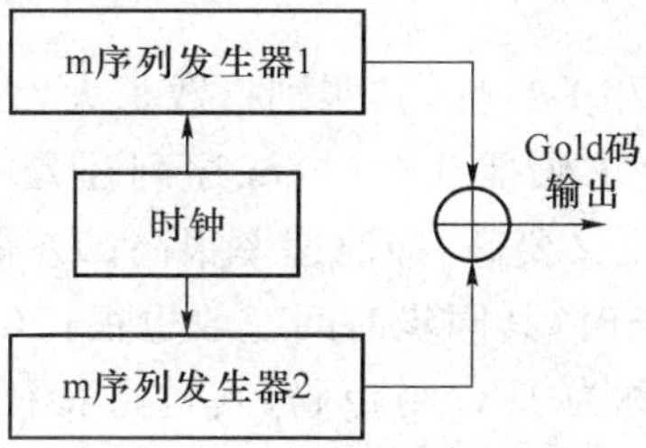

图 7.17　Gold 码产生器原理图

图 7.18 是 Gold 码产生的仿真原理图,对应本原多项式

$$F_1(x)=x^6+x+1$$

$$F_2(x)=x^6+x^5+x^2+x+1$$

其输出的码序列波型如图 7.19 所示。

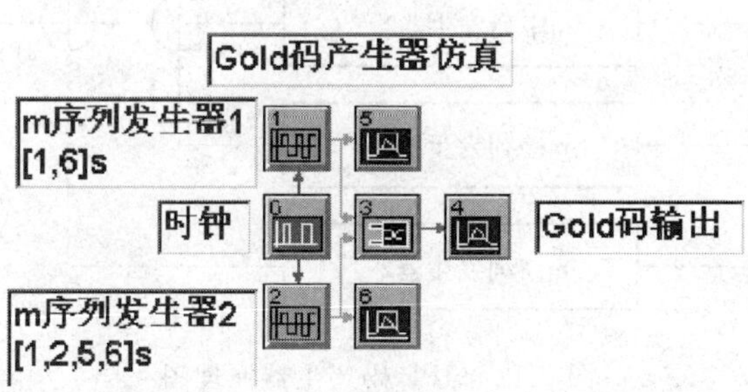

图 7.18　Gold 码产生器仿真原理图

Gold 码具有良好的自、互相关特性,而且可以用作地址码的数量比 m 序列要多得多。因此,Gold 码在码分多址通信、组网工作的雷达及报警系统等许多工程领域得到了广泛的应用。

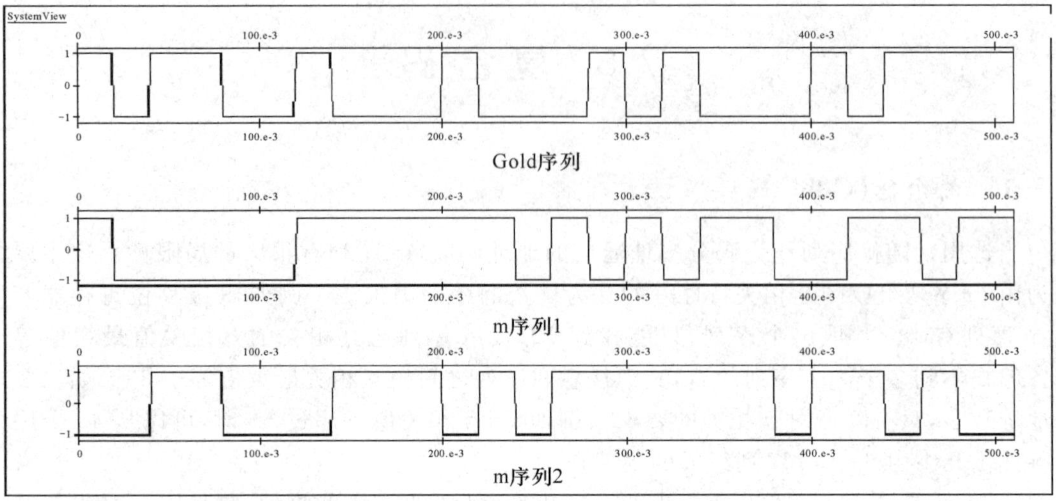

图 7.19　Gold 码序列输出波形图

7.3.2　JPL 码

虽然 m 序列具有很好的自相关特性，其鉴别指数很大，为 2^n。但是，不管对于码分多址通信还是测距，在一些情况下要求码捕获快时，m 序列还是不够理想。对测距常要求码周期很长，减小模糊距离，测距精度又要高，即码速率很高（T_C 很小），同步又要快。

对于 m 序列，周期要求很长时，其同步时间一般也很长（用一般的远距搜寻方法），不能满足使用要求。另一种组合码称为 JPL 测距码，其构造特征非常适合于远距测距，码周期很长，但是同步很快。

Gold 码可由相同长度的 m 序列模 2 和产生。如果将两个或两个以上的周期长度是互质的 m 序列模 2 和，则可产生 JPL 测距码（Jet Propulsion Laboratory，喷气推进实验室）。

假定有三个长度分别为 2^n-1、2^m-1、2^p-1 三个互质，则产生的 JPL 码周期长达 $(2^n-1)\times(2^m-1)\times(2^p-1)$，如图 7.20 所示。

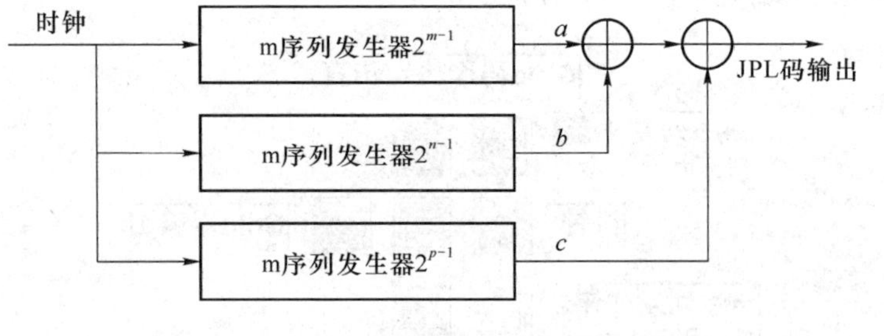

图 7.20　JPL 码产生器原理图

JPL 码捕获时间很短，JPL 码的用途之一就是用于扩频码的快捕。另外，由于 JPL 码的码长很长，如把很长的 JPL 码（码产生器并不长）用于测距则可以消除距离模糊。JPL 码的捕获过程如下：以包含两个分码为例，先用一个分码与组合码互相关，一旦一个分码与嵌在组合码中的它的对应的分码实现同步时，就会使互相关值超过一定的门限，然后开始第一个分码的捕获。需要注意的是，这里对 JPL 码实现快捕必须在信噪比较高时才能可靠地实现。

图 7.21 是一个 JPL 码发生器的仿真原理图。为简单起见三个分码使用了寄存器长度分别为 2、3、4 的本原多项式抽头。图 7.22 是其 JPL 码输出序列的波形。

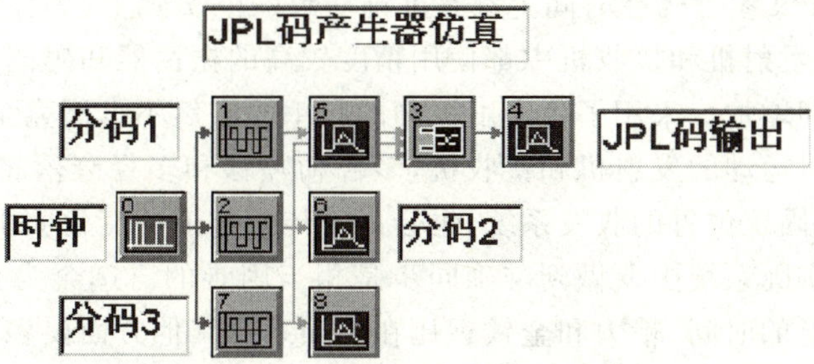

图 7.21　JPL 码发生器的仿真原理图

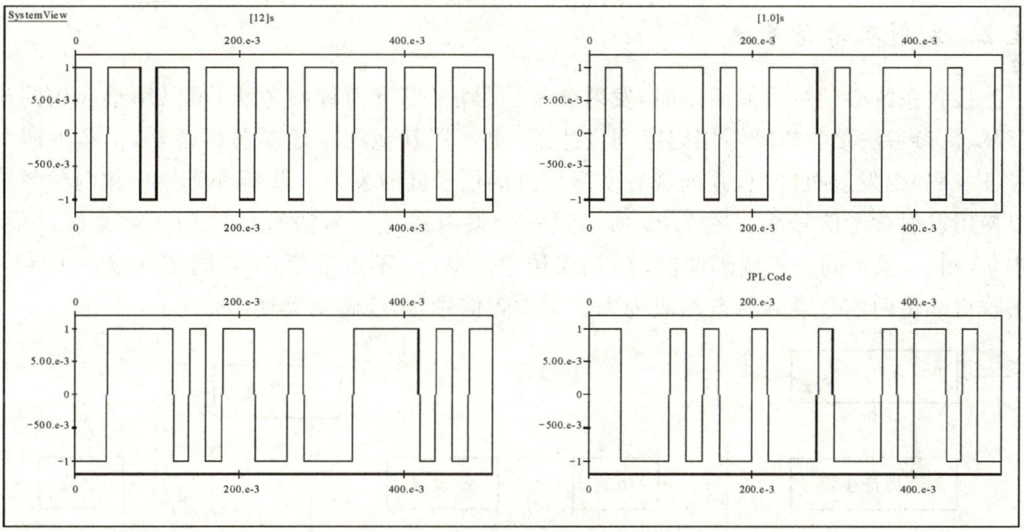

图 7.22　JPL 码序列输出波形图

7.4　带有参考信号的直接序列扩频系统

扩频通信系统中码同步的精度及其电路的复杂程度直接影响系统的性能、体积和成本。采用发射参考信号法可以简化接收机端的码同步电路，从而大大减小扩频接收机的体积和成本。发射参考信号法是指在传输扩频信号的同时在另一路载波或副载波上再传输一路 PN 码，在接收端使用收到的 PN 对扩频信号进行解扩的方法。本节给出了一个采用参考信号直接序列扩频的实际例子，它通过 SystemView 软件进行了仿真。

7.4.1　发射参考信号的码同步方式

在所有扩频通信系统中码同步是必不可少的。与接收码同步的本地参考 PN 码是对期望信号实现来扩谱和对非期望信号(噪声、干扰)扩谱的关键。系统的同步性能直接影响系统的接收性能。通常我们在分析扩频系统性能时都是假定发射机和接收机之间是同步良好的(就码同步而言)，即假定到达接收机的编码信号在码的波形相位和它的比特速率两个方面相对于接收机的PN参考码在时间上都是准确一致的。实际上，为保证收、发二者PN码的精确同步，必须在发射机和接收机中都使用精度较高的振荡器和码同步电路，因而成本和技术复杂程度也随即增加。采用了稳定度极高的频率源依然不可能完全消除所有的不稳定因素。例如对有相对运动的发射机和接收机，多普勒频移和多径衰落将对系统的同步产生不良影响，即使对于固定位置的收发系统，也会由于传输信道的变化而引起码相位和载波频率的变化。因此在实际系统中要做到准确同步是相当困难的。迄今为止，人们花费在发展和改进码同步技术上的时间、精力和金钱远比在扩频系统其他方面要多得多。因此，在某些应用场合(如无线网卡、无线遥控、遥测接收机)要求接收机体积小、成本低时，可以使用传输参考信号法来简化扩频系统的同步问题，从而进一步降低系统成本。

7.4.2 发射参考信号法

当接收系统必须尽可能简单时，发射参考信号法(以下简称参考法)可以用于起始同步捕获、跟踪。参考法接收机既不用码序列发生器，也不用其他的本地参考振荡器，扩频编码参考信号(PN码)由发射机产生，并同载有实际信息的信号同时发射。跳频和直序扩频两种系统都可以使用发射参考信号法。图7.23所示是一个发射参考信号法直接序列扩频系统的模型。其中f_{e1}和f_{e2}采用同一扩频码调制，f_{e1}用于传送信息，f_{e2}不携带信息，它同f_{e1}相差一中频f_{IF}。在接收机端将两信号混频后自然成为去扩频中频信号，再经解调器输出信号。

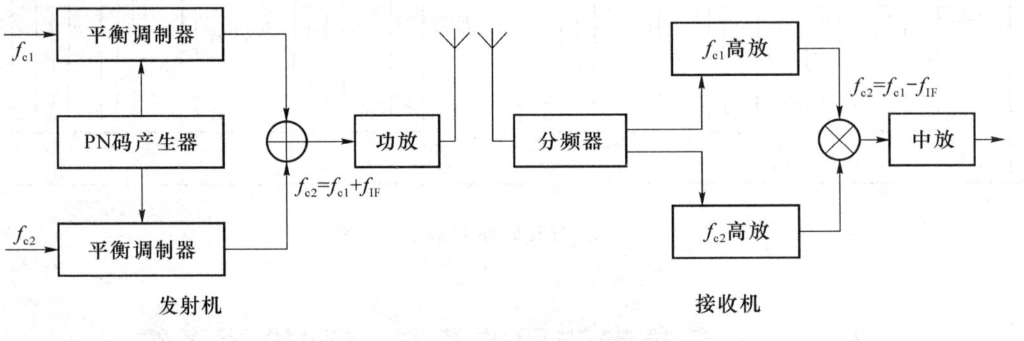

图7.23 发射参考信号扩频系统模型

参考法接收机的工作过程完全和使用本地参考信号的任何其他接收机一样。差别在于参考法的本地PN码是在发射机中产生，并与要解调的信号一起发送到接收机。这两个载波频率之间偏离的大小等于接收机的第一级中放频率，当混频时就产生相关中频信号。在接收机必须限制成本、重量或尺寸时，参考法有明显的优越性，因为它不需要PN码序列发生器、码捕获、同步和跟踪电路，以及任何与码相关的电路。同时参考法接收机对多普勒频移的影响不敏感，非常适合运动速度较快的场合使用。但是，参考法也有其缺点：首先，抗干扰性能降低。当系统噪声加大或外界干扰存在两个信号的频差为中频时，这些能进入接收机高频系统的干扰信号都能对系统造成干扰，而不受扩谱处理增益的抑制；其次，接收机参考信号不是本地产生，而是经传输产生，因而引进了噪声，使接收系统的性能降低，从而使实际的扩频增益小于理论值。

7.4.3　参考法直接序列扩频实验原理

图 7.24 所示是一个完整的参考法直接序列扩频通信系统原理框图，包括一个发射机和一个接收机，系统工作在 350 MHz 的 UHF 频段，稍加改进即可工作在 IEEE802.11 协议规定的 2.4 GHz 频段。

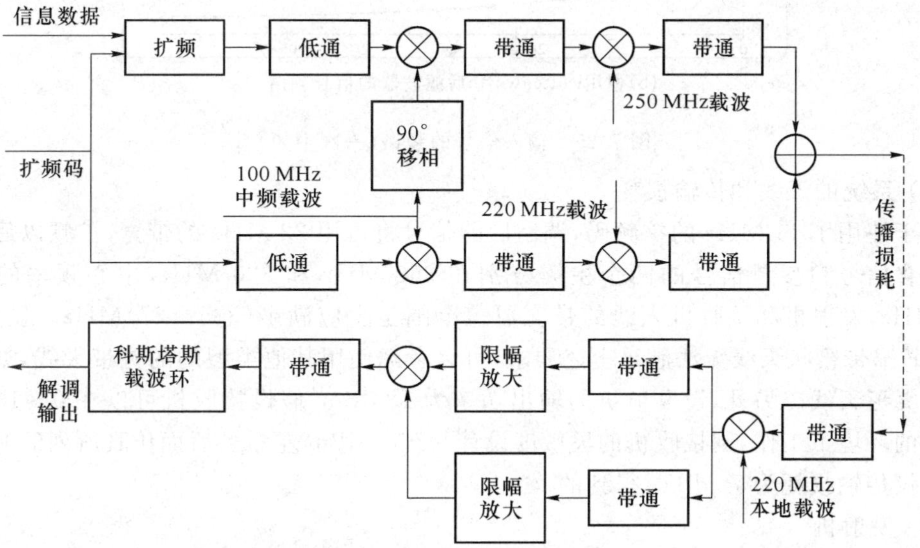

图 7.24　系统原理框图

(1) 数据与扩频码的预处理

实验电路中数据率设为 1 MHz(根据实际需要可作适当修改)，扩频码为 11 MHz，在发射机的输入端有两路输入，一路是扩频码波形，另一路是扩频码与信号模 2 和后的波形。它们分别与一次中频本振信号的正弦和余弦信号混频调制。如果直接将扩频码和数据信号异或后进行中频调制，则中频信号的频谱是典型的 sinX/X 图形，如图 7.25(a)所示，它的旁瓣仅比主瓣小 13 dB，而 IEEE 802.1 协议规定旁瓣比主瓣至少要小 30 dB。因此，在信号源和混频器之间加入了一个截止频率为 7.7 MHz 的 Buttenvorth 低通滤波器，使中频信号频谱的旁瓣比主瓣小 36 dB，如图 7.25(b)所示考虑滤波器的噪声和非线性等因素后仍满足 30 dB 的要求。同样在对称端也需加入参数相同的滤波器以保证参考信号的特性一致。

(a) 未使用Buttenvorth滤波器的信号频谱

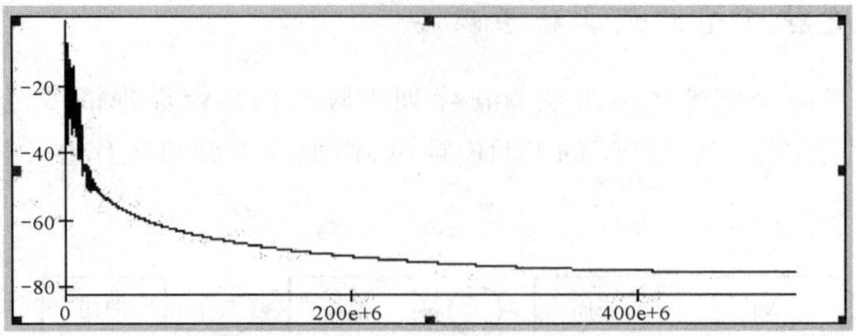

(b)使用Buttenworth后滤波器的信号频谱

图 7.25　输入信号的频谱(一次中频)

(2) 系统的天线和传输损耗

由于使用了 11 MHz 的扩频码，调制后的信号将占用 22 MHz 的带宽，扩频以后的信号带宽包含信号和参考信号的两个主瓣分别在 350 MHz 和 320 MHz，中心频率的带宽为 ±22 MHz，发射机和接收机入线的带宽覆盖范围至少应满足(335±27)MHz。显然，传统的 UHF 窄带鞭状天线无法满足上述要求，可以考虑使用其他类型的的宽带天线，如飞机上使用的翼形天线。另外，设发射机的输出功率为 18 dBm，假设接收机可以在 0～100 dB 传输损耗的环境下工作，则接收机的灵敏度设计为－87 dBm 左右。后面仿真所列的实验数据都是假设传输损耗为 75 dB 时得到的。

(3) 发射机

发射机的数据——中频调制器，使用了两个频率较高的一次中频(130 MHz 和 100 MHz)作为本振输入，分别调制扩频数据和扩频参考信号，两者之间的差频为实际的中频(30 MHz)，因此在接收机端解扩后的中频为 30 MHz。使用两个频率较高的一次中频的目的在于使用声表面滤波器(SAW)作中频滤波器时有较好的频带特性。通常 SAW 有 10 dB 左右的损耗。一次调制后的信号经与 220 MHz 的本振混频后得到两路射频，f_{e1} 为 350 MHz，f_{e2} 为 320 MHz，则 f_{IF}＝350 MHz－320 MHz＝30 MHz。发射机射频信号的功率谱如图 7.26 所示。

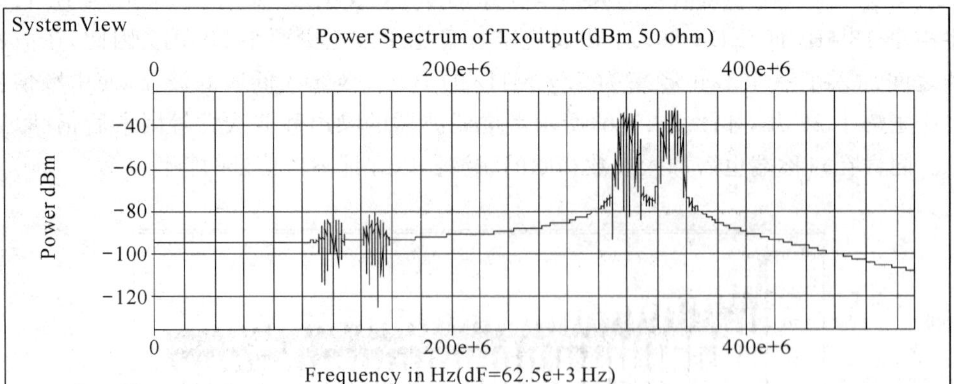

图 7.26　发射机射频输出频谱(预放级)

发射机的中频—射频调制器具有射频预放功能的双路平衡混频器，内置 0°～90°本振移相电路和具有增益系数的下变频混频器。发射机的输出功率为 18～20 dBm，为 70～100 mWm。

(4) 接收机

接收机的射频—中频转换器为下变频混频器，由于与发射机使用同一本振，因此没有考虑−80 dB 的本振泄露。减少本振泄露是非常有必要的，因为各级之间的频率都与其他滤波器的截止频率很接近，所以在设计时可考虑在两级混频器之间增加屏蔽。解扩频混频器的输入级被分为两个通道，与两个 SAW 滤波器相连(中心频率为 100 MHz 和 130 MHz，带宽 BW 为±8.5 MHz，与发射机端特性相同。解扩频混频器的输出如图 7.27 所示。该信号经科斯塔斯环解调后还原成原始数据。科斯塔斯环的输入信号实际上是原数据信号(1 MHz)在 30 MHz 载波上的已调信号。有关科斯塔斯环的设计可参考相关文献。另外，对于科斯塔斯环的输出来说，可能存在"倒 π"现象，即 I 路的输出相对输入数据的相位不是 0°就是 180°。通常在数据通信中采用差分数据编码方案，因此对科斯塔斯环的 0°/180°输出并不敏感。图 7.28 显示了原始输入数据的波形经过适当延时后与解调后的信号叠加在一起的波形。其中方波是系统信号源码的波形，另外一个曲线是系统经科斯塔斯环解调后的波形，且两波形基本一致，说明系统正确完成了信息数据的调制、发送和解调功能。

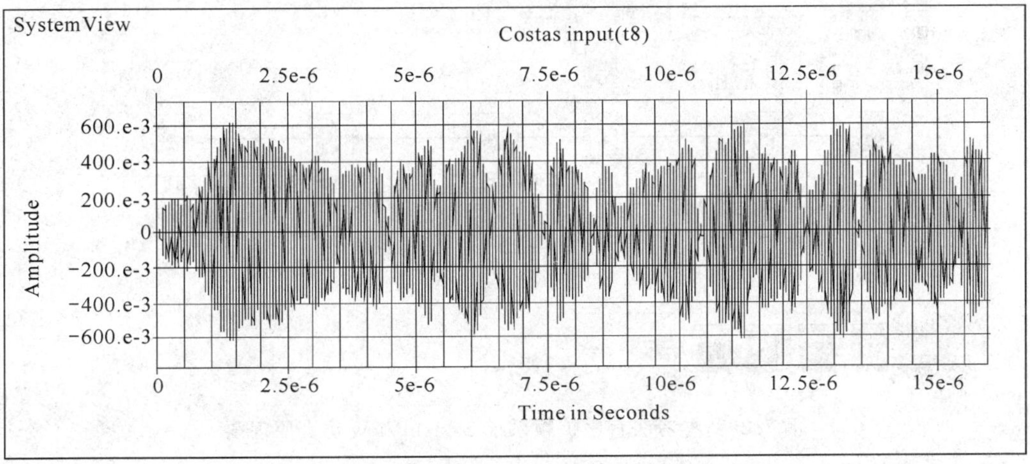

图 7.27　解扩后的信号波形(中频)

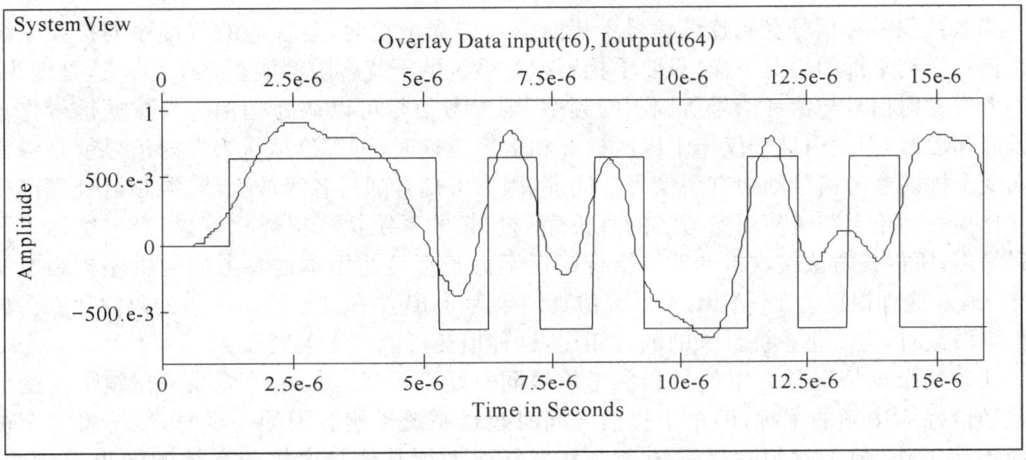

图 7.28　经科斯塔斯环解调后的输出信号与原始信号的波形比较

7.4.4 系统性能分析及仿真

(1) 系统性能分析

根据上述实验电路和分析结论建立了如图 7.29 所示的 SystemView 仿真模型。在建立仿真模型时,已考虑了各器件的固有噪声和温度影响。因此,以下的噪声分析及实验主要是针对系统频带内的各种干扰和噪声进行。噪声和干扰的仿真通过对图 7.29 中的模块 2 加入假定噪声或干扰信号来实现。系统的占用 22 MHz 带宽,在数据率为 1 Mbit/s 时,理论增益为 13.4 dB。这个扩频比是便于计算机快速仿真设定的,实际使用时可根据所需要的干扰容限、数据率和扩频增益等要求酌情调整。前面提到由于参考信号不是在本地产生,而是通过信道传送得到,因此引入了噪声。

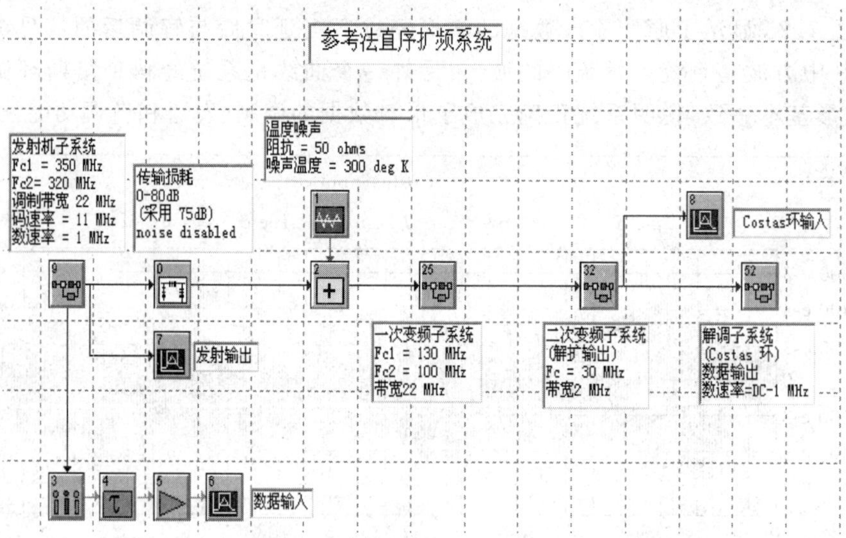

图 7.29 参考法直序扩频系统 SystemView 仿真原理图

下面分两种情况考虑干扰或噪声对系统性能的影响。我们在仿真时可自行决定加入噪声或干扰类型。

当系统仅参考信号受到连续信号干扰而信号未受干扰时,与普通的直接序列扩频系统中仅是信号受到干扰的情况一样,只要干扰不超过系统的干扰容限都能正常工作。这是因为,如果不考虑发射信号与参考信号所调制的频率,则参考信号可以认为是伪码与数据信号作了两次模而和运算,而发射信号仅作了以次模 2 和运算。这时,可等价地认为发射信号就是参考信号而受干扰的参考信号则为有用信号。同理,因参考信号通过各级放大器、混频器处理产生的信噪比损失理论上与未使用参考法的直接序列扩频的系统执行损耗相等,相当于增加了等量的码噪声,所以参考法接收机的系统执行损耗不大于直接使用本地参考信号直序扩频系统的 2 倍。通常这种损耗为 1～2 dB,本系统仿真结果为 3 dB 左右。当选用适当的码数比获得较高的扩频增益时,与简化系统带来的利益相比,这种损耗可能已无关紧要。

比较复杂的情况是有用信号和参考信号同时受到干扰。最坏的情况是在频带内受到两个差频恰好为中频的干扰,两个干扰信号同时超过系统干扰容限的一半时,系统将完全被阻塞而不能工作,但干扰消除后系统会立刻恢复而无须其他直序扩频系统的同步重建过程。这既是其缺点,又是其优点。为对付这种人为的干扰,最好的办法是保护中频,使中频在一定范围内变化。在受到这种干扰时,通常有关扩频系统性能的分析已不适用于本系统。系统的性能取决于干扰信号的强度、该频差与中频相差的大小、数据率带宽及下级科斯塔斯环的精度。这种情况下系统的干扰容限将下降 3～5 dB,甚至更多。因此在设计类似系统时,中频取值应尽可能高,至少要大于扩频信号的带宽,即两者的差频要大于扩频信号的带宽。这样,有限带宽干扰信号同时落在一者带通内的可能性要小得多(因为发射信号和参考信号频谱之间有一段凹陷的带阻区)。同时也有利于使用外差式相关器,使干扰信号仅在相关器之前有作用,而不会通过相关器泄露到后级电路。

(2) 实际电路的 SystemView 仿真

如图 7.30 所示,仿真电路共使用了四个系统子模块来分别仿真发射机和接收机的一次、二次、三次变频电路,其内部各图标参数设置分别如表 7.1 和表 7.2 所示。

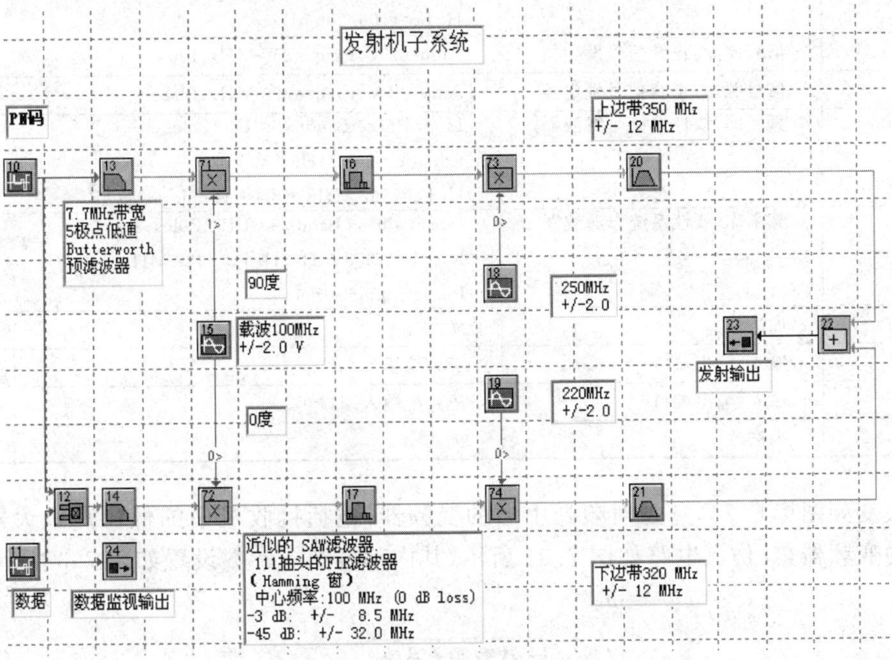

图 7.30　发射机子系统原理图

表 7.1　直接序列扩频系统主要图标参数表

图标序号	图标名称	参数设置
0	射频/模拟库,固定增益衰减器	Loss＝75 dB
1	信号源库,热噪声发生器	Resistance＝50 Ω Noise Temp＝300°K
2	加法器	无
3	算子库,数据采样频率除法器	Decimate by 32
4	算子库,时间延迟器	Delay＝1.3 μs
5	算子库,放大器	Gain＝2.5(Linear)
9	子系统	调制发射子系统
24	子系统	第 1 级接收机子系统
31	子系统	第 2 级接收机子系统
45	子系统	第 3 级接收机子系统
6,7,8	观察窗库,分析型观察窗	无
系统时钟	开始时间 0 s,采样频率 1.024 GHz,采样点数 16 384 个	

表 7.2　子系统图标 9 内部各图标参数

图标序号	图标名称	参数设置
10	信号源库,伪随机 PN 序列发生器	Amp=0.25 V,Offset=0 V,Rate=11 MHz, Levels=2,Phase=0°
11	信号源库,伪随机 PN 序列发生器	Amp=0.25 V,Offset=0 V,Rate=1 MHz, Levels=2,Phase=0°
12	算子库,异或运算符	Threshold=0,True=0.25,False=−0.25
13,14	算子库,线性系统与滤波器	Butterworth Lowpass IIR,5 Poles,Fc=7.7 MHz
15	信号源库,正弦信号发生器	Amp=2 V,Freq=100 MHz,Phase=0°
16,17	算子库,线性系统与滤波器	BandPassFIR,Low Fc=94.003 MHz, Hi Fc=106.086 MHz
18	信号源库,正弦信号发生器	Amp=2 V,Freq=250 MHz,Phase=0°
19	信号源库,正弦信号发生器	Amp=2 V,Freq=220 MHz,Phase=0°
20	算子库,线性系统与滤波器	Liner Phase Bandpass IIR 2Poles, Low Fc=338 MHz, Hi Fc=362 MHz, Phase Ripple=0.5 dB
21	算子库,线性系统与滤波器	Linear Phase Bandpass IIR 2Poles, Low Fc=308 MHz,Hi Fc=332 MHz, Phase Ripple=0.5 dB
22	加法器	无
23	输入/输出端口	子系统输出端口
24	输入/输出端口	子系统输入端口
71,72,73,74	乘法器	无

一次变频图标是 25,它是射频到中频的变频器,包括接收机中的低噪声放大器和射频到中频的变频器,其仿真电路如图 7.31 所示,其内部各图标参数设置如表 7.3 所示。

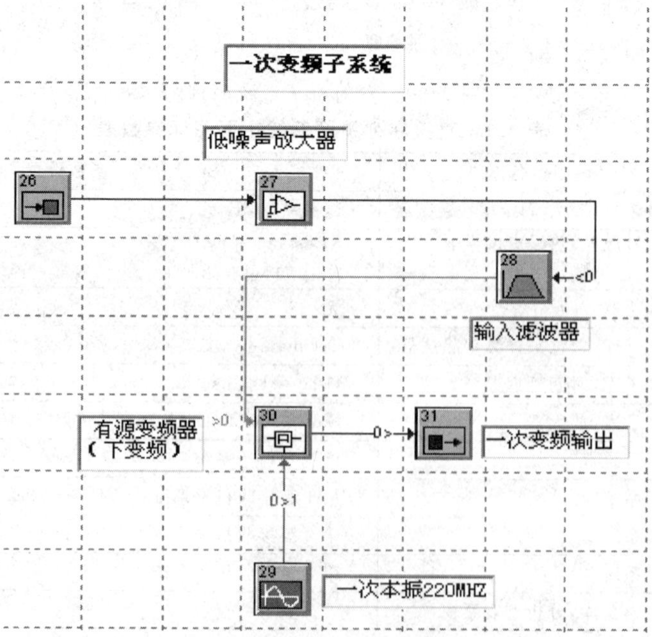

图 7.31　一次变频子系统原理图

表 7.3　子系统图标 25 内部各图标参数

图标序号	图标名称	参数设置
26	输入/输出端口	子系统输入端口
27	射频/模拟库，固定增益放大器	Gain=15.6 dB，2nd Order Intercept=25.5 dBm 3rd Order Intercept=15.5 dBm， 4th Order Intercept=100 dBm 1 dB Compression Pt=5.5 dBm，Noise Figure=3.8 dB
28	算子库，线性系统与滤波器	Linear Phase Bandpass IIR 2Poles，Low Fc=308 MHz， Hi Fc=362 MHz，Phase Ripple=0.5 dB，loss=2 dB
29	信号源库，正弦信号发生器	Amp=2.0 V，Freq=220 MHz，Phase=0°
30	射频/模拟库，有源混频器	LOP ower=−6 dBm，1 dB Cmpr Pt=−11 dBm 3rd Ordr Int=−2 dBm，Convr Gain=3 dB RF Isolation=30 dBm，LO Leakage =−80 dBm 2nd Ordr Int=8 dBm，DC Offset=0 V， Noise Figure= 12 dB
31	输入/输出端口	子系统输出端口

二次变频图标是 32，它是限幅放大器和解扩部分，其仿真电路如图 7.32 所示，且其内部各图标参数设置如表 7.4 所示。

三次变频图标是 52，它是完成最后信息解调的科斯塔斯环，其仿真电路如图 7.33 所示，且其内部各图标参数设置如表 7.5 所示。

发射机和接收机中 SAW 滤波器的频率响应特性用通常的有限冲激响应滤波器(FIR)来仿真，为加快计算机仿真的运算速度，对 FIR 滤波器抽头数未能精确地选定(抽头数越多滤波器的截止频率锐性越好，运算时间也越长)，因此仿真的滤波器参数不如实际工程中定做的 SAW 特性好。大部分的 LC 滤波器的特性与实际的参数十分接近。

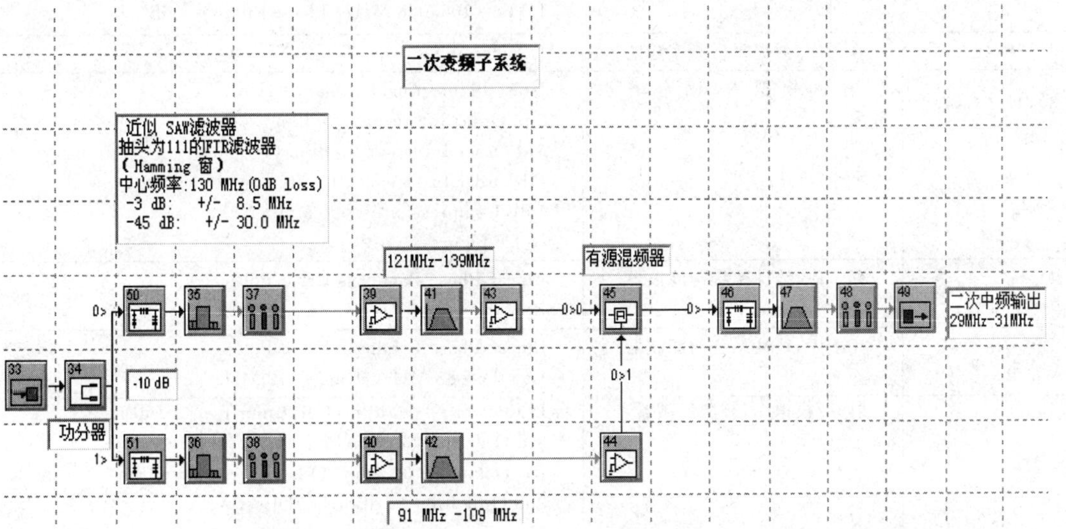

图 7.32　二次变频子系统原理图

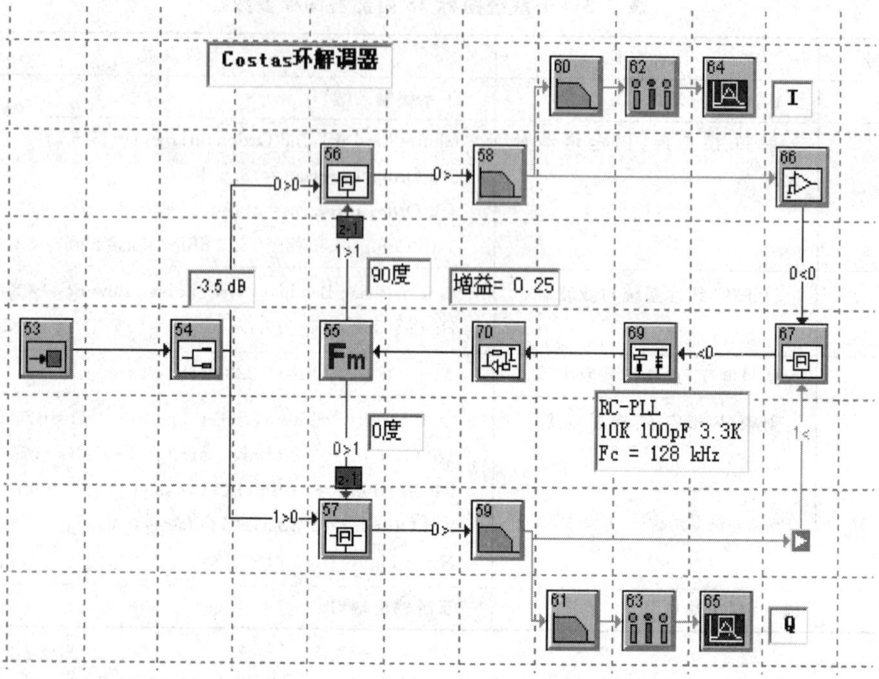

图 7.33　科斯塔斯环解调器原理图

表 7.4　子系统图标 32 内部各图标参数

图标序号	图标名称	参数设置
33	输入/输出端口	子系统输入端口
34	射频/模拟库,两路功率分配器	Loss above 3 dB=0.5 dB
35	算子库,线性系统与滤波器	Bandpass FIR, Low Fc=124.006 MHz, Hi Fc=136.09 MHz, Phase Ripple=2 dB
36	算子库,线性系统与滤波器	Bandpass FIR, Low Fc=94.003 2 MHz, Hi Fc=106.068 MHz, Phase Ripple=2 dB
37,38,48	算子库,数据采样频率除法器	Decimate by 32
39,40,43,44	射频/模拟库,固定增益放大器	Noise Figure Enabled,Gain=45 dB 2nd Order Intercept=15 dBm 3rd Order Intercept=5 dBm 4th Order Intercept=100 dBm 1 dB Compression Pt=−5 dBm Noise Figure=9 dB
41	算子库,线性系统与滤波器	Linear Phase Bandpass IIR,2 Poles Low Fc=118 MHz,Hi Fc=142 MHz
42	算子库,线性系统与滤波器	Linear Phase Bandpass IIR,2 Poles Low Fc=88 MHz,Hi Fc=112 MHz
45	射频/模拟库,有源混频器	LO Power =−6 dBm,1 dB Cmpr Pt=−3 dBm 3rd Ordr Int=6 dBm,Convr Gain=11 dB RF Isolation=30 dBc,LO Leakage=−30 dBm 2nd Ordr Int=10 dBm,DC Offset=0 V Noise Figure=11 dB
46	射频/模拟库,固定增益衰减器	Loss=2 dB

表 7.5　子系统图标 52 内部各图标参数

图标序号	图标名称	参数设置
53	输入/输出端口	子系统输入端口
54	射频/模拟库，两路功率分配器	Loss above 3 dB=0.5 dB
55	函数库，调频器	Amp=1 V，Freq=30.2 MHz，Phase=0° Mod Gain=2.4 MHz/V
56，57，67	射频/模拟库，有源混频器	LO Power=−6 dBm，1 dB Cmpr Pt=−3 dBm，3rdOrdr Int=6 dBm，Convr Gain=11 dB，RF Isolation=30 dBm LO Leakage=−30 dBm，3rdOrdr Int=16 dBm，DC Offset=0 V，Noise figure=11 dB
58，59	算子库，线性系统与滤波器	Bessel Lowpass IIR，2 Poles，Fc=10 MHz
60，61	算子库，线性系统与滤波器	Bessel Lowpass IIR，2 Poles，Fc=10 MHz
62，63	算子库，数据采样频率除法器	Decimate by 8
64，65	观察窗库，分析型观察窗	无
66	射频/模拟库，固定增益放大器	Gain=12 dB 2nd Order Intercept=15 dBm 3rd Order Intercept=5 dBm 4th Order Intercept=100 dBm 1dB Compression Pt=−5 dBm，Noise Figure=3.6 dB
69	射频/模拟库，RC 锁相环环路滤波器	10 K　100 pF　3.3 K，Fc=128 kHz
70	射频/模拟库，运放反相器	Limit=15 V

第8章　通信系统的同步仿真

同步是通信系统中一个重要的实际问题。通信系统能否有效可靠地工作，很大程度上依赖于有无良好的同步系统。同步系统性能的降低，会直接导致通信系统性能的降低，甚至使通信系统不能工作。可以说，在同步通信系统中，"同步"是进行信息传输的前提，正因为如此，为了保证信息的可靠传输，要求同步系统应有很高的可靠性。

当采用同步解调或相干检测时，接收端需要提供一个与发射端调制载波同频同相的相干载波。获得这个相干载波的过程称为载波提取，或称为载波同步。

数字通信中，除了有载波同步的问题外，还有位同步的问题。因为消息是一串连续的信号码元序列，解调时必须知道每个码元的起止时刻。例如数字通信最佳接收机结构中，需要对积分器或匹配滤波器的输出进行抽样判决。抽样判决的时刻应位于每个码元的终止时刻，因此，接收端必须产生一个用作抽样判决的定时脉冲序列，它和接收码元的终止时刻应对齐。我们把在接收端产生与接收码元的重复频率和相位一致的定时脉冲序列的过程称为码元同步或位同步，而称这个定时脉冲序列为码元同步脉冲或位同步脉冲。

数字通信中的消息数字流总是用若干码元组成一个"字"，又用若干"字"组成一"句"。因此，在接收这些数字流时，同样也必须知道这些"字"、"句"的起止时刻，在接收端产生与"字"、"句"起止时刻相一致的定时脉冲序列，称为"字"同步和"句"同步，统称为群同步或帧同步。

当通信是在两点之间进行时，在完成了载波同步、位同步和帧同步之后，接收端不仅获得了相干载波，而且通信双方的时间节拍标准关系也解决了，这时接收端就能以较低的错误概率恢复出数字信息。然而，随着数字通信的发展，特别是计算机通信及计算机网络的发展，通信系统也由点对点的通信发展到多点间的通信，这时，多个用户相互联结而组成了数字通信网。显然，为了保证通信网内各用户之间可靠地进行数据变换，还必须实现网同步，即在整个通信网内有一个统一的时间节拍标准。

由此可见，通信系统中的同步可分为载波同步、位同步、帧同步、网同步等几大类。由于涉及同步的内容十分广泛，因此，本章仅对通信系统中有关同步的某些问题有选择地进行分析和仿真。

8.1　载波同步

提取载波的方法一般分为两类：一类是在发送有用信号的同时，在适当的频率位置上，插入一个(或多个)称作导频的正弦波，接收端就由导频提取出载波，这类方法称为插入导频法，也称为外同步法；另一类是不专门发送导频，而在接收端直接从发送信号中提取载波，这类方法称为直接法，也称为自同步法。

8.1.1　插入导频法

抑制载波的信号本身不含有载波，无法从接收信号中直接提取载波。例如，DSB、SSB 和 2PSK 信号本身都不含有载波分量，VSB 信号虽然含有一定的载波分量，也难以从已调信号的频谱中分离出来。对这些信号的载波提取，可以采取插入导频的方法，特别是单边带调制信号，只能用插入导频法提取载波。插入导频是在已调信号的频谱中再加入一个低功率的线谱(其对应的正弦波形即称为导频信号)。在接收端可以容易地利用窄带滤波器把它提取出来，经过适当的处理形成接收端的相干载波。显然，导频的频率应当与载频有关或者就是载频。插入导频的传输方法有多种，基本原理相似。这里仅讨论抑制载波的双边带信号的插入导频法。

在 DSB 信号的频谱中，载频处的频谱分量为零，载频附近的频谱分量也很小。插入导频时，导频的插入位置应该在信号频谱为零的位置，否则导频与信号频谱成分重叠，接收时不易提取。插入的导频并不是加入调制器的载波，而是将该载波移相 90°后的“正交载波”，如图 8.1 所示。这样，就可组成插入导频的发送端原理图 8.2。设调制信号为 $m(t)$，$m(t)$ 中无直流分量，被调载波为 $a_c \sin \omega_c t$。调制器假设为一相乘器，插入导频是被调载波移相 90°形成的，为 $-a_c \cos \omega_c t$，其中 a_c 是插入导频的振幅。于是输出信号为

$$u_0(t) = a_c m(t) \sin \omega_c t - a_c \cos \omega_c t \tag{8.1}$$

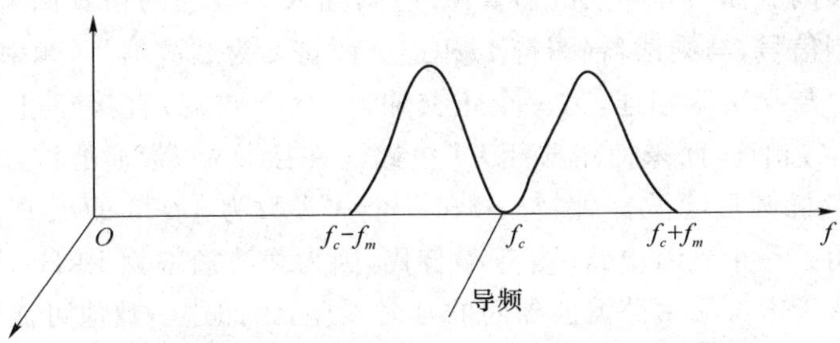

图 8.1　抑制载波双边带信号的导频插入

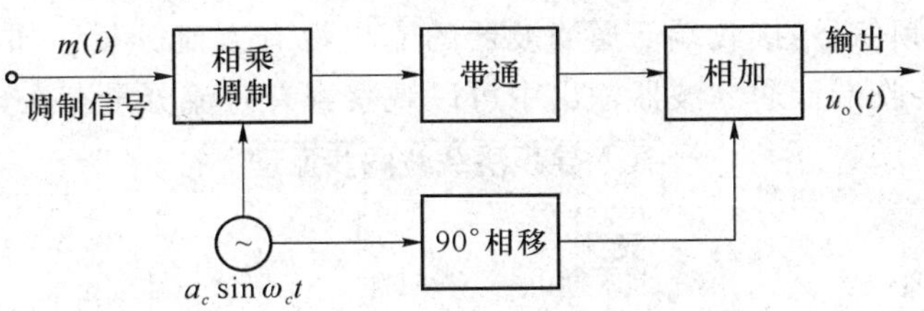

图 8.2　插入导频法发送端原理图

设接收到的信号与发端输出信号相同，则收端用一个中心频率为 f_c 的窄带滤波器就可取得导频 $-a_c \cos \omega_c t$，再将它移相 $\pi/2$，就可得到与调制载波同频同相的信号 $\sin \omega_c t$。接收端的原理图如图 8.3 所示。

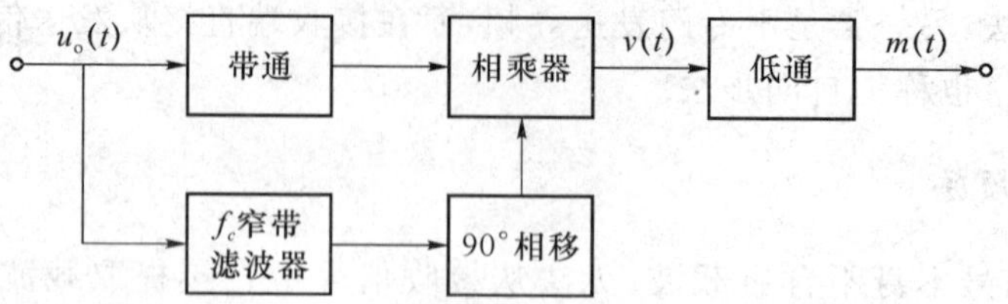

图 8.3　插入导频法接收端原理图

前面提到,插入的导频应为正交载波,这是什么原因呢?只要看收端相乘器的输出 $v(t)$就清楚了,即

$$v(t)=u_o(t)\sin\omega_c t=a_c m(t)\sin^2\omega_c t-a_c m(t)\sin\omega_c t\cos\omega_c t$$
$$=\frac{a_c}{2}m(t)-\frac{a_c}{2}m(t)\cos 2\omega_c t-\frac{a_c}{2}\sin 2\omega_c t \tag{8.2}$$

若方框图中低通滤波器的截止频率为 f_m,$v(t)$经低通滤波器后,就可以恢复出调制信号 $m(t)$。然而,如果发端加入的导频不是正交载波,而是调制载波,则从接收端相乘器的输出可以发现,除了有调制信号外,还有直流分量,这个直流分量将通过低通滤波器对数字信号产生影响。这就是发端导频正交插入的原因。

二进制数字调相信号就是一抑制载波的双边带信号,所以上述插入导频法完全适用。对于单边带调制信号,导频插入的原理与上面讨论的一样。

8.1.2　插入导频法仿真

图 8.4 是载波同步插入导频法的仿真原理图,插入导频法的仿真图符设置如表 8.1 所示。图符 0 为调制信号,与乘法器(图符 1)相连。图符 2 为载波信号,频率为 1 kHz,它的一个输出端(正弦端)与乘法器相连,另一个正交输出端(余弦端)直接经过一个反相器(图符 5)与加法器(图符 4)相连,而未使用移相 90°电路。在接收端,带通滤波器和窄带滤波器分别使用了一个七阶椭圆形滤波器(图符 6)和一个抽头数为 1 026 的 FIR 滤波器(图符 7)。移相电路简单地用了一个延时电路(图符 8)替代,因为载波额率为 1 kHz,因此移相 90°等价为延时 250 ns。由于未考虑两路滤波器间的延时误差,因此这一数值可能不十分精确,但可以近似认为延时后的信号与带通滤波器输出信号是正交的。两路信号在图符 9 中相乘,经低通滤波器(图符 10)滤波,就可得到解调信号输出,如图 8.5 所示,发送端使用 90°移相后的正交载波作为导频信号,接收端低通滤波器的输出没有直流分量。如果将载波本身直接作为导频信号,在接收端低通滤波器输出中可以观察到有直流分量存在,如图 8.6 所示。

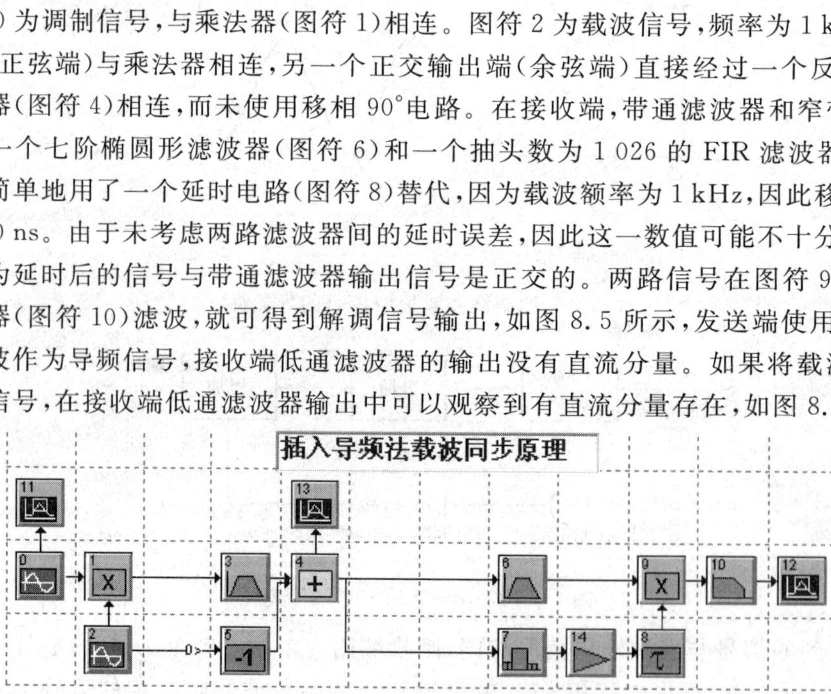

图 8.4　插入导频法载波同步仿真原理图

表 8.1　插入导频法载波同步仿真图符设置

图符标号	库/图符名称	参数
0	Source:Sinusoid	Amp=1 V;Freq=50 Hz;Phase=0°
1,9	Multiplier	
2	Source:Sinusoid	Amp=1 V;Freq=1e+3 Hz;Phase=0°
3	Operator:Linear Sys	Butterworth Bandpass IIR,3 Poles,Low Fc=950 Hz,Hi Fc=1.05e+3 Hz,Quant Bits=None,Init Cndtn=Transient,DSP Mode Disabled,Max Rate=10e+3 Hz
4	Adder	
5	Operator:Negate	Max Rate=10e+3 Hz
6	Operator:Linear Sys	Elliptic Bandpass IIR,7 Poles,Low Fc=900 Hz,Hi Fc=1.1e+3 Hz,Quant Bits=None,Rejection=−50 dB,Init Cndtn=Transient,DSP Mode Disabled,Max Rate=10e+3 Hz
7	Operator:Linear Sys	BandPass FIR,999 to 1.001e+3 Hz,Decimate By 1,Quant Bits=None,Taps=1 062,Ripple=0.1 dB,Init Cndtn=Transient,DSP Mode Disabled,Max Rate=10e+3 Hz
8	Operator:Delay	Non-Interpolating,Delay=250e-6 s=2.5 smp,Output 0=Delay t9,Output 1=Delay-dT,Max Rate (Port 0)=10e+3 Hz
10	Operator:Linear Sys	Butterworth Lowpass IIR,3 Poles,Fc=100 Hz,Quant Bits=None,Init Cndtn=Transient,DSP Mode Disabled,Max Rate=10e+3 Hz
11,12,13	Sink:Analysis	

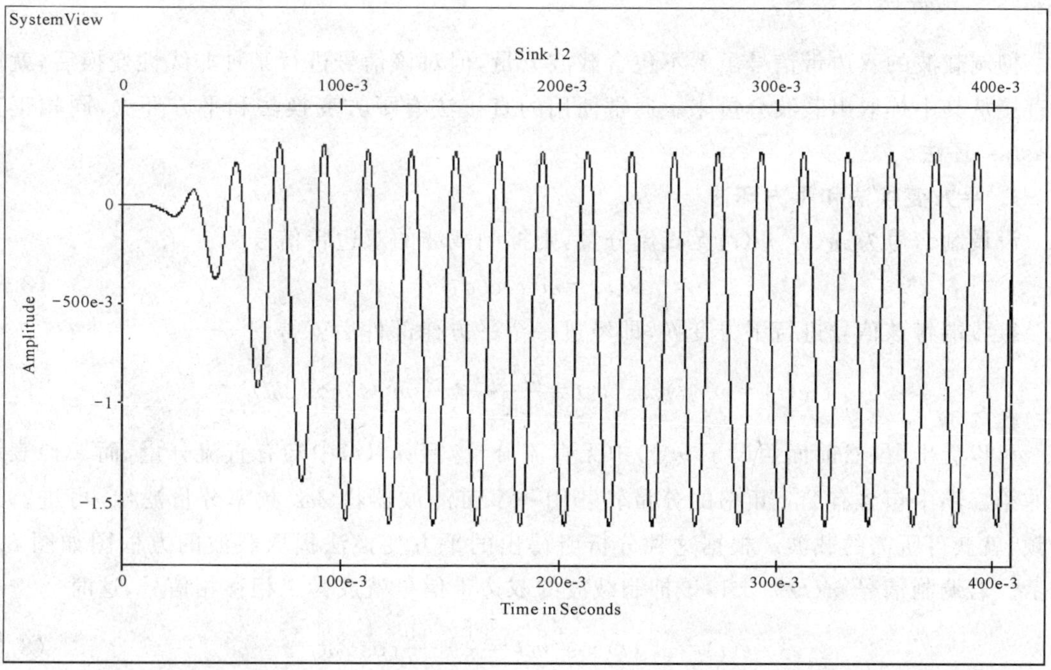

图 8.5　插入正交导频信号时接收端解调出的不含直流成分的调制信号波形

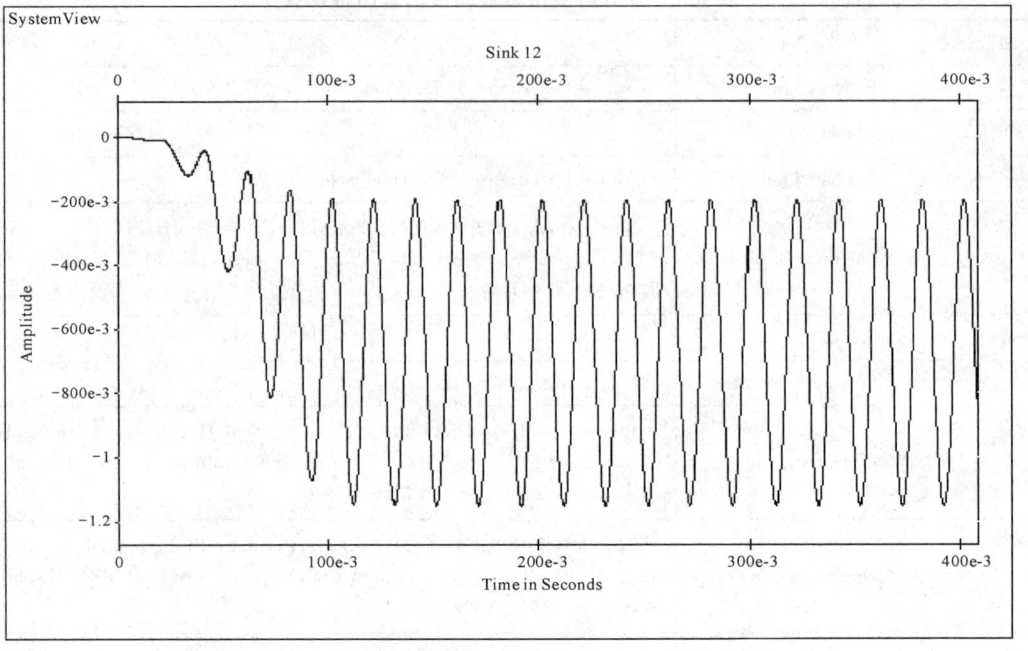

图 8.6 插入非正交导频信号时接收端解调出的含有直流成分的调制信号波形

插入导频法提取载波要使用窄带滤波器，这个窄带滤波器也可以用锁相环来代替，这是因为锁相环本身就是一个性能良好的窄带滤波器，因而使用锁相环后，载波提取的性能将有改善。

8.1.3 直接法

抑制载波的双边带信号虽然不包含载波分量，但对该信号进行某种非线性变换后，就可以直接从其中提取出载波分量来。通常使用的直接法有平方变换法和平方环法、同相正交(Castas)环法。

1. 平方变换法和平方环法

设调制信号为 $m(t)$，$m(t)$无直流分量，则抑制载波的双边带信号为

$$s(t)=m(t)\cos\omega_c t \tag{8.3}$$

接收端将该信号进行平方变换，即经过一个平方律部件后就得到

$$e(t)=m^2(t)\cos^2\omega_c t=\frac{m^2(t)}{2}+\frac{1}{2}m^2(t)\cos 2\omega_c t \tag{8.4}$$

可以看出，虽然前面假设了 $m(t)$中无直流分量，但 $m^2(t)$中却有直流分量，而 $e(t)$表示式的第二项中包含有 $2\omega_c$ 频率的分量。若用一窄带滤波器将 $2\omega_c$ 频率分量滤出，再进行二分频，就获得所需的载波。根据这种分析所得出的平方变换法提取载波的方框图如图 8.7 所示。若调制信号 $m(t)=\pm1$，该抑制载波的双边带信号就成为二相移相信号，这时

$$e(t)=m^2(t)\cos^2\omega_c t=\frac{1}{2}+\frac{1}{2}\cos 2\omega_c t \tag{8.5}$$

因而，用图 8.7 所示的方框图同样可以提取出载波。

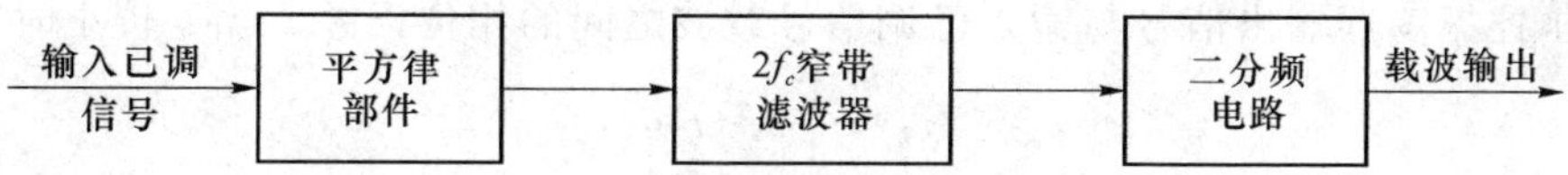

图 8.7　平方变换法提取载波原理图

由于提取载波的方框图用了一个二分频电路，故提取出的载波存在 180°的相位含糊问题。对移相信号而言，解决这个问题的常用方法是采用前面已介绍过的相对移相。

平方变换法提取载波方框图中的 $2f_c$ 带滤波器若用锁相环代替，构成如图 8.8 所示的方框图，称为平方环法提取载波。由于锁相环具有良好的跟踪、窄带滤波和记忆性能，平方环法比一般的平方变换法具有更好的性能。因此，平方环法提取载波应用较为广泛。

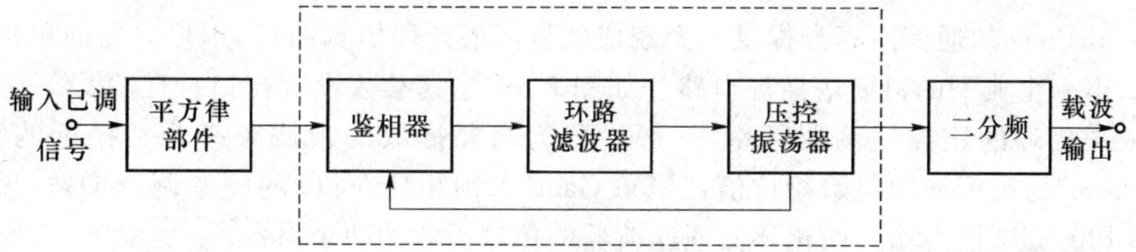

图 8.8　平方环法提取载波原理图

2. 同相正交环法

利用锁相环提取载波的另一种常用方法如图 8.9 所示。加于两个相乘器的本地信号分别为压控振荡器的输出信号 $\cos(\omega_c t+\theta)$和它的正交信号 $\sin(\omega_c t+\theta)$，因此通常称这种环路为同相正交环，有时也称这种环路为科斯塔斯(Costas)环。

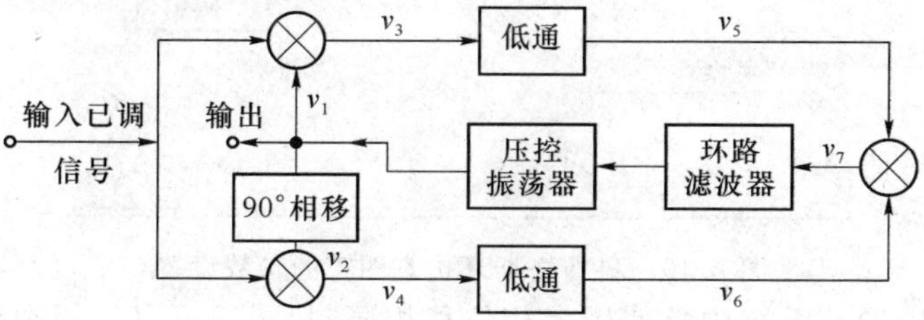

图 8.9　同相正交环法提取载波原理图

设输入的抑制载波双边带信号为 $m(t)\cos\omega_c t$，则

$$v_3=m(t)\cos\omega_c t\cos(\omega_c t+\theta)=\frac{1}{2}m(t)[\cos\theta+\cos(2\omega_c t+\theta)]$$

$$v_4=m(t)\cos\omega_c t\sin(\omega_c t+\theta)=\frac{1}{2}m(t)[\sin\theta+\sin(2\omega_c t+\theta)]$$

经低通后的输出分别为

$$v_5=\frac{1}{2}m(t)\cos\theta$$

$$v_6=\frac{1}{2}m(t)\sin\theta$$

低通滤波器应该允许 $m(t)$通过。将 v_5 和 v_6 加于相乘器，得

$$v_7=v_5v_6=\frac{1}{8}m^2(t)\sin 2\theta$$

式中 θ 是压控振荡器输出信号与输入已调信号载波之间的相位误差。当 θ 较小时，

$$v_7 \approx \frac{1}{4} m^2(t)\theta \tag{8.6}$$

式中 v_7 的大小与相位误差 θ 成正比，它就相当于一个鉴相器的输出。用 v_7 去调整压控振荡器输出信号的相位，最后使稳态相位误差减小到很小的数值。这样压控振荡器的输出 v_1 就是所需提取的载波。

同相正交环的工作频率是载波频率本身，而平方环的工作频率是载波频率的两倍。显然当载波频率很高时，工作频率较低的同相正交环路易于实现。

8.1.4 科斯塔斯环法仿真

SystemView 的通信库本身提供一个现成的科斯塔斯环仿真图符，用户只需简单地填入参数即可获得一个典型的科斯塔斯环电路。如图 8.10 是其参数设置窗口。在“VCO Freq”输入栏内输入锁相环的压控振荡器频率，一般设置为与要提取的载波频率非常接近的频率值。“VCO Phase”为锁相环的起始相位值，“Mod Gain”为锁相环 VCO 的频率调制增益，另外还需在“Loop Fltr a/b”栏内输入锁相环低通滤波器的传输函数的两个系数。

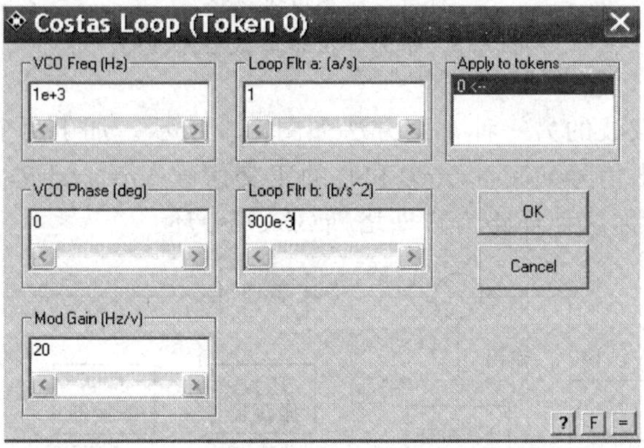

图 8.10 科斯塔斯环仿真图符的参数设置

需要指出的是，通信系统中常使用多相位移相调制，同样可以使用类似平方法和多相科斯塔斯环的方法实现载波信号的提取。如图 8.11 所示就是一个四相位科斯塔斯环法的载波提取电路原理图。

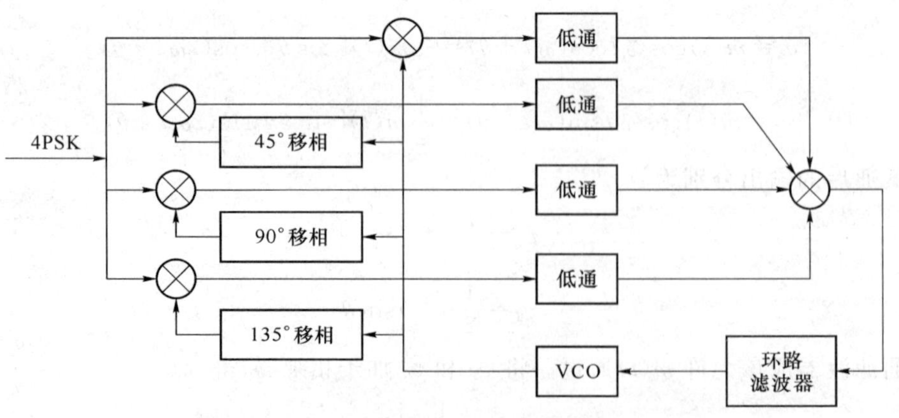

图 8.11 四相位科斯塔斯环法的载波提取原理图

8.2　位同步与滑动相关同步器

数字基带信号若为随机的二进制不归零脉冲序列，那么这种信号本身不包含位同步信号。为了获得位同步信号，就应在基带信号中插入位同步导频信号，或者对该基带信号进行某种变换。

通信系统中的位同步也和载波同步类似，可分为插入导频法(外同步法)和直接法(自同步法)两类。方法也基本一致，在此不作过多赘述。本节主要介绍一种扩频系统中经常使用的码序列位同步的方法——滑动相关检测法。

一般同步系统的位同步过程可用图 8.12 来描述。接收机对接收到的信号，首先进行搜索，对收到的信号与本地码相位差的大小进行判断，若不满足捕获要求，即收发相位差大于一个码元，则调整时钟再进行搜索。直到使收发相位差小于一个码元时，停止搜索，转入跟踪状态。然后对捕捉到的信号进行跟踪，并进一步减小收发相位差到要求的误差范围内，以满足系统解调的需要。与此同时，不断地对同步信号进行检测，一旦发现同步信息丢失，马上进入初始捕获阶段，进行新的同步过程。

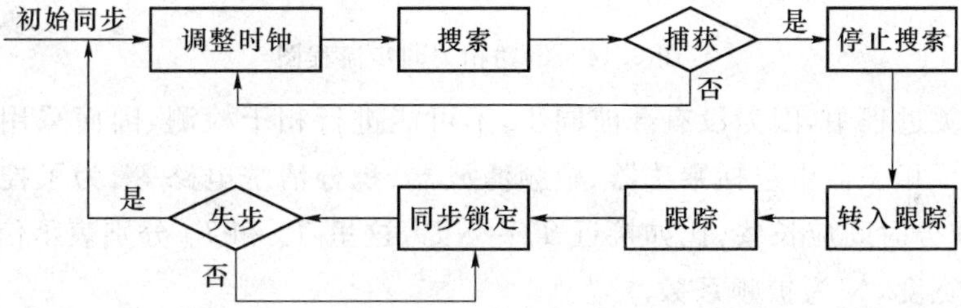

图 8.12　位同步过程

8.2.1　滑动相关同步器

扩频系统如果需要正确解扩，首先必须实现收、发两端的 PN 码同步，才有可能使系统正常工作。扩频接收机在开始工作时，本地 PN 码与发射机的 PN 序列之间总是存在一个固定的相位差，用滑动相关法可以实现收、发两端的 PN 码同步。滑动相关法是所有 PN 码同步中最简单的一种，之所以称为“滑动”是因为接收机在搜索同步时，它的 PN 序列发生器的时钟与发射机中的码速率不一致，使得这两个码序列在相位上互相滑动。如果接收机码速率大于发射机的码速率，则接收机码滑动超前，否则滞后。当两个码序列重合时，滑动停止，完成同步，此时再转为正常码速率，进入跟踪状态。

滑动相关检测是一种最简单、最实用的捕获方法，图 8.13 为滑动相关同步的原理框图。采用与发端频率有差别的时钟来驱动本地码(码型已知)，由于时钟差，引起接收信号与本地产生的伪随机码的相对滑动。滑动过程中码不重叠时，相关器输出噪声。当两码接近重合和重合时，有相关峰出现，经包络检波、积分后输出脉冲电压。当输出的脉冲电压超过门限时，表示已检测到码位同步(至少到 1 切普之内)，于是给出停止搜索、转入跟踪状态的控制信号。跟踪状态用另一锁相环路来完成，转入跟踪状态后，时钟恢复到正常的频率上去。图 8.14 为滑动相关的流程图。

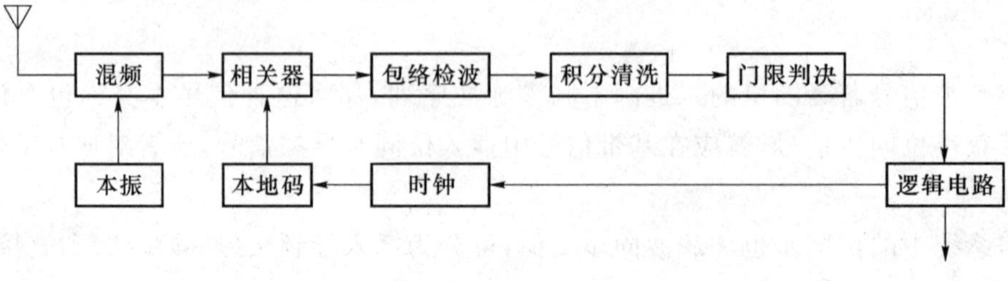

图 8.13　滑动相关同步原理框图

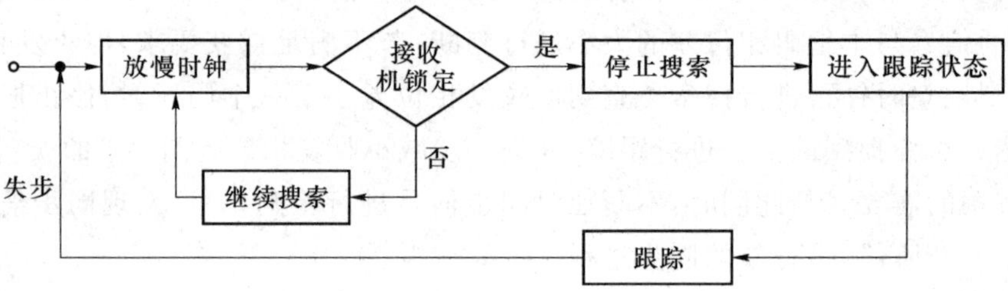

图 8.14　滑动相关同步流程图

在滑动相关过程中，因为没有载波同步，不可能进行相干检测，因而采用包络检波器进行非相干检测。相关器中包括乘法器、中频滤波器、积分清洗电路等，为了控制干扰和噪声这是必须的，积分时间应长些，比如接近 $T_a = NT_c$，这里 T_a 和 T_c 分别表示信息码宽度和伪随机码的切普宽度，N 为扩频系数。

伪随机码具有良好的相关性，如图8.15所示。当两码的相对位移 $\tau = 0$ 时，出现相关尖峰，而不相关时，相关系数很小(近似为零)。故一旦尖峰出现，就表明两条码正好重合。对这个相关峰进行处理，就可判断初始同步是否完成。

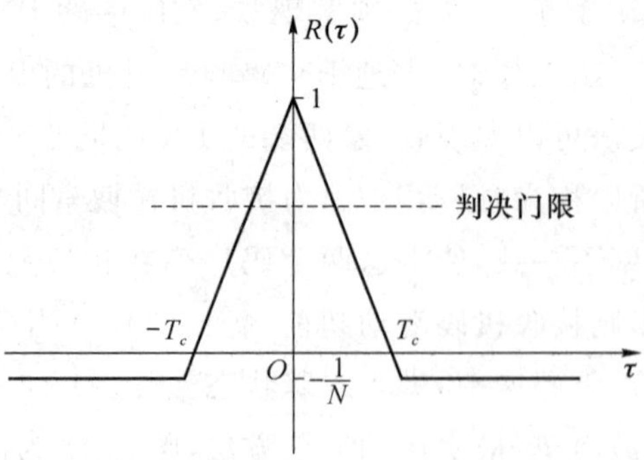

图 8.15　伪随机码的相关特性

滑动相关的主要缺点是捕获时间长，相关峰值低，这些都和检测概率有关。

为了减小噪声，提高检测概率，相关后的带宽(包括带通和积分器)要窄。从缩短捕获时间来看，应加快滑动速度，既加大收发时钟频率差，又要求带宽要宽，这两者是矛盾的。当滑动快时，相关器输出的相关脉冲窄，窄的脉冲将不易通过后面的低通滤波器；当滑动慢时，相关器输出的脉冲宽，有利于通过低通滤波器。图 8.16 给出了两种情况下相关器的输出，对应滑动的两个切普(并不是指伪随机码的两个切普宽度 $2T_c$，相对滑动后切普宽度随相对滑动速率改变)。为了使相关器输出的相关峰值通过低通滤波器，相对滑动速度受到低通滤波器上升时间或带宽的限制。

设 R_c 和 R_c' 分别为发端和收端伪随机码的速率，BW 为相关器后的低通滤波器的带宽，则低通滤器的阶跃响应的上升时间为 $0.35/BW$，每秒钟相对滑动的切普速率为 $R_c'-R_c$，则滑过两切普的时间为 $2/(R_c'-R_c)$，要使相关峰值通过低通滤波器，则要求滑过两切普的时间大于低滤波器的上升时间，因此有

$$\frac{2}{R_c'-R_c}\geqslant\frac{0.35}{BW} \tag{8.7}$$

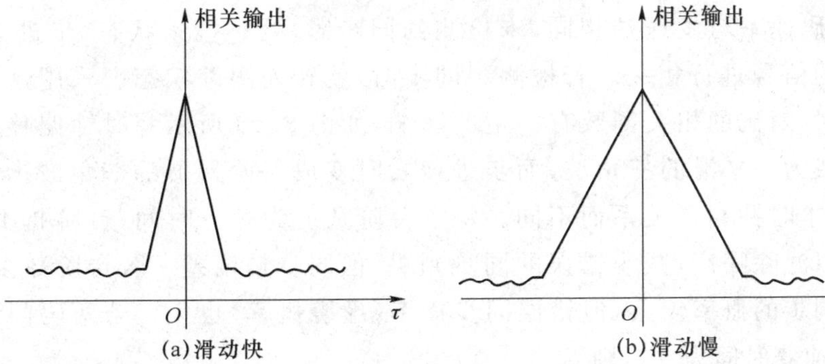

图 8.16 滑动相关器输出波形

由此可得两码相对滑动速率与低通滤波器带宽的关系为

$$R_c'-R_c\leqslant\frac{2BW}{0.35} \tag{8.8}$$

例如，一系统的相关器后面的低通滤波器带宽为 1 kHz，则相对的滑动速率最大为 5.7 kc/s。如果码序列很长，偏移若干兆切普，滑动到相关点的时间可能是非常长的，可达几十分钟，甚至几小时、几天的时间。如前述条件，1 kHz 的带宽，最大相对滑动速率为 5.7 kc/s，若码序列长为 10^8，则最长捕获时间为 $10^8/(5.7\times10^3)\,\mathrm{s}=4.8\,\mathrm{h}$，这在实际中是难以忍受的。

相关器相关峰值不高的原因是由于码速率不一致，不可能全部重合所致。相关器相关峰值还与相关器的作用时间有关。

虽然滑动相关器法同步有这样的缺点和不足，但它的基本思想仍是非常可取的。在此基础上，人们研究了许多缩短码序列的不确定性的方法，以降低滑动相关器的捕获时间，如同步头法、用特殊码型建立同步的方法等，都是基于滑动相关法的。

8.2.2 “滑动-保持”同步器

大多数扩频接收机的搜索过程是使接收机的码与希望接收的码在滑动相关上实现的。

这个相位滑动过程是这样实现的,即对接收机时钟给以一定大小的偏移,并保持这种偏移直到合适的同步点为止,然而很少使用这种方法。代替这个搜索方法的,一般是采用以某个很小的增量将接收机的时钟周期性地移相。因此这两个码就互相以跳动方式"滑动",这种方式称为"滑动-保持"同步法,其原理如图 8.17 所示。

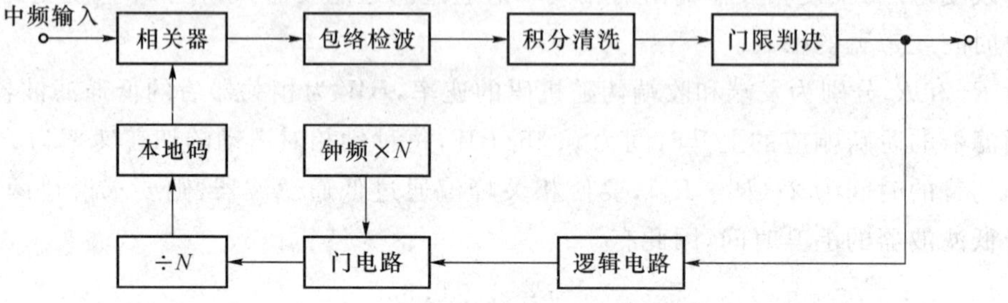

图 8.17 "滑动-保持"同步法

本地码的码速率与发送端相同,未检测到同步时,处于搜索状态,步进滑动 1/N 切普,与接收到的信号进行相关。若检测到同步时,就转入跟踪状态。采用这种"滑动-保持"方法搜索时,对码的相关函数有一定的影响,如图 8.18 所示。时钟偏移是连续变化的,其相关函数为一平滑的三角波,而步进搜索时变成一阶梯形的三角波。阶梯函数的精确形状因基本时钟相位关系而不同。每一台阶宽度为积分时间,台阶越少,表明积分时间越长,可以滤除噪声,减小错误的同步判决,但同步精度差。若台阶数多,表明积分时间短,捕获同步的概率较大,但错误同步概率(虚警概率)也大。若两码间不确定时间为 T_n,扩总的捕获时间为 T_A,则

$$T_A=\frac{T_n}{T_c}\cdot s\cdot \tau \tag{8.9}$$

式中,T_c 为随机码切普宽度,s 为每切普的台阶数,τ 为积分时间。

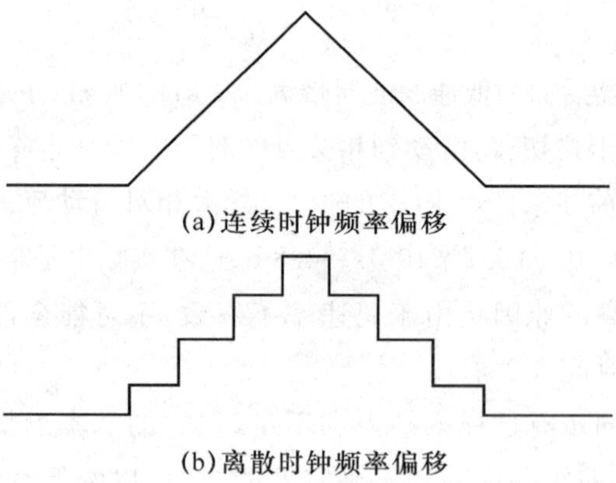

图 8.18 搜索过程相关函数

8.2.3 滑动相关器仿真

图 8.19 是一个用数字电路实现的滑动相关器电路图。这个电路仅仅是作为一个例

子来说明滑动相关同步的原理，与实际扩频系统中使用的滑动相关器还有一定的差异。这个电路中使用了两个完全一样的 PN 码发生器，抽头都是[2,5]s，使用了两个不同的复位信号，起始时间分别为 0.5 μs 和 5 μs，以保证两个 PN 序列之间存在一个起始相位差。驱动两个 PN 发生器的两个时钟信号频率完全一样，但存在 180°的相位差。另外还有一个由移位寄存器和 D 触发器构成的附加脉冲发生器，它每隔 10 个时钟脉冲会产生一个附加脉冲，用于“滑动”两个 PN 码之间的相位。PN 码的相位比较器由两个 8 位串-并转换移位寄存器和一个 8 位数据比较器组成，当两个 PN 码的相位一致并锁定时，比较器输出低电平，并通过一个与门，将附加脉冲发生器的输出禁止，此时两个 PN 码发生器实现同步。

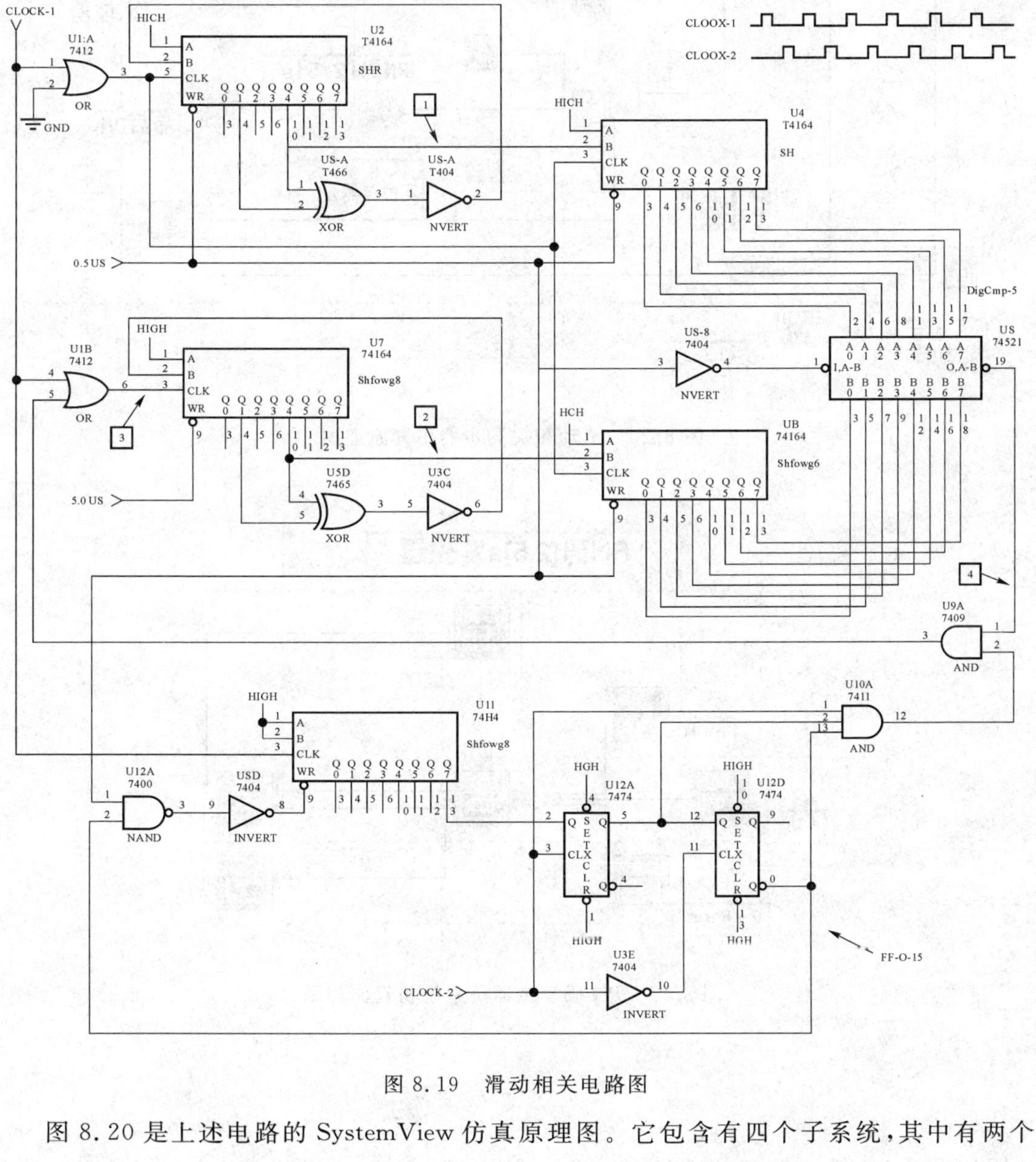

图 8.19　滑动相关电路图

图 8.20 是上述电路的 SystemView 仿真原理图。它包含有四个子系统，其中有两个

完全一致的 PN 码发生器([2,5]s)、一个 PN 码相位比较器和一个附加脉冲发生器。图 8.21 是 PN 码发生器子系统仿真原理图,抽头为[2,5]s。图 8.22 是 PN 码相位比较器子系统仿真原理图。图 8.23 是附加脉冲发生器子系统仿真原理图。图 8.24 是两个 PN 码序列同步过程的波形覆盖图。

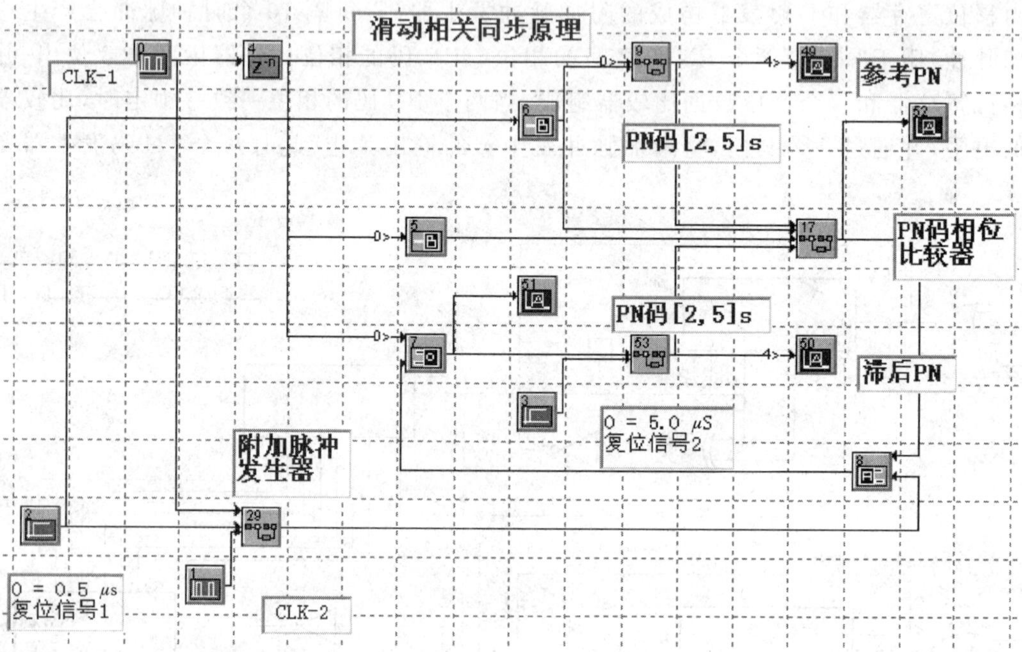

图 8.20　滑动相关同步器仿真原理图

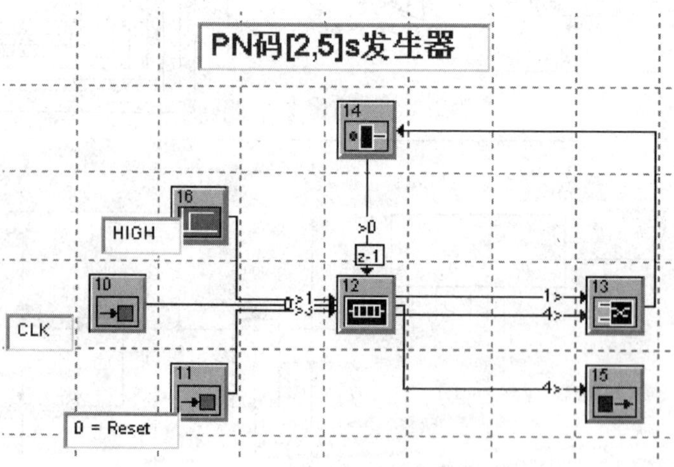

图 8.21　PN 码发生器子系统仿真原理图

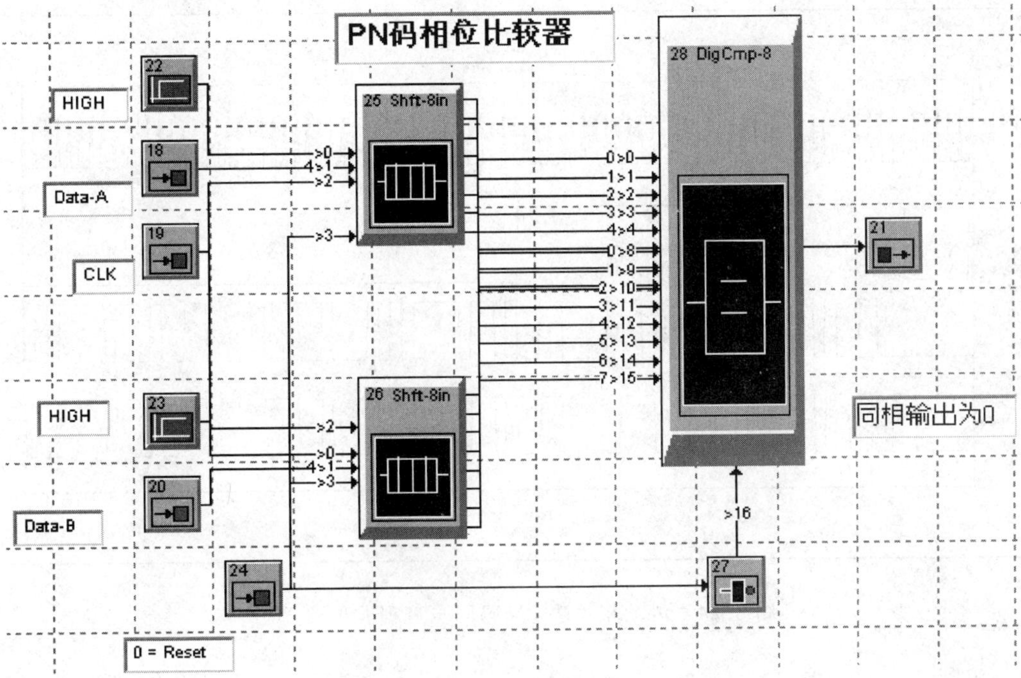

图 8.22　PN 码相位比较器子系统仿真原理图

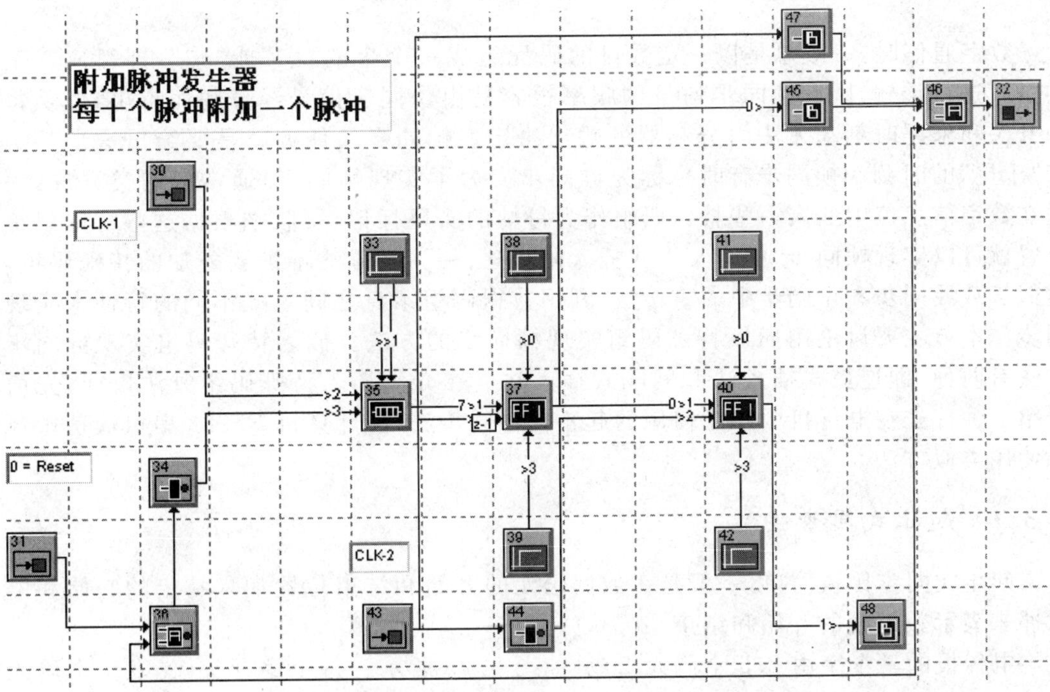

图 8.23　附加脉冲发生器子系统仿真原理图

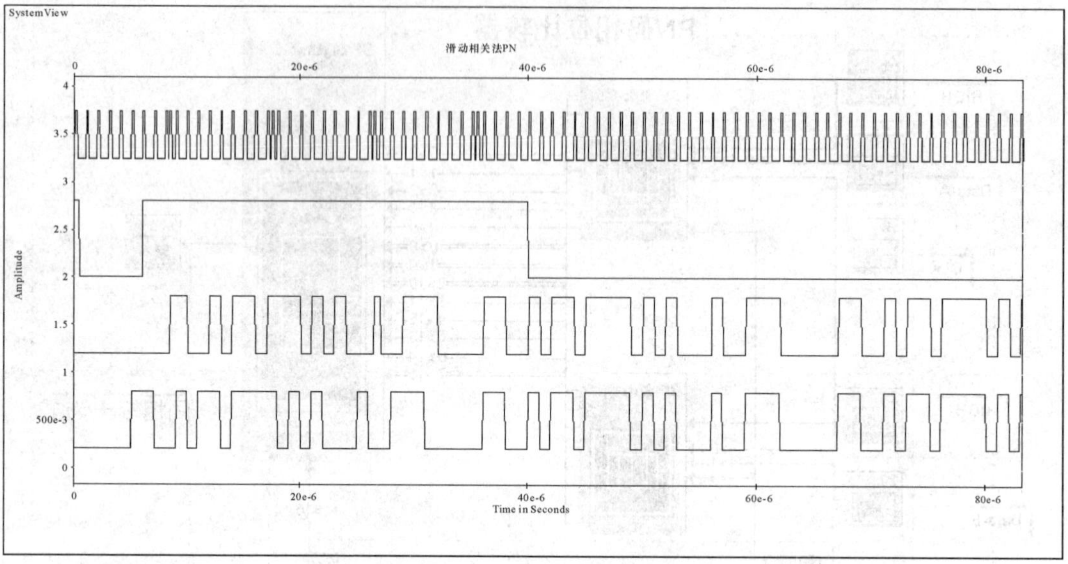

图 8.24 滑动相关法 PN 码同步过程波形覆盖图

8.3 帧同步与巴克码

数字通信时，一般总是以一定数目的码元组成一个个的“字”或“句”，即组成一个个的“帧”进行传输，因此帧同步信号的频率很容易由位同步信号经分频而得出，但是每帧的开头和末尾时刻却无法由分频器的输出决定。帧同步的任务就是要给出这个”开头”和“末尾”的时刻。帧同步有时也称为群同步。为了实现帧同步，通常有两类方法：一类是在数字信息流中插入一些特殊码组作为每帧的头尾标记，接收端根据这些特殊码组的位置就可以实现帧同步，称为集中式插入同步法；另一类方法不需要外加的特殊码组，它类似于载波同步和位同步中的直接法，利用数据码组本身之间彼此不同的特性来实现自同步。本节主要讨论用插入特殊码组实现帧同步的方法。插入特殊码组实现群同步的方法有两种，即连贯式插入法和间隔式插入法。在介绍插入特殊码组方法以前，先简单介绍一种首先在电传机中广泛使用的起止式帧同步法，在计算机 RS232 串口通信中通常也使用类似方法。

8.3.1 起止式同步法

起止式同步比较简单，一般是在数据码元的开始和结束位置加入特定的起始和停止脉冲来表示数据帧的开始和结束。

电传报的一个字由 7.5 个码元组成，如图 8.25 所示。每个字开头，先发一个码元的起脉冲(负值)，中间 5 个码元是消息，字的末尾是 1.5 码元宽度的止脉冲(正值)，收端根据正电平第一次转到负电平这一特殊规律，确定一个字的起始位置，因而就实现了帧同步。由于这种同步方式中的止脉冲宽度与码元宽度不一致，就会给同步数字传输带来不便。另外，在这种同步方式中，7.5 个码元中只有 5 个码元用于传递消息，因此效率较低。

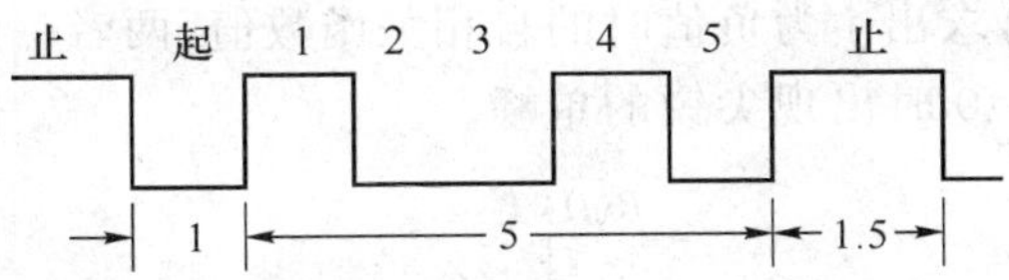

图 8.25　起止式同步的信号波形

8.3.2　巴克码识别器

集中式插入法就是在每帧的开头集中插入特殊同步码组的方法。作帧同步码组用的特殊码组首先应该具有尖锐单峰特性的局部自相关函数。由于这个特殊码组$\{x_1, x_2, x_3, \cdots, x_n\}$是一个非周期序列或有限序列，在求它的自相关函数时，除了在时延 $j=0$ 的情况下，序列中的全部元素都参加相关运算外；在 $j\neq 0$ 的情况下，序列中只有部分元素参加相关运算，其表示式为

$$R(j) = \sum_{i=1}^{n-j} x_i x_{i+j}$$

通常把这种非周期序列的自相关函数称为局部自相关函数。对同步码组的其他要求是在接收端进行同步识别时出现伪同步的概率尽可能小，识别器应该尽量简单。目前用得比较广泛的是性能良好的巴克(Barker)码。

巴克码是一种具有特殊规律的二进制码组，它是一种非周期序列。一个 n 位的巴克码组为$\{x_1, x_2, x_3, \cdots, x_n\}$，其中 x_i 的取值是$+1$ 或-1，它局部自相差函数为

$$R(j) = \sum_{i=1}^{n-j} x_i x_{i+j} = \begin{cases} n, & j = 0 \\ 0, +1, -1, & 0 < j < n \\ 0, & j \geqslant n \end{cases} \tag{8.10}$$

目前已找到的所有巴克码组如表 8.2 所示。

表 8.2　巴克码组

n	巴克码组
2	+ +
3	+ + −
4	+ + + −；+ + − +
5	+ + + − +
7	+ + + − − + −
11	+ + + − − − + − − + −
13	+ + + + + − − + + − + − +

以 7 位巴克码组为例，求出它的自相关函数如下：

当 $j=0$ 时，$R(j) = \sum_{i=1}^{7} x_i^2 = 1+1+1+1+1+1+1 = 7$；

当 $j=1$ 时，$R(j) = \sum_{i=1}^{6} x_i x_{i+1} = 1+1-1+1-1-1 = 0$。

按式(8.10)可求出其自相关函数值 $R(j)$ 在 $j=0,1,2,3,4,5,6,7$ 时分别为$-1,0,-1,$

0，-1，0，-1，0。另外，再求出 j 为负值时的自相关函数值，两者一起画在图 8.26 中。由图可见，其自相关函数在 $j=0$ 时出现尖锐的单峰。

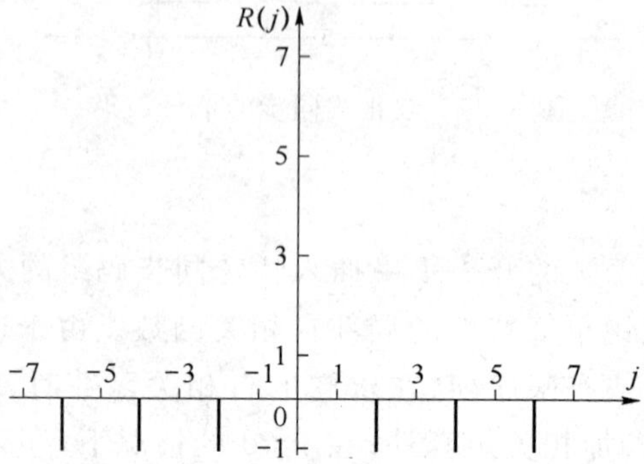

图 8.26　七位巴克码组的自相关函数

巴克码组识别器是比较容易实现的，这里也以 7 位巴克码为例，用 7 级移位寄存器、相加器和判决器就可以组成一识别器，如图 8.27 所示。当输入数据的"1"存入移位寄存器时，"1"端的输出电平为+1，而"0"端的输出电平为-1；反之，存入数据"0"时，"0"端的输出电平为+1，"1"端的电平为-1。各移位寄存器输出端的接法和巴克码的规律一致，这样识别器实际上就是对输入的巴克码进行相关运算。当 7 位巴克码在图 8.28(a)中的 t_1 时刻正好已全部进入了 7 级移位寄存器时，7 个移位寄存器输出端都输出+1，相加后得最大输出+7；若判别器的判决门限电平定为+6，那么就在 7 位巴克码的最后 1 位"0"进入识别器时，识别器输出一帧同步脉冲表示一帧的开头，如图 8.28(b)所示。

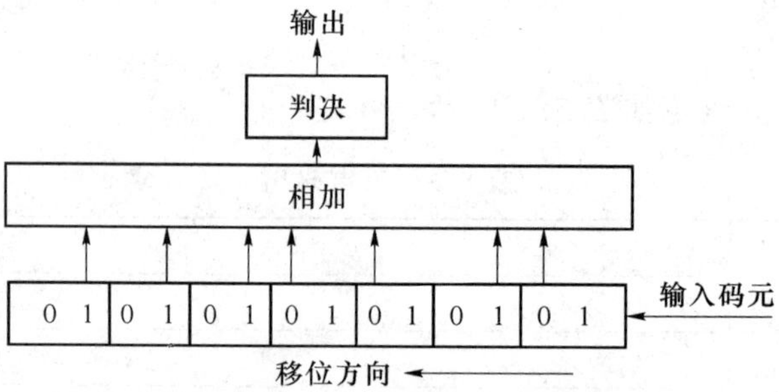

图 8.27　七位巴克码组识别器

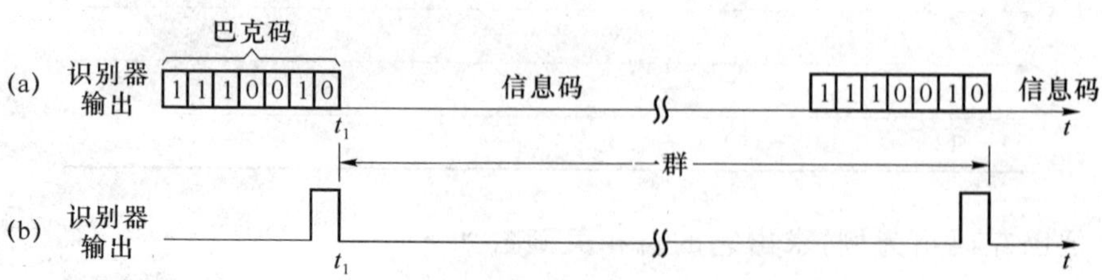

图 8.28　七位巴克码识别器的输出波形

8.3.3　巴克码识别器仿真

如图 8.29 是一个 7 位巴克码识别器的仿真原理图。其中使用了一个 8 位移位寄存器

(图符 1)的前 7 位和 3 个非门(图符 2、3、4)构成检测电路,加法器(图符 0)的输出经过判决器(图符 11)检测出大于 6 的单峰脉冲。数据流简单地用了一个 100 Hz 的 PN 序列代替,时钟信号的频率与 PN 数据流的速率一样也为 100 Hz。由于采用 PN 序列模拟实际带有巴克码的数据流,因此,仿真运行时如果仿真的采样点数太少,则可能看不到单峰脉冲,此时可以重复仿真或加大仿真的样本点数。图 8.30 是巴克码检测器检测单峰脉冲、数据与时钟的波形覆盖图。其中可以观察到在同步脉冲前面出现了一组因数据代码与巴克码相同产生的伪同步信号。这是因为无论选用何种巴克码,始终存在与同步码组码元序列相同的数据码组。为了实现正确的帧同步,除了使用巴克码组作为帧同步信号外,还要使用相应的同步保护电路来避免伪同步的发生。一般可以通过判断前后多个同步脉冲的出现周期来剔除伪同步信号。

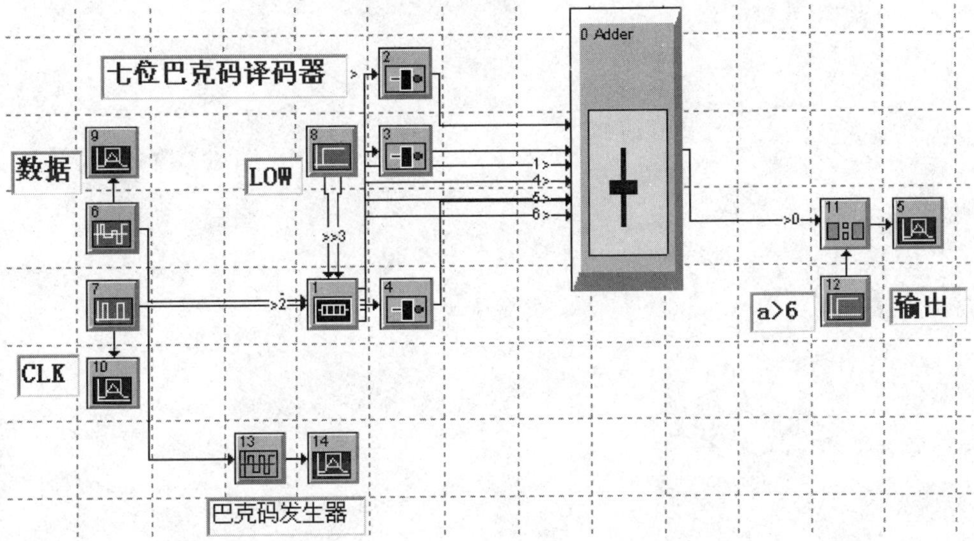

图 8.29　巴克码的识别器仿真原理图

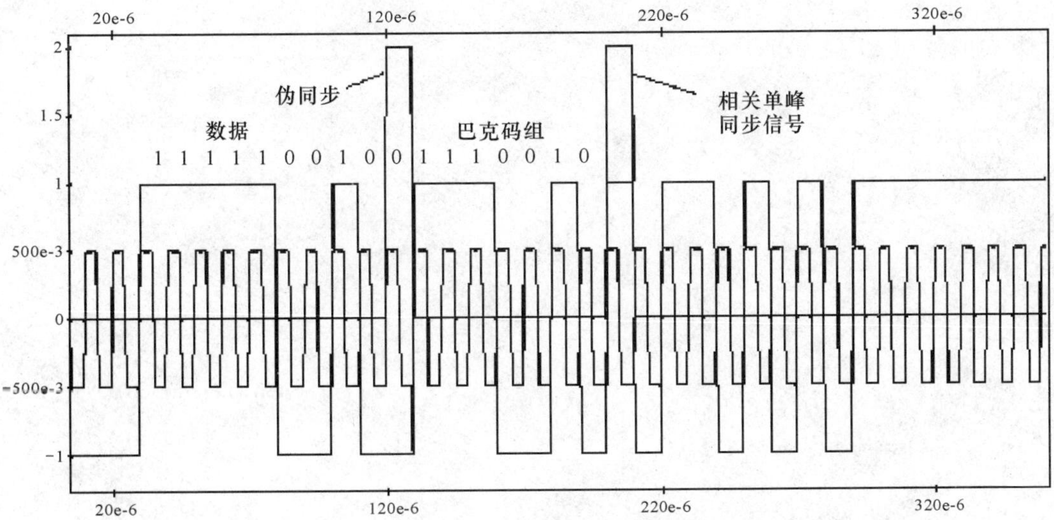

图 8.30　7 位巴克码同步识别器同步检测的波形覆盖图

总之，同步在通信系统中的作用是相当重要的。有效可靠的通信系统是建立在良好的同步系统基础上的。涉及通信同步的内容还有很多，在此也不可能一一论述与仿真。实际上，通信系统的同步问题常常与通信系统的其他问题交织在一起，参考法直序扩频系统中，发射参考信号可以迅速地建立收、发双方的PN码同步，减少码捕获时间；同样，JPL码也是为了减少PN码的搜索和同步时间而设计的。因此，有关通信系统同步方面的问题需要读者在以后的实践中不断地学习，深入体会和理解。

第 9 章 差错控制编码仿真

数字信号在传输过程中，由于信道传输特性不理想，以及加性噪声的影响，使信号码元波形变坏，故传输到接收端后可能发生错误判决。由信道中乘性干扰引起的码间干扰，通常可以采用均衡的办法纠正，而加性干扰的影响则要从其他途径解决。通常，在设计数字通信系统时，首先应从合理地选择调制、解调方式以及发送功率等方面考虑。若采取上述措施仍难以满足要求，则就要考虑采用本章所述的信道编码（差错控制）措施了。

随着差错控制编码理论的完善和数字电路技术的飞速发展，信道编码已经成功地应用于各种通信系统中，并且在计算机、磁记录与各种存储器中也得到日益广泛的应用。

9.1 纠错编码的基本原理

9.1.1 差错信道分类

从差错控制角度看，按加性干扰引起的错码分布规律的不同，信道可以分为三类，即随机信道、突发信道和混合信道。

在随机信道中，错码的出现是随机的，且错码之间是统计独立的。例如，由正态分布白噪声引起的错码就具有这种性质。因此，当信道中加性干扰主要是这种噪声时，就称这种信道为随机信道。

在突发信道中，错码是成串集中出现的，也就是说，在一些短促的时间区间内会出现大量错码，而在这些短促的时间区间之间却又存在较长的无错码区间。这种成串出现的错码称为突发错码。产生突发错码的主要原因之一是脉冲干扰，而信道中的衰落现象也是产生突发错码的另一主要原因。当信道中加性干扰主要是这种干扰时，便称这种信道为突发信道。

我们把既存在随机错码又存在突发错码，且哪一种都不能忽略不计的信道，称为混合信道。

对于不同类型的信道，应采用不同的差错控制技术。

9.1.2 差错控制方法

常用的差错控制方法有以下几种：

(1) 检错重发(ARQ)

接收端在收到的信码中检测出（发现）错码时，即设法通知发送端重发，直到正确收到为止。所谓检测出错码，是指在若干接收码元中知道有一个或一些是错的，但不一定知道该错码的准确位置。采用这种差错控制方法需要具备双向信道。

(2) 前向纠错(FEC)

接收端不仅能在收到的信码中发现有错码，还能够纠正错码。对于二进制系统，如果能够确定错码的位置，就能够纠正它。这种方法不需要反向信道(传递重发指令)，也不存在由于反复重发而延误时间，实时性好。但是纠错设备要比检错设备复杂。

(3) 混合纠错(HEC)

上述检错和纠错方法可以结合使用，即混合纠错，当出现少量错码并在接收端能够纠正时，即用前向纠错法纠正；当错码较多而超过纠正能力但尚能检测时，就用检错重发法。它是一种折中的方案。

(4) 反馈校验

接收端将收到的信码原封不动地转发回发送端，并与原发送信码相比较。如果发现错误，则发送端再进行重发。这种方法原理和设备都较简单，但需要有双向信道。因为每一信码都相当于至少传送了两次，所以传输效率较低。

此外，在某些特定场合，可采用检错删除法，即接收端将其中存在错误的部分码元删除，不送给输出端。此法适用于信息内容有大量多余度或多次重复发送的场合。

9.1.3 差错控制编码的基本思想

在差错控制方法中，共同点都是识别有无错码。那么，根据什么来识别呢？由于信息码元序列是一种随机序列，接收端是无法预知的(如果预先知道，就没有必要发送了)，也无法识别其中有无错码。为了解决这个问题，可以由发送端的信道编码器在信息码元序列中增加一些监督码元。这些监督码和信码之间有一定的关系，使接收端可以利用这种关系由信道译码器来发现或纠正可能存在的错码。

在信息码元序列中加入监督码元就称为差错控制编码，有时也称为纠错编码。不同的编码方法，有不同的检错或纠错能力，有的编码只能检错，不能纠错。一般说来，付出的代价越大，检(纠)错的能力就越强。这里所说的代价，就是指增加的监督码元多少，它通常用多余度来衡量。例如，若编码序列中，平均每两个信息码元就有一个监督码元. 则这种编码的多余度为 1/3。换一种说法，也可以说这种编码的编码效率为 2/3。可见，差错控制编码原则上是以降低信息传输速率为代价来换取传输可靠性的提高。本章的主要内容就是讨论各种常见的编码和译码方法。

我们把将信息码分组，为每组信码附加若干监督码的编码集合，称为分组码。在分组码中，监督码元仅监督本码组中的信息码元。后面将讨论的卷积码的监督位就不具备这一特点。

分组码一般用符号(n,k)表示，其中 k 是每组二进信息码元的数目，n 是编码组的总位数，又称为码组长度(码长)，$n-k=r$ 为每码组中的监督码元数目，或称监督位数目。通常，将分组码规定为具有如图 9.1 所示的结构。图中前面 k 位$(a_{n-1}\cdots a_r)$为信息位，后面附加 r 个监督$(a_{r-1}\cdots a_0)$。

在分组码中，我们把“1”的数目称为码组的重量，而把两个码组对应位上数字不同的位数称为码组的距离，简称码距，又称汉明(Hanmming)距离。我们把某种编码中各个码组之间距离的最小值称为最小码距(d_0)。

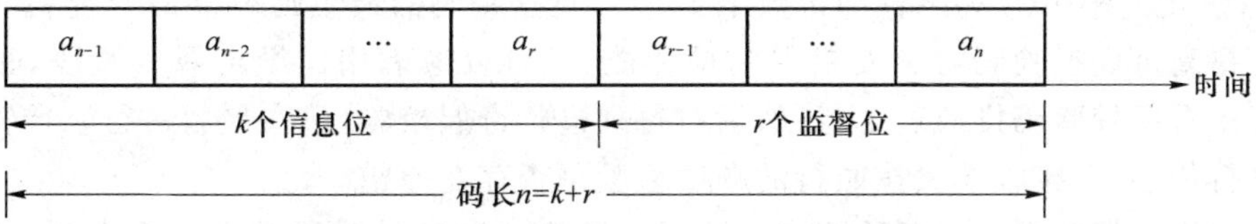

图 9.1　分组码的结构

一种编码的最小码距 d_0 的大小直接关系着这种编码的检错和纠错能力。

(1) 为检测 e 个错码,要求最小码距

$$d_0 \geqslant e+1 \tag{9.1}$$

(2) 为纠正 t 个错码,要求最小码距

$$d_0 \geqslant 2t+1 \tag{9.2}$$

(3) 为纠正 t 个错码,同时检测 e 个错码,要求最小码距

$$d_0 \geqslant e+t+1 \quad (e>t) \tag{9.3}$$

在简要讨论编码的纠(检)错能力之后,现在转过来分析采用差错控制编码的效用。

假设在随机信道中发送"0"时的错误概率和发送"1"时的相等,都等于 p,且 $p \ll 1$,则容易证明,在码长为 n 的码组中恰好发生 r 个错码的概率为

$$P_n(r)=C_n^r p^r(1-p)^{n-r} \approx \frac{n!}{r!\ (n-r)!}p^r \tag{9.4}$$

例如,当码长 $n=7, p=10^{-3}$ 时,则有

$P_7(1) \approx 7p=7\times 10^{-3}$

$P_7(2) \approx 21p^2=2.1\times 10^{-5}$

$P_7(3) \approx 35p^3=3.5\times 10^{-8}$

可见,采用差错控制编码,即使仅能纠正(或检测)这种码组中 1~2 个错误,也可以使误码率下降几个数量级。这就表明,即使是较简单的差错控制编码也具有较大实际应用价值。

9.1.4　差错控制编码的分类

根据差错控制编码的功能不同,分为检错码、纠错码、纠检码(兼检错、纠错)。

根据信息位和校验位的关系,分为线性码和非线性码。

根据信息码元和监督码元的约束关系,分为分组码和卷积码。分组码是将 k 个信息比特编成 n 个比特的码字,共有 2^k 个码字。所有 2^k 个码字组成一个分组码。传输时前后码字之间毫无关系。卷积码也是将 k 个信息比特编成 n 个比特,每个比特不但与本码的其他比特关联,而且与前面 m 个码段的比特位也相互关联。该码的约束长度为 $(m+1)\cdot n$ 比特。

9.2　常用的简单编码

9.2.1　奇偶校验码

奇偶校验码可分为奇数校验码和偶数校验码两种,两者的原理相同。假设奇偶校验码

的码字表示为：($a_{n-1}, a_{n-2}, \cdots, a_0$)，则偶校验码：$a_{n-1} \oplus a_{n-2} \oplus \cdots \oplus a_0 = 0$（即偶数个 1），奇校验码：$a_{n-1} \oplus a_{n-2} \oplus \cdots \oplus a_0 = 1$（即奇数个 1）。可见这种码的最小码距为 2，只能检 1 个错。

为了提高奇偶校验码对突发错误的检测能力，可以考虑用二维奇偶校验码，又称方阵码。将若干奇偶校验码排成若干行，然后对每列进行奇偶校验，放在最后一行。传输时按照列顺序进行传输，在接收端又按照行的顺序检验是否存在差错。

这种二维奇偶监督码适于检测突发错码。因为这种突发错码常常成串出现，所以在某一行中出现多个奇数或偶数错码的机会较多，经过这样的传输后错误被分散了，所以这种方阵码正适于检测这类错码。前述的一维奇偶监督码一般只适于检测随机错误。

二维奇偶监督码不仅可用来检错，还可用来纠正一些错码。例如，当码组中仅在一行中有奇数个错误时，则能够确定错码位置，从而纠正它。

9.2.2 恒比码

在恒比码中，每个码组中 1 的个数都是一样的。如我国邮电部门广泛使用的五单位数字保护电报码，就是一种五中取三的恒比码。我国电传机传输汉字时每个汉字用 4 位阿拉伯数字表示，每个阿拉伯数字用 5 个比特的码字表示。由于阿拉伯数字只有 10 个，因此从 32 个可能的码字中挑出 $C_5^3 = 10$ 个、且 1 的个数为 3 个的码字作为阿拉伯数字的编码方式，如表 9.1 所示。

表 9.1　五中取三恒比码

数字	编码	数字	编码
1	01011	6	10101
2	11001	7	11100
3	10110	8	01110
4	11010	9	10011
5	00111	0	01101

恒比码的译码可采用查表方法，检错时检查 1 的个数是否为 3。

恒比码的主要优点是简单和适于用来传输电传机或其他键盘设备产生的字母和符号。对于信源来的二进制随机数字序列，这种码就不适合使用了。

9.2.3 正反码

正反码是一种简单的能够纠正错码的编码。其中的监督位数目与信息位数目相同，监督码元与信息码元相同（是信息码的重复）或者相反（是信息码的反码），则由信息码中“1”的个数而定。现以电报通信中常用的 5 单元电码为例来加以说明。

电报通信用的正反码的码长 $n=10$，其中信息位 $k=5$，监督位 $r=5$。其编码规则为：

(1) 当信息位中有奇数个“1”时，监督位是信息位的简单重复；

(2) 当信息位中有偶数个“1”时，监督位是信息位的反码。

例如，若信息位为 11001，则码组为 1100111001；若信息位为 10001，则码组为 1000101110。

接收端解码的方法为：先将接收码组中信息位和监督位按位模 2 相加，得到一个 5 位的合成码组，然后，由此合成码组产生一校验码组。若接收码组的信息位中有奇数个“1”，则合成码组就是校验码组；若接收码组的信息位中有偶数个“1”，则取合成码组的反码作为校验码组。最后，观察校验码组中“1”的个数，按表 9.2 进行判决及纠正可能发现的错码。

表 9.2 正反码译码规则

	校验码组的组成	错码情况
1	全为“0”	无错码
2	有 4 个“1”1 个“0”	信息码中有一位错码，其位置对应校验码组中“0”的位置
3	有 4 个“0”1 个“1”	监督码中有一位错码，其位置对应校验码组中“1”的位置
4	其他组成	错码多于 1 个

上述这种长度为 10 的正反码具有纠正一位错码的能力，并能检测全部两位以下的错码和大部分两位以上的错码。

9.3 线性分组码

9.3.1 基本原理

在线性分组码中，监督码元和信息码元是用线性方程联系起来的。对于码组长度为 n、信息码元为 k 位、监督码元为 $r=n-k$ 位的分组码，常记作 (n,k) 码。线性分组码 (n,k) 中许用码字（组）2^k 个。定义线性分组码的加法为模 2 和，即 $1+1=0$、$1+0=1$、$0+1=1$、$0+0=0$，且码字 $C_i=(c_{n-1}^i,c_{n-2}^i,\cdots,c_0^i)$ 与码字 $C_j=(c_{n-1}^j,c_{n-2}^j,\cdots,c_0^j)$ 的运算在各个相应比特位上符合模 2 加法运算规则。

线性分组码满足以下性质：

(1) 封闭性，即任意两个许用码组之和（逐位模 2 和）仍然是一个许用码组；

(2) 码的最小距离等于非零码组的最小重量。

在分组码 (n,k) 中，如果满足 $2^r-1\geqslant n$，则有可能构造出纠正一位或一位以上错误的线性码。常见的线性分组码有汉明码、循环码等几类。

下面我们通过(7,4)分组码的例子来说明如何具体构造这种线性码。设分组码 (n,k) 中，$k=4$，为能纠正一位误码，要求 $r\geqslant 3$。现取 $r=3$，则 $n=k+r=7$。我们用 a_6、a_5、a_4、a_3、a_2、a_1、a_0 表示这 7 个码元，用 S_1、S_2、S_3 表示由三个监督方程式计算得到的校正子，并假设三位 $S_1S_2S_3$ 校正子码组与误码位置的对应关系如表 9.3 所示。

表 9.3 (7,4)线性分组码校正子与误码位置的关系

$S_1S_2S_3$	误码位置	$S_1S_2S_3$	误码位置
001	a_0	101	a_4
010	a_1	110	a_5
100	a_2	111	a_6
011	a_3	000	无错

由表可知，当误码位置在 a_6、a_5、a_4、a_2 时，校正子 $S_1=1$；否则 $S_1=0$。因此时有 $S_1=a_6 \oplus a_5 \oplus a_4 \oplus a_2$。

同理有，$S_2=a_6 \oplus a_5 \oplus a_3 \oplus a_1$ 和 $S_3=a_6 \oplus a_4 \oplus a_3 \oplus a_0$。在编码时 $a_6\ a_5\ a_4\ a_3$ 为信息码元，$a_2\ a_1\ a_0$ 为监督码元。则监督码元可由以下监督方程唯一确定

$$\begin{cases} a_6 \oplus a_5 \oplus a_4 \oplus a_2=0 \\ a_6 \oplus a_5 \oplus a_3 \oplus a_1=0 \\ a_6 \oplus a_4 \oplus a_3 \oplus a_0=0 \end{cases}$$

即

$$\begin{cases} a_2=a_6 \oplus a_5 \oplus a_4 \\ a_1=a_6 \oplus a_5 \oplus a_3 \\ a_0=a_6 \oplus a_4 \oplus a_3 \end{cases}$$

由上面的方程可得到表 9.4 所示的 16 个许用码组。在接收端收到每个码组后，计算出 S_1、S_2、S_3，如果全部为 0，就表示传送正确；如果不全为 0，则表示存在错误，可以由表 9.3 确定错误位置，并予以纠正。

例如收到码组为 0000011，可算出 $S_1S_2S_3=011$；由表 9.3 可知在 a_3 上有一误码，传送的数据应该为 0001011。通过观察可以看出，上述(7,4)码的最小码距为 $d_{\min}=3$，它能纠正一个误码或检测两个误码。如果超出纠错能力，则反而会因“乱纠”出现新的误码。

表 9.4　(7,4)线性分组码许用码组

信息位	监督位	信息位	监督位
$a_6a_5a_4a_3$	$a_2a_1a_0$	$a_6a_5a_4a_3$	$a_2a_1a_0$
0000	000	1000	111
0001	011	1001	100
0010	101	1010	010
0011	110	1011	001
0100	110	1100	001
0101	101	1101	010
0110	011	1110	100
0111	000	1111	111

9.3.2　(7,4)汉明码

上述方法构造的能纠正单个误码的线性分组码又称为汉明码。汉明码是线性分组码的一个子类型，它具有以下一些特点。

码长：　　$n=2^m-1$

信息码位：$k=2^n-m-1$

监督码位：$r=n-k=m$

最小码距：$d=3$

纠错能力：$t=1$

这里的 m 为大于或等于 2 的正整数，给定 m 后，即可构造出具体的 (n,k) 汉明码了。

前述(7,4)线性分组码即为(7,4)汉明码。根据其监督方程、校正子表达式、校正子与误码位置的关系，可得到(7,4)汉明码的编码器电路、译码器电路原理图，如图 9.2 所示。

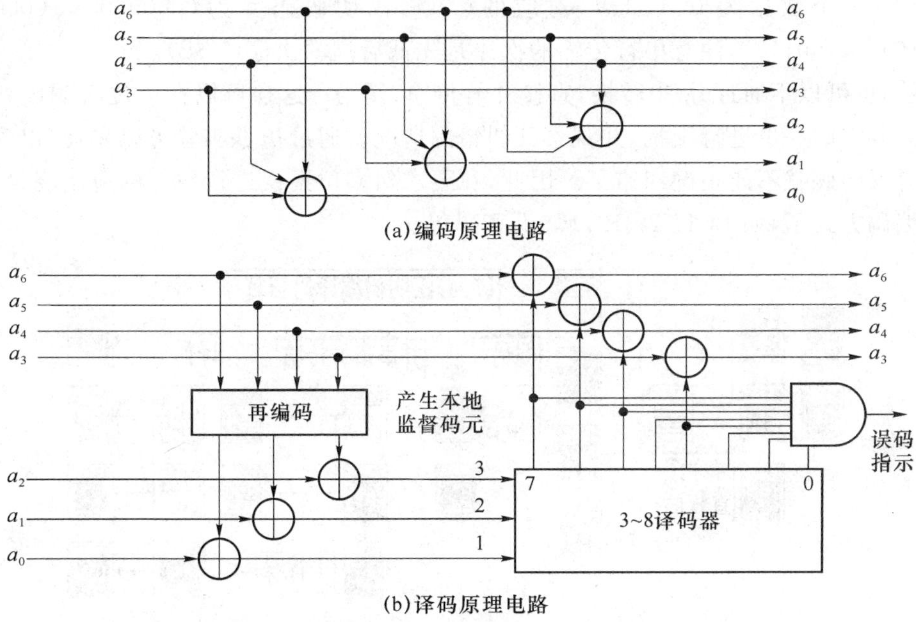

图 9.2　(7,4)汉明码编译码原理图

9.3.3　(7,4)汉明码的编译码仿真

根据(7,4)汉明码的编译码电路可构建如图 9.3 所示的仿真原理图。该仿真原理图包含两个子系统，分别是(7,4)汉明码的编码器和译码器，如图 9.4 和图 9.5 所示。仿真时的信号源采用了一个 PROM，并由用户自定义数据内容，数据的输出由一个计数器来定时驱动，每隔一秒输出一个 4 位数据(PROM 的 8 位仅用了其中 4 位)，即生成要传递的信息 $a_6 \sim a_3$，由编码器子系统(图符 24)编码转换后成为 7 位汉明码，经过并-串转换(图符 59)后传输。在接收端，信号先经过图符 60 完成并-串变换，恢复出各路信息 $a_6 \sim a_0$，然后由汉明解码子系统(图符 58)完成汉明译码，输出信息 $a_6 \sim a_3$ 和误码指示信息。其中的并-串、串-并转换电路使用了扩展通信库 2 中的时分复用合路器和分路器图符，该合路器和分路器最大为 16 位长度的时隙转换，这里定义为 7 位时隙。此时由于输入/输出数据的系统数据率不同，因此必须在子系统的输入端重新设置系统采样率，将系统设置为多速率系统。因为原始 4 位数据的刷新率为 1 Hz，因此编码器的输入端可设置重新采样率为 10 Hz，时分复用合路器和分路器的数据帧周期设为 1 s，时隙数位 7，则输出采样率为输入采样率的 7 倍，即 70 Hz。如果要加入噪声，则噪声信号源(图符 76)的采样率也应设为 70 Hz(采样图符 75)。

在译码子系统中，接收到的各路信号首先送异或逻辑(图符 34～36)用于产生校正子 S_1、S_2、S_3。校正子经 3～8 译码器(图符 49)译出出现错误的位，送逻辑电路纠正所在位的错误。由于 SystsmView 中提供的 3～8 译码器输出是非逻辑的，而异或门图符的输出是正常逻辑的，为了满足要求将 3～8 译码器输出的真值改为－1，逻辑假输出为 1。图符 70 是为了使 3～8 译码器能够正常地工作提供控制电压。

图 9.6 为经过并-串转换后的(7,4)汉明码输出波形图，这里仅设置了 4 s 时间长度的仿真，输出的 4 个数据为 0、1、3、4，对应的(7,4)汉明码码字为(0000000)、(0001011)、(0011110)、(0100110)，注意串行传输的次序是先低后高的次序(LSB)。

当然，也可以不通过并-串转换，直接并行传输、译码。这样可以在 7 位汉明码并行传输时人为对其中的一位进行干扰，并观察其纠错的情况。通过仿真实验可以发现，出现两位以上错误时汉明码就不能正确纠错了。因此，在要求对多位错误进行纠正的应用场合，就要使用别的编码方式了，如 BCH 码、RS 码、卷积码等。

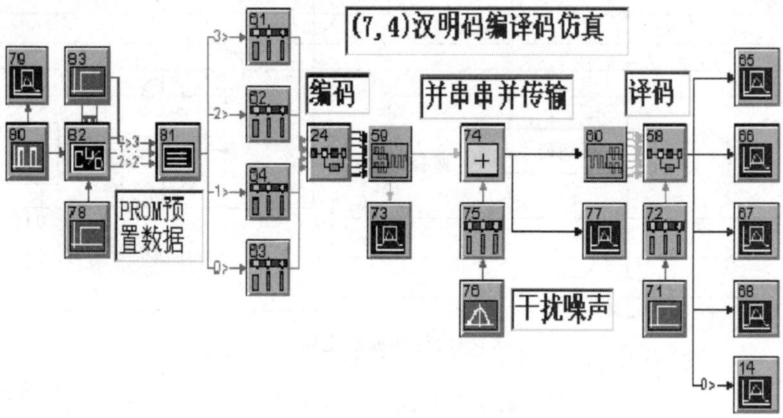

图 9.3　(7,4)汉明码的编译码电路仿真原理图

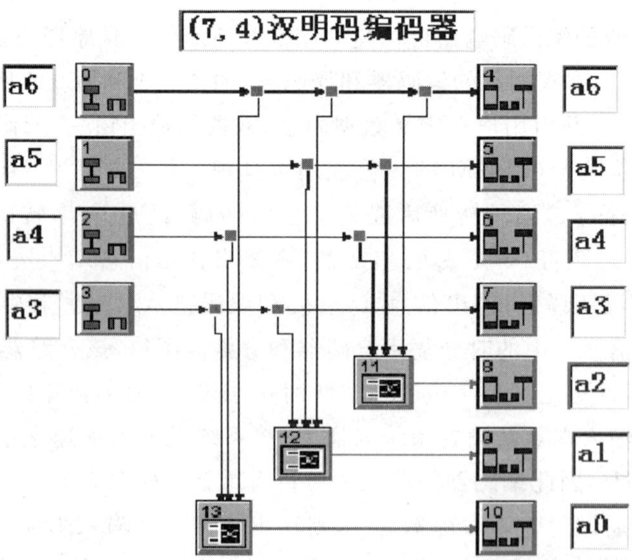

图 9.4　(7,4)汉明码编码器的仿真子系统原理图

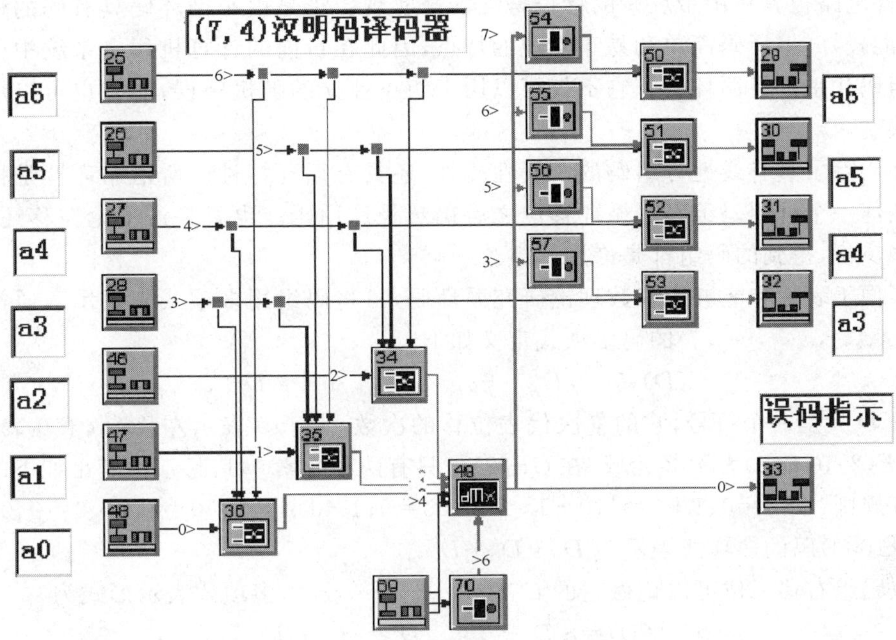

图 9.5　(7,4)汉明码译码器的仿真子系统原理图

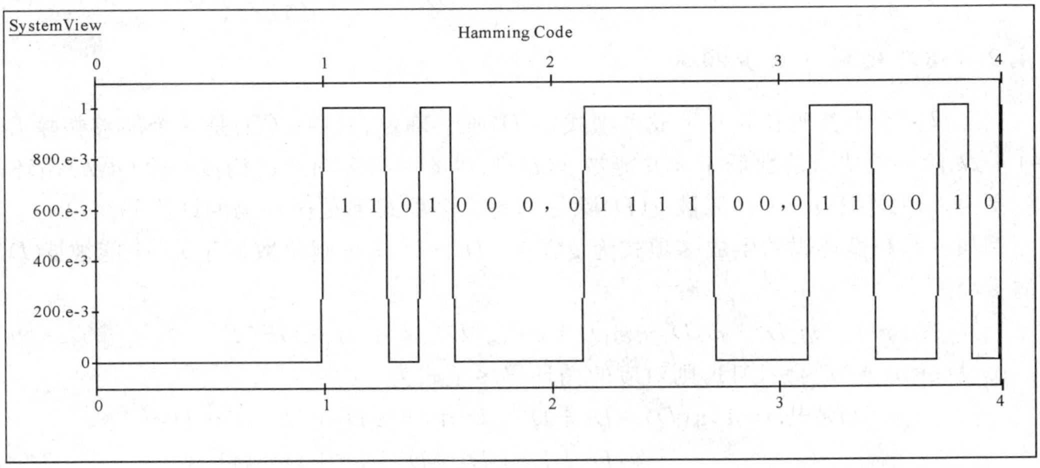

图 9.6　输入为 0、1、3、4 的(7,4)汉明码输出波形图

9.4　循环码

9.4.1　循环码的概念与性质

循环码是线性分组码的一个重要子类，是目前研究得比较成熟的一类码。循环码具有许多特殊的代数性质，这些性质有助于按照要求的纠错能力系统地构造这类码型，并且简化了编译码算法。目前发现的大部分线性码与循环码有密切关系。循环码还有易于实现的特

点，其硬件电路很容易用带反馈的移位寄存器来实现。正是由于循环码具有码的代数结构清晰、性能较好、编译码简单和易于实现的特点，因此在目前的计算机纠错系统中所使用的线性分组码几乎都是循环码。它不仅可以用于纠正独立的随机错误，而且也可以用于纠正突发错误。

循环码除了具有线性分组码的一般性质外，还具有循环特性。所谓循环性是指循环码组中的任何一个许用码组经过循环移位之后仍然是许用码。也就是说不论左移还是右移，不论移多少位，得到的码组都是许用码组。

为了便于表达和能够用代数理论研究循环码，可将码组用多项式来表示。通常将许用码组 $C=(c_{n-1},c_{n-2},\cdots,c_0)$ 的码多项式定义如下

$$C(D)=c_{n-1}D^{n-1}+c_{n-2}D^{n-2}+\cdots+c_1D+c_0 \tag{9.5}$$

这里 D 只是一个符号，它的幂次代表位移的次数，大于 0 表示左移，小于 0 表示右移。D、$c_i\in GF(2)$，$GF(2)$ 表示 2 元域，在 $GF(2)$ 由只有两种元素 0，1，且 0、1 满足如下的加法和乘法运算规则：$1+1=0$、$1+0=1$、$0+1=1$、$0+0=0$；$1\times1=1$、$1\times0=0$、$0\times0=0$、$0\times1=0$。例如(1011000)码的多项式表示为 $D^6+D^4+D^3$。

若该码组右移一位可以记做它的 $C^{-1}=(c_0c_{n-1}\cdots c_2c_1)$，多项式表示形式为

$$C^{-1}(D)=c_0D^{n-1}+c_{n-1}D^{n-2}+\cdots c_2D^1+c_1 \tag{9.6}$$

同样，如果该许用码组左移 i 位，可表示为

$$C^i(D)=c_{n-i-1}D^{n-1}+c_{n-i-2}D^{n-2}+\cdots+c_{n-i} \tag{9.7}$$

9.4.2 循环码的生成多项式

循环码完全由其码长 n 和生成多项式 $g(D)$ 唯一确定，其中 $g(D)$ 是一个能够整除 D^n+1 的 $n-k$ 阶多项式。阶数低于 n 并能被 $g(D)$ 除尽的一组多项式就构成一个 (n,k) 循环码。也就是说，阶数小于 $n-1$ 且能被 $g(D)$ 除尽的每个多项式都是循环码的许用码组。

例如，(7,4)循环码的生成多项式为 $g(D)=D^3+D^2+1$，则阶数低于 $n-1$ 能被 $g(D)$ 除尽的多项式为

$$(m_3D^3+m_2D^2+m_1D+m_0)g(D)[\text{其中 } m_i\in GF(2)] \tag{9.8}$$

假设 $(m_3m_2m_1m_0)=1011$，则对应的循环码多项式为

$$\begin{aligned}(D^3+D+1)g(D)&=D^6+D^5+D^3+D^4+D^3+D+D^3+D^2+1\\&=D^6+D^5+D^4+D^3+D^2+D+1\end{aligned}$$

则对应的循环码组为(1111111)。

再例如，令 $n=7$，$g(D)=D^4+D^3+D^2+1$，那么可以找到 8 个不大于 6 阶的多项式能够被 $g(D)$ 整除，分别是

$$0\div g(D)=0$$
$$(D^4+D^3+D^2+1)\div g(D)=1$$
$$(D^5+D^4+D^3+D)\div g(D)=D$$
$$(D^6+D^5+D^4+D^2)\div g(D)=D^2$$
$$(D^5+D^2+D+1)\div g(D)=D+1$$
$$(D^6+D^3+D^2+D)\div g(D)=D^2+D$$
$$(D^6+D^5+D^3+1)\div g(D)=D^2+1$$

$$(D^6+D^4+D+1)\div g(D)=D^2+D+1$$

这 8 个多项式就对应了一种循环码编码，它有 8 个码组，因而 $k=3$，其监督位为 4，也就是(7,3)循环码。

我们知道，循环码中任何码组的循环移位还是许用码组。用多项式的形式表示为：$C=(c_{n-1},c_{n-2},\cdots,c_0)$码组经过移位 i 位，可得到码组

$$C^i=(x_{n-1},x_{n-2},\cdots,x_0)=(c_{n-i-1},c_{n-i-2},\cdots c_0,c_{n-1},c_{n-2}\cdots c_{n-i})$$

则可以证明得到

$$D^iC(D)=Q(D)(D^n+1)+C^i(D)$$

即

$$C^i(D)=D^iC(D)\bmod(D^n+1) \tag{9.9}$$

其中 $Q(D)$表示 $D^iC(D)$除以(D^n+1)的商，$C^i(D)$表示所得余式。由上述分析可以得到结论：一个长为 n 的循环码，必为按模(D^n+1)运算的一个余式。这个结论给出了构造许用码组的一种方法，即利用循环码的生成多项式可以得到全部码组。

例如，(7,4)循环码(1000101)的码多项式为 D^6+D^2+1，移位 1 位后变成 $D(D^6+D^2+1)=D^7+D^3+D$，将它被 D^7+1 除，得到

$$D^7+D^3+D=(D^7+1)+(D^3+D+1)$$

因此，循环左移一位的余式为 D^3+D^2+1，其相对应的码组为(0001011)，正好是(1000101)循环左移一位的结果。

另一个重要的结论是，(n,k)循环码的生成多项式 $g(D)$一定是 D^n+1 的因式，即 $D^n+1=g(D)h(D)$。反之，如果 $g(D)$是一个 $n-k$ 次多项式，且能除尽 D^n+1，则此 $g(D)$一定生成一个(n,k)循环码。

为寻找生成多项式，必须对 D^n+1 因式分解。因式分解可以通过计算机分解的方式分解，也可以通过查表(通常一些参考书已给出了这种因式分解的表格)。例如，D^7+1 可分解为

$$D^7+1=(D+1)(D^3+D^2+1)(D^3+D+1)$$

(7,4)循环码的生成多项式可以选择 D^3+D^2+1 或 D^3+D+1。而(7,3)循环码的生成多项式可以选择$(D+1)(D^3+D^2+1)$或$(D+1)(D^3+D+1)$。(7,6)循环码的生成多项式为 $D+1$，实际上就是简单的偶校验码。所有$(7,k)$循环码的生成多项式列表如表 9.5 所示。

表 9.5　$(7,k)$循环码的生成多项式

$(7,k)$	$g(D)$
(7,6)	$D+1$
(7,4)	D^3+D^2+1 或 D^3+D+1
(7,3)	$(D+1)(D^3+D^2+1)$或$(D+1)(D^3+D+1)$
(7,1)	$(D^3+D^2+1)(D^3+D+1)$

9.4.3　循环码的生成矩阵与监督矩阵

循环码的生成矩阵可以很容易地由生成多项式得到。我们知道，循环码的码组多项式是生成多项式 $g(D)$的倍式，且根据线性码的生成矩阵的特性，(n,k)码的生成矩阵实际上可以由(n,k)码中 k 个不相关的码组构成。由于 $g(D)$是 $n-k$ 阶的多项式，那么 $g(D)$，D^2g

$(D),\cdots,D^{k-1}g(D)$与必然线性无关，把这 k 个循环码组的码多项式对应的码组作为每一个行即可构成生成矩阵，该矩阵可表示为：

1. 非系统码的生成矩阵

$$G(D)=\begin{pmatrix} D^{k-1}g(D) \\ \vdots \\ Dg(D) \\ g(D) \end{pmatrix} \tag{9.10}$$

设输入信息码元为$(m_{k-1}m_{k-2}\cdots m_0)$，相应的循环码组多项式为

$$\begin{aligned} T(D) &= (m_{k-1},m_{k-2},\cdots,m_0)G(D) \\ &= (m_{k-1}D^{k-1},m_{k-2}D^{k-2},\cdots,m_0)g(D) \\ &= M(D)g(D) \end{aligned} \tag{9.11}$$

由以上得到的码组不是系统码。系统码的生成多项式必须为典型的$[I_k,Q]$式，其中 I_k 为单位矩阵。

例如已知(7,4)循环码的生成多项式为 $g(D)=D^3+D^2+1$，可按下面的推导过程求出非系统码生成矩阵。

$$\text{因为},G(D)=\begin{pmatrix} D^3(D^3+D^2+1) \\ D^2(D^3+D^2+1) \\ D(D^3+D^2+1) \\ D^3+D^2+1 \end{pmatrix}$$

$$\text{所以},G=\begin{pmatrix} 1 & 1 & 0 & 1 & 0 & 0 & 0 \\ 0 & 1 & 1 & 0 & 1 & 0 & 0 \\ 0 & 0 & 1 & 1 & 0 & 1 & 0 \\ 0 & 0 & 0 & 1 & 1 & 0 & 1 \end{pmatrix}$$

2. 系统码的生成矩阵

系统码可定义为：(n,k)系统码的码组中前 k 个比特是信息比特，后 $n-k$ 个比特是循环监督位。在系统码中，码组应该具备如下的形式

$$\begin{aligned} T(D) &= M(D)D^{n-k}+r(D) \\ &= (m_{k-1}D^{k-1}+m_{k-2}D^{k-2}+\cdots+m_0D^{n-k})+r(D) \\ &= M(D)g(D) \end{aligned} \tag{9.12}$$

其中，$r(D)$是监督码多项式，次数小于等于 $n-k-1$。

实际上，式(9.12)表示了如何生成系统码，即将信息码多项式提升 $n-k$ 次，然后以 $g(D)$ 为模，求出余式 $r(D)$。这样系统循环码的编码过程就变成了用除法求余数的过程。

我们仍然以(7,4)码为例，已知(7,4)系统循环码的生成多项式为 $g(D)=D^3+D^2+1$，求其系统码的生成矩阵。系统码的生成矩阵形式肯定是典型形式$[I_k,Q]$，因此我们选择信息多项式为 D^3、D^2、D^1、1。将 D^3 提升 $n-k=3$ 次，得到 D^6，求 D^6 除以 $g(D)$的余式得到

$$D^6 \equiv D^2+D \bmod g(D)$$

同理可以得到

$$D^5 \equiv D+1 \bmod g(D)$$
$$D^4 \equiv D^2+D+1 \bmod g(D)$$
$$D^3 \equiv D^2+1 \bmod g(D)$$

因此,系统码生成矩阵为

$$G(D)=\begin{bmatrix} D^6+D^2+D \\ D^5+D+1 \\ D^4+D^2+D+1 \\ D^3+D^2+1 \end{bmatrix}$$

表示成矩阵形式,得到

$$G=\begin{bmatrix} 1 & 0 & 0 & 0 & 1 & 1 & 0 \\ 0 & 1 & 0 & 0 & 0 & 1 & 1 \\ 0 & 0 & 1 & 0 & 1 & 1 & 1 \\ 0 & 0 & 0 & 1 & 1 & 0 & 1 \end{bmatrix}$$

一般情况下,由于系统码生成矩阵必须为典型的形式$[I_k,Q]$,与单位矩阵 I_k 对应的每行信息多项式为

$$\begin{aligned} M_i(D) &= M_i(D)D^{k-i} \\ &= D^{k-i} \quad (i=1,2,\cdots,k) \end{aligned} \tag{9.13}$$

相应监督多项式为

$$\begin{aligned} r^i(D) &= D^{k-i}D^{n-k} \\ &= D^{n-i} \bmod g(D) \quad (i=1,2,\cdots,k) \end{aligned} \tag{9.14}$$

这样就得到了生成矩阵中每行码组对应的多项式

$$C_i(D)=D^{n-i}+r_i(D) \quad i=1,2,\cdots k \tag{9.15}$$

于是,就可以求出所有的系统循环码的一般表达式

$$G(D)=\begin{bmatrix} C_1(D) \\ C_2(D) \\ \vdots \\ C_K(D) \end{bmatrix}=\begin{bmatrix} D^{n-1}+r_1(D) \\ D^{n-2}+r_2(D) \\ \vdots \\ D^{n-k}+r_k(D) \end{bmatrix} \tag{9.16}$$

循环码的监督矩阵可以由下述方法得到。由于 $g(D)$能除尽 D^n+1,即

$$D^n+1=g(D)h(D) \tag{9.17}$$

这里,$g(D)=g_{n-k}D^{n-k}+\cdots+g_1D+g_0$ 称为生成多项式,$h(D)$称为监督多项式,$h(D)=h_kD^k+\cdots+h_1D+h_0$。由式(9.17)可知

$$\begin{aligned} & h_0g_0=1 \\ & h_kg_k=1 \\ & g_0h_0+g_1h_1=0 \\ & g_0h_2+g_1h_1+g_2h_1=0 \\ & \vdots \\ & g_{n-k}h_0+g_{n-k-1}h_1+\cdots+g_0h_{n-k}=0 \\ & g_{n-k}h_1+g_{n-k-1}h_2+\cdots+g_0h_{n-k+1}=0 \\ & \vdots \\ & g_{n-k}h_{k-1}+g_{n-k-1}h_k=0 \end{aligned}$$

所以,如果生成矩阵是

$$G=\begin{pmatrix} g_{n-k} & \cdots & g_0 & \cdots & 0 \\ 0 & g_{n-k} & \cdots & g_0 & \cdots \\ \cdots & \cdots & \cdots & \cdots & \cdots \\ 0 & \cdots & g_{n-k} & \cdots & g_0 \end{pmatrix}_{k\times n} \tag{9.18}$$

则监督矩阵是

$$H=\begin{pmatrix} h_0 & \cdots & h_k & 0 & \cdots & 0 \\ 0 & h_0 & \cdots & h_k & 0 & \cdots \\ \cdots & \cdots & \cdots & \cdots & \cdots & \cdots \\ 0 & \cdots & 0 & h_0 & \cdots & h_k \end{pmatrix}_{(n-k)\times n} \tag{9.19}$$

它完全由 $h(D)$的系数确定。可以看出,上述两者满足 $GH^{\mathrm{T}}=(0)_{k\times(n-k)}$。例如,已知(7,3)码的生成多项式为 $g(D)=D^4+D^3+D^2+1$,求生成矩阵和监督矩阵如下:

因为监督多项式为 $h(D)=\dfrac{D^7+1}{D^4+D^3+D^2+1}=D^3+D^2+1$

所以,$G=\begin{pmatrix} 1 & 1 & 1 & 0 & 1 & 0 & 0 \\ 0 & 1 & 1 & 1 & 0 & 1 & 0 \\ 0 & 0 & 1 & 1 & 1 & 0 & 1 \end{pmatrix}$

监督矩阵为 $H=\begin{pmatrix} 1 & 0 & 1 & 1 & 0 & 0 & 0 \\ 0 & 1 & 0 & 1 & 1 & 0 & 0 \\ 0 & 0 & 1 & 0 & 1 & 1 & 0 \\ 0 & 0 & 0 & 1 & 0 & 1 & 1 \end{pmatrix}$

可以验证 $GH^{\mathrm{T}}=0$。

9.4.4 循环码的编码器

由 9.4.3 节可知,系统循环码最容易实现的方式是将信息码多项式升 $n-k$ 次幂后除以生成多项式,然后将所得余式置于升幂后的信息多项式后,就完成了循环码的编码。

系统循环码的编码器实际上就是除法器电路。多项式的除法可以用带反馈的线性移位寄存器来实现。有两种不同的除法电路可以使用:一种采用"内接"的异或(模 2 和)电路;另一种采用"外接"的异或电路。所谓"内接"和"外接"是指异或门所接的位置。如果 $g(D)=D^6+D^5+D^4+D^3+1$,其对应的内接法和外接法除式的电路原理图如图 9.7 所示。下面以内接式除法电路为例来详细说明。在实际的工程应用中,通常采用内接异或门的除法电路,这与采用手工进行乘除的过程完全一致,每当一个"1"移出寄存器进入反馈线时,相当于从被除式中"减去"除式(当然,这里的"减"实际上还是模 2 和运算)。已知 $g(D)=D^6+D^5+D^4+D^3+D^1$,则信息码为 $D^{13}+D^{11}+D^{10}+D^7+D^4+D^3+D+1$。乘除式和除法电路的工作过程为:除法器的寄存器初始值为 000000,输入顺序为 10110010011011,经过 6 个时钟后,在第 6 时刻,开始计算乘除式中的第一次除法,输出为商,寄存器中为余。从乘除式可以看到,再经过 8 个时刻的计算可以得到该信息码被 $g(D)$除的余式,在第 14 时刻,寄存器中的内容就是余式。因此,可以通过该电路构造系统循环码的编码器电路如图 9.8 所示。该电路由内接式除法电路经过适当的改进得到。因为内接式除法电路的前 $n-k$ 次移位只能将信息码元移入移位寄存器,在信息码元之后还需 $n-k$ 次才能输出监督码元。因此在 k 位信息位输入时，图 9.8 中的 K_2、K_3 合上，K_1 打开，此时信息码元直接输出并完成除法运算，然后 K_1 合上，K_2、K_3 打开，移位寄存器的监督码元随后继续输出。

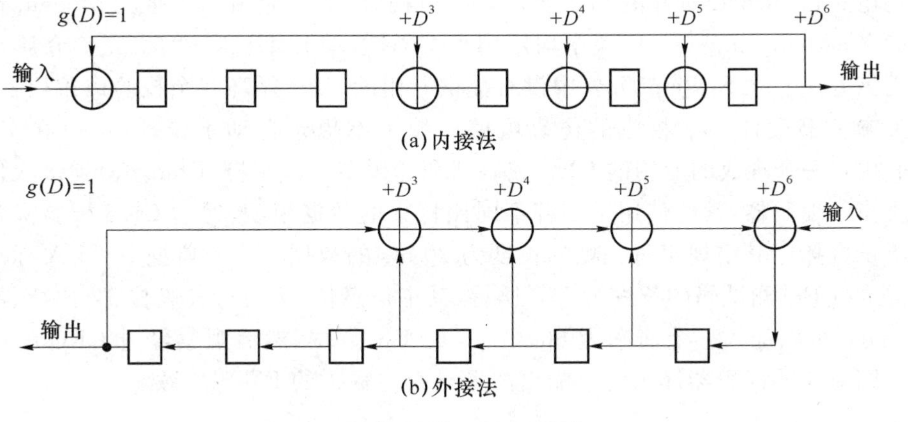

图 9.7　除法的实现电路

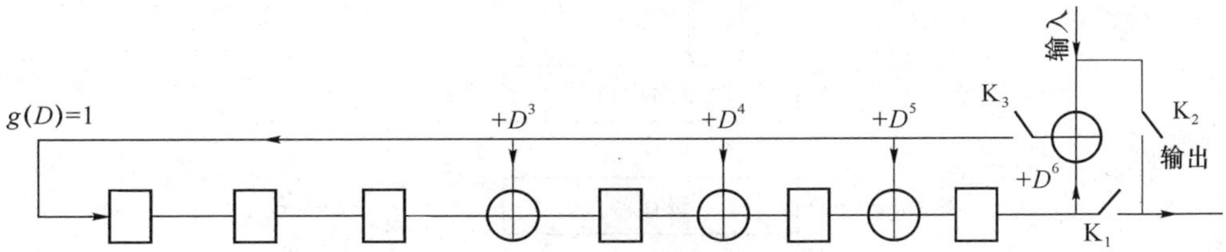

图 9.8　循环码编码器原理图

9.4.5　循环码的译码器

信道编码的译码是该码能否在实际应用中实现的关键问题，因为译码电路比编码电路通常要复杂的多，对于纠错能力强的编码方式更是如此。

根据不同的纠错或检错目的，循环码译码器可分为用于纠错目的和用于检错目的的循环码译码器。一般信道编码的译码电路可以分为 3 步进行：

(1) 由接收到的码组计算校正子。

(2) 由校正子码组确定图样。

(3) 将错误图样与收到的码组相加，得到校正后的码组。

对于循环码而言，它的校正码组可以通过接收到的码组多项式 $B(D)$ 除以生成多项式 $g(D)$ 来确定。如果能够整除，说明能够正确地传输；如果不能整除，说明传输的过程中产生了错误，这时就需要一个逻辑电路来确定错误图样。基于错误识别的译码器称为梅吉特译码器，它的原理图如图 9.9 所示。其中的错误图样识别器是一个具有 $n-k$ 个输入端的逻辑电路，原则上可以用查表的方式找到错误图样。缓冲器用于存储输入的信息码元，异或门电路用于纠正错误。当校正子不为 0 的时候，错误图样识别器计算出错误的位，在该位的输出时刻输出 1，经异或门处理后即可得到经过纠错的信息。

用于纠错目的的循环码的译码算法比较复杂，除了梅吉特译码器外，还可以参考一些书。而用于检错目的循环码，一般使用 ARQ 通信方式。检测过程也是将接收到的码组进行除法运算，如果除尽，则说明传输无误；如果未除尽，则表明传输出现差错，要求发送端重发。用于这种目的的循环码经常被称为循环冗余校验码，即 CRC 校验码。CRC 校验码由于编码电路、检错电路简单且易于实现，因此得到广泛的应用。在通过 Modem 传输文件的协议如 Zmodem、Xmodem 协议中均用到了 CRC 校验技术。在磁盘、光盘介质存储技术中也使用该方法。在 SystemView 中没有提供专用的 CRC 循环冗余校验码编码器，读者可根据有关参考书设计一个相应的仿真电路。如果不想亲自动手设计，可以在 CDMA 库(IS95)中找到一个现成的专用的 CRC 编码器和译码器。该图符(FrameQ)是接入信道的数据帧品质指示编码器，其中使用了多种不同比特率的数据模型，通过 CRC 校验来判断接入信道的质量好坏。其中规定每一帧的长度为 20 ms 的数据。一个典型 Is-95-A 标准规定的 9600 信道的 CRC 测试码的长度为 192 比特，其中信息位 172 位、校验位 12 比特、尾部全零 8 比特。读者可以加入一个速率为 860 bit/s 的 PN 数据，然后观察经过 CRC 编码后的波形。并可用对应的译码器译码观察输出波形是否与输入的 PN 码一致。

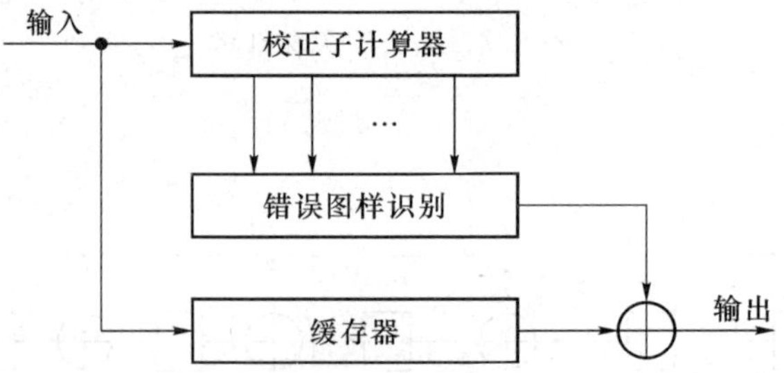

图 9.9　梅吉特译码器原理

9.5　BCH 码

BCH 码是循环码的一个重要子类，是以三个发现者博斯(Bose)、查德胡里(Chaudhuri)和霍昆格姆(Hoequenghem)名字的开头字母命名的。它具有纠正多个错误的能力，BCH 码有严密的代数理论，是目前研究最透彻的一类码型。它的生成多项式 $g(D)$ 与最小码距之间有密切的关系，人们可以根据所要求的纠错能力方便地构造出 BCH 码。它的译码电路也容易实现，是线性分组码中应用最普遍的一类编码。

9.5.1　本原循环码

本原码是一类重要的码。汉明码、BCH 码和某些大数逻辑可译码都是本原码。本原码具有以下特点：

(1) 码长为 2^m-1，其中 m 为正整数；

(2) 它的生成多项式由其若干 m 阶或者是以 m 的因子为最高阶的多项式相乘的结果。

要判断($2^m-1,k$)循环码是否存在，只需判断 2^m-1-k 阶生成多项式是否能由 $D^{2^m-1}+1$ 的因式构成。

由代数理论可知，每个 m 阶既约多项式一定能除尽 $D^{2^m-1}+1$。例如，$m=5$，共有 6 个 5

阶既约多项式

$$D^5+D^2+1$$
$$D^5+D^4+D^3+D^2+1$$
$$D^5+D^4+D^2+D+1$$
$$D^5+D^3+1$$
$$D^5+D^3+D^2+D+1$$
$$D^5+D^4+D^3+D+1$$

这 6 个多项式都能整除 $D^{31}+1$，且 $D+1$ 必定是 $D^{31}+1$ 的因子。

9.5.2　BCH 码的生成多项式

若循环码的生成多项式具有如下形式

$$g(D)=\text{LCM}[m_1(D),m_3(D),\cdots,m_{2t-1}(D)] \tag{9.20}$$

这里 t 为纠错个数，$m_i(D)$ 为最小多项式，LCM 表示最小公倍数，则由此生成的循环码称之为 BCH 码。其最小码距 $d_{\min}\geqslant 2t+1$，能纠 t 个错误。BCH 的码长为 $n=2^m-1$，或者是 2^m-1 的因子。码长 $n=2^m-1$ 的 BCH 码称为本原 BCH 码。码长为 2^m-1 因子的 BCH 码称为非本原 BCH 码。

对于纠 t 个错误的本原 BCH 码，其生成多项式为

$$g(D)=m_1(D)m_3(D)\cdots m_{2t-1}(D) \tag{9.21}$$

纠正单个错误的本原 BCH 码就是循环汉明码。

下面介绍几种常见的 BCH 码。

1. 戈雷码(Golay)

(23,12)码是一个特殊的非本原 BCH 码，称为戈雷码，它的最小码距 7，能纠正 3 个错误，其生成多项式为

$$g(D)=D^{11}+D^9+D^7+D^6+D^5+D+1$$

它也是目前为止发现的唯一能纠正多个错误的完备码。

2. 扩展 BCH 码

实际应用中，为了得到偶数码长，并增加检错能力，可以在 BCH 码的生成多项式中乘 $D+1$，从而得到$(n+1,k+1)$扩展 BCH 码。扩展 BCH 码相当于将原有 BCH 码再加上一位的偶校验，它不再具有循环性。

3. 缩短 BCH 码

几乎所有的循环码都存在它的另一种缩短形式$(n-s,k-s)$。实际应用中，可能需要的码长不是 2^m-1 或它的因子，可以从$(2^m-1,k)$BCH 码中挑出前 s 位为 0 的码组构成新的码，这种码的监督位数不变，因此纠错能力保持不变，但是没有了循环性。

9.5.3　BCH 码的编译码

由于 BCH 码是循环码的一个特殊的类型，其编码完全可以按循环码的编码方式用除法器来实现，只要选好正确的码长和生成多项式即可，而且原则上所有适合循环码译码的方法也可以用于 BCH 码的译码。

BCH 码的译码方法可以分为时域译码和频域译码两类。所谓的频域译码就是在接收

端将每个接收到的码组看成一个数字信号,先对其进行快速傅里叶变换,将其变换到频域,然后用数字信号处理器对其进行频域译码,最后再经过快速傅里叶反变换得到最后的译码结果。

时域译码是直接在时域利用逻辑电路完成对 BCH 码的译码。时域译码的方式有多种,而纠正多个错误的 BCH 码的译码算法又十分复杂,常见的有彼得森译码、迭代译码等多种类型。其中彼得森译码也是计算校正因子,然后寻找错误图样的方法,其译码过程为:

(1) 用 $g(D)$的各因式作为除式,对接收到的码组多项式进行除法求余,得到 t 个余式,称为"部分校正因子";

(2) 用 t 个部分校正因子构成一个特定的"译码多项式",它是以错误的位置为根的;

(3) 求译码多项式的根,得到错误码位置;

(4) 纠正错误码。

按照上述的译码方法构成的 BCH 译码器的原理框图如图 9.10 所示。

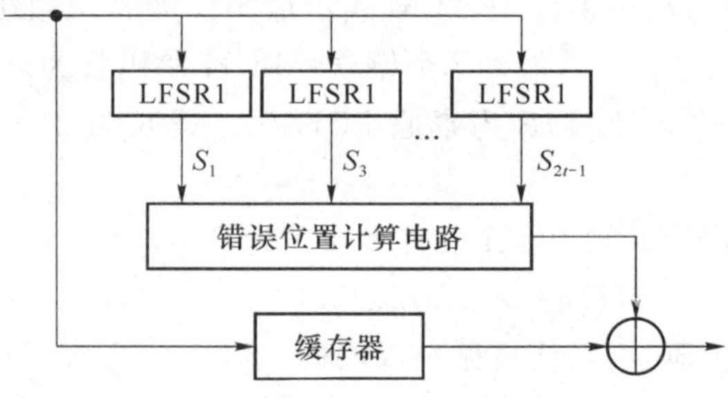

图 9.10　BCH 译码原理框图

9.5.4　BCH 码仿真

对于 BCH 编码译码的 SystemView 仿真的问题,由于 SystemView 直接提供 BCH 编码译码图符,因此不需要再从基本的逻辑电路起步来建立 BCH 模型。

要使用 SystemView 提供的 BCH 编码图符,首先拖一个到工作区域,双击该按钮,打开通信库设置窗口,如图 9.11 所示。

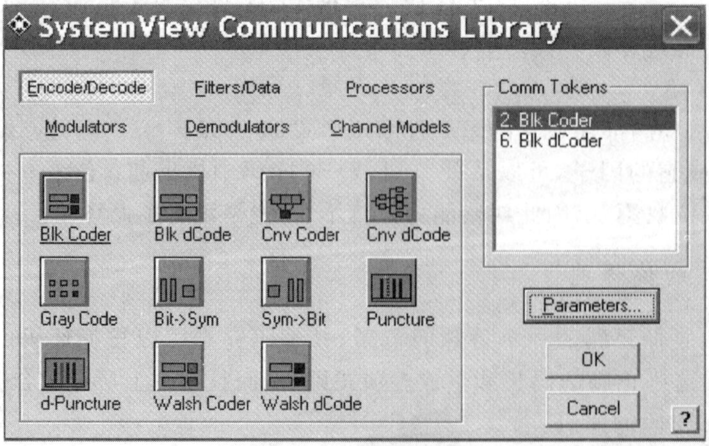

图 9.11　选择 Blk Coder

选择其中的 Blk Coder 图符，然后单击“Parameters...”按钮，这时 SystemView 将跳出 Block Encoder（分组码编码器）窗口供用户设置分组码的参数，如图 9.12 所示。

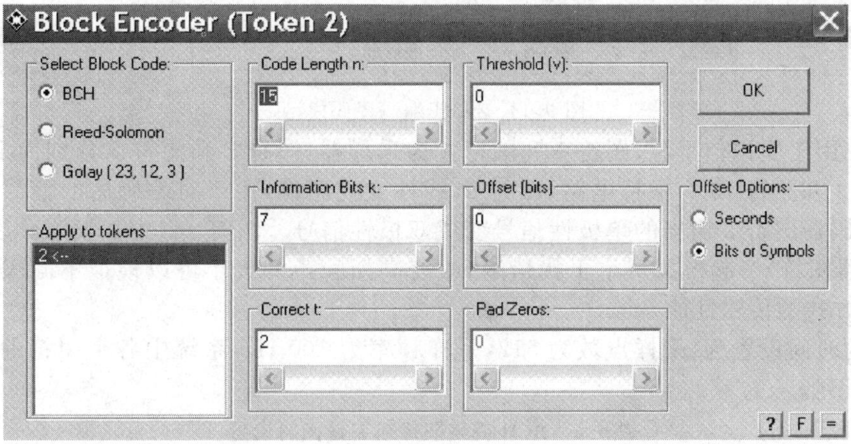

图 9.12　设置 BCH 编码器图符参数

由于要进行 BCH 编码，在 Select Block Code（选择分组码类型）中选择 BCH 单选项。然后在右面的文本框中分别输入码长 n、信息位长 k 和纠错能力 t，其他参数不要动。这里分别输入 15、7 和 2，也就是进行(15,7)BCH 码的编码。关于每种码长存在的 BCH 编码的种类和相应的纠错能力，请参阅相关的书籍。如果用户输入的参数不能满足 BCH 编码的要求，将跳出图 9.13 所示提示窗口提示用户输入的参数有错误，并给出 SystemView 认为可能正确的参数，单击“是”按钮接受 SystemView 提供的参数，完成对图符的设置；单击“否”按钮返回图 9.12 所示的窗口重新输入 BCH 编码器图符的各项参数。

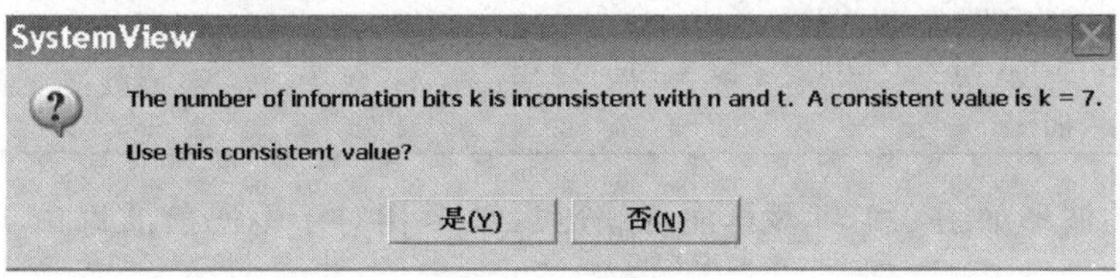

图 9.13　BCH 编码参数错误提示

输入正确的参数后单击“OK”按钮完成对 BCH 编码图符的设置。需要特别指出的是，由于 SystemView 提供的该编码图符对每个采样均认为是一位数据，因此信号源产生的数据不能直接送入 BCH 编码器，必须先按信息源实际的数据速率先进行重新采样，然后才能送入编码器；否则系统的仿真将产生错误。

BCH 译码器图符同样处于通信库中，即图 9.11 中所示的 Blk Coder 图符。其参数设置窗口也和图 9.12 所示的窗口相同，按编码前相同的参数设置即可。需要注意的是，数据输入译码器图符前也要按数据的实际速率进行重新采样，该速率不是输入编码器图符的速率，而是经编码器处理后的所得到的实际数据的速率。例如，在这个例子中进行(15,7)BCH 编码解码仿真，设编码前数据的速率是 10 Hz，那么编码后数据的速率应该是 $10\times(15\div7)=21.428\ 57$ Hz，所以数据送入解码器前重新采样的采样速率应该是 21.428 57 Hz。

设置完编码解码图符后，再设置外围电路图符和接收器图符，就完成了一个完整的 BCH 编码译码 SystemView 仿真模型，最后完成的仿真模型如图 9.14 所示。

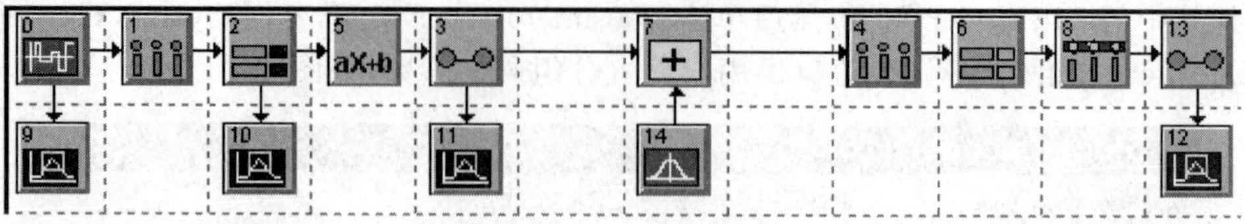

图 9.14 BCH 编码译码模型

其中图符 0 用于模拟信号源，图符 1 和图符 4 为采样器，图符 2 和图符 6 分别为 BCH 编译码器，图符 3 和图符 13 为保持电路，图符 5(线性变换图符)用于对编码后的信号进行电平变换，将编码器图符 2 输出的单极性信号变成双极性信号。图符 14(中高斯噪声图符)和图符 7(加法器图符)一起模拟一个干扰信道，改变高斯噪声的大小可以模拟不同噪声情况下 BCH 编码方式的传输性能。

系统的时间设置为：采样点数为 512，采样频率为 100 Hz，系统中各个图符的参数设置如表 9.6 所列。

表 9.6 BCH 码编码译码系统图符设置

图符编号	库/图符名称	参数
0	Source：PN Seq	Amp=1 V，OFFSET=0 V，Rate=10 Hz，levels=2，Phase=0°
1	Operator：Sampler	Non-Interp Right，Rate=10 Hz，Aperture=0 s，aperture Jitter=0 s
2	Comm：Blk Coder	BCH，Code Length n=15，Info bits k=7，Correct t=2，threshoid=0 V，Offset=0 V
3、13	Operator：Hold	Last Value，Gain=1
4	Operator：Sampler	Non-Interp Right，Rate=21.428 751 Hz，Aperture=0sec，aperture Jitter=0 s
5	Function：Poly	−1+(2x)
6	Comm：Blk dCoder	BCH，Code Length n=15，Info bits k=7，Correct t=2，threshoid=0 V，Offset=0
7	Adder	
8	Operator：ReSampler	Rate=10 Hz
14	Source：Gauss Noise	Std Dev=1 V，Mean=0 V
9～12	Sink：Analysis	

编码前后的波形如图 9.15 所示，注意编码后波形相对于编码前波形由于 BCH 编码器引入了固有延迟。

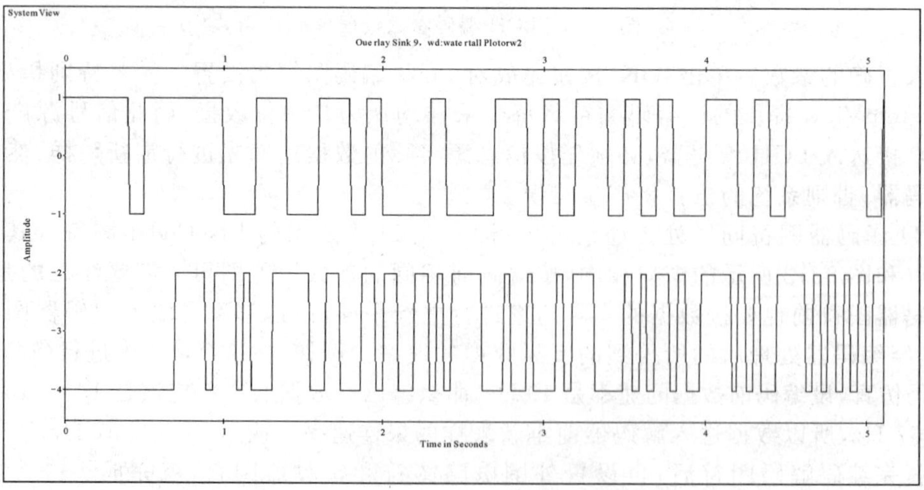

图 9.15 信号源和编码后信号的波形

发送端波形和接收端译码后得到的波形如图 9.16 所示，注意其中译码信号相对于发送端信号源信号的延时。在这种信道噪声水平下，BCH 编译码系统能够正确地对信号完成传输。接收端译码纠正了传输过程中可能产生的错误，没有不能纠正的错误。

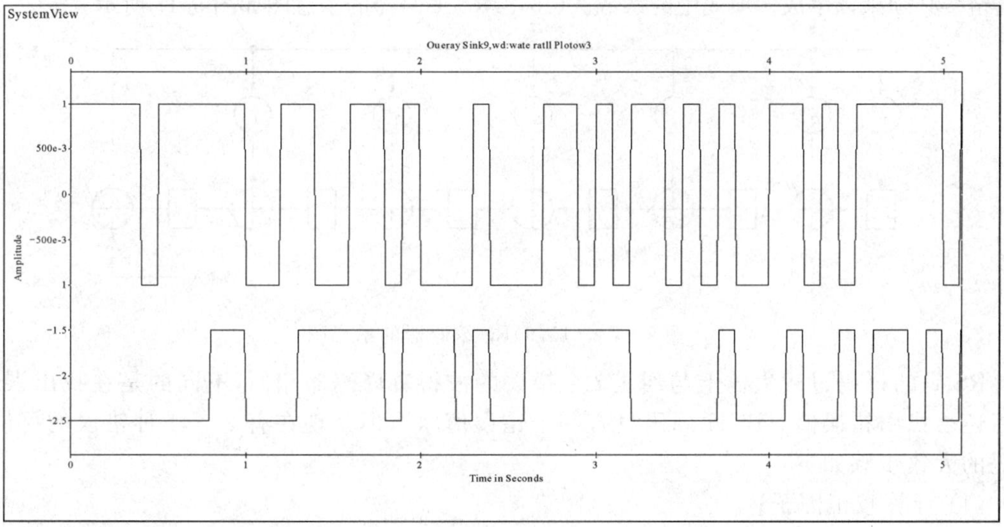

图 9.16　信号源和接收端译码波形

9.5.5　RS 码

RS 码全称为 Reed-Solomon 码（里德-所罗门码），是一种非二进制的 BCH 码。在(n,k)RS 码中，输的信息分为 $k \cdot m$ 比特一组，每组包含 k 个符号，每个符号包含 m 比特信息，而不是 BCH 码中的一个比特。

一个可以纠正 t 个错误符号的 RS 码具有以下参数：

码长	$n=2^m-1$ 个符号	或 $m(2^m-1)$比特
信息段	k 个符号	或 km 比特
监督段	$n-k=2t$ 个符号	或 $2mt$ 比特
最小码距	$d=2t+1$ 个符号	或 $m(2t+1)$比特

RS 码特别适合纠正突发错误，它可以纠正的错误图样为：

总长度为$(t-1)m+1$ 比特错误的单个突发错误；

总长度为$(t-3)m+3$ 比特错误的两个突发错误；

⋮

总长度为$(t-2i+1)m+2i-1$ 比特错误的单个突发错误。

对于一个长度为 2^m-1 符号长度的 RS 码，每一个符号都可以看作有限域 $GF(2^m)$中的一个元素，最小码距为 d_{min} 的 RS 码生成多项式可以表示为

$$g(D)=(D+a)(D+a^2)\cdots(D+a^{d-1}) \tag{9.22}$$

其中 a^i 是 $GF(a^m)$的一个元素。

例如，构造一个能纠 3 个错误符号，码长为 15，m=4 的 RS 码，由 RS 码的参数可知，该码的码距为 7，监督段为 6 个符号。因此该码为(15,9)RS 码，其生成的多项式为

$$\begin{aligned}g(D)&=(D+a)(D+a^2)(D+a^3)(D+a^4)(D+a^5)(D+a^6)\\&=D^6+a^{10}D^5+a^{14}D^4+a^4D^3+a^6D+a^9D+a^6\end{aligned}$$

所以从二进制角度看，这是一个(60,36)码。

RS 码的编码和 BCH 码一样，也是除以 $g(D)$，同样也就可以用带反馈的移位寄存器来实现。不同的是，所有的数据通道都是 m 比特宽度，也就是说，移位寄存器都是 m 个并联工作的，每个反馈器链接必须乘以生成多项式中的系数。(15,9)RS 编码器的示意图如图 9.17 所示。

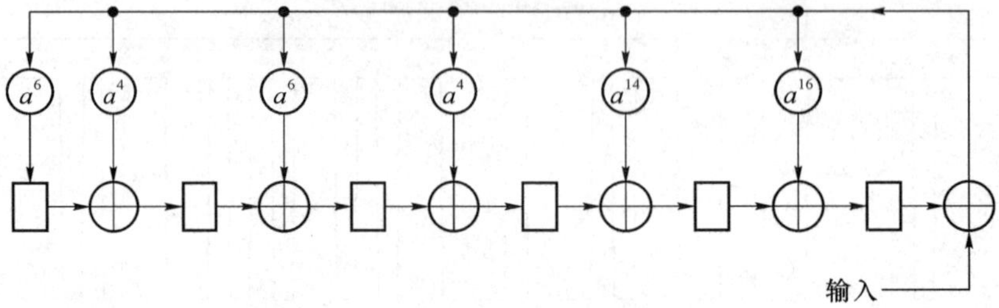

图 9.17　(15,9)RS 编码器的示意图

RS 码的译码过程大体上与纠正 t 个错误的彼得森译码器相似，不同的是在找出误码位置后还须找出错误值。BCH 译码只有一个错误值“1”，但是现在有 2^m-1 种错误的可能性。译码的大致步骤如下：

(1) 计算校正因子；

(2) 确定错误位置多项式；

(3) 寻找错误位置；

(4) 计算错误值；

(5) 纠正错误。

和 BCH 码相比，这种码在译码时多了“计算错误位置”这一步骤。

9.5.6　RS 码仿真

一个完整的 RS 码编解码模型如图 9.18 所示。该模型用于计算 RS 编码系统的抗噪声性能。图符 9～12 用于模拟噪声可变的有扰信道。系统的时间设置如图 9.19 所示。需要注意的是，为了能够计算噪声性能，设置了系统的循环次数为 5 次。

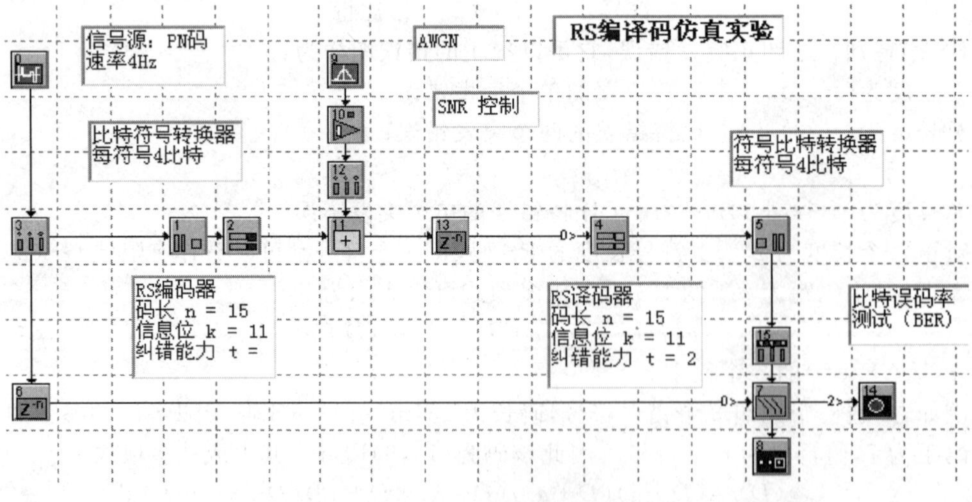

图 9.18　RS 编码解码系统

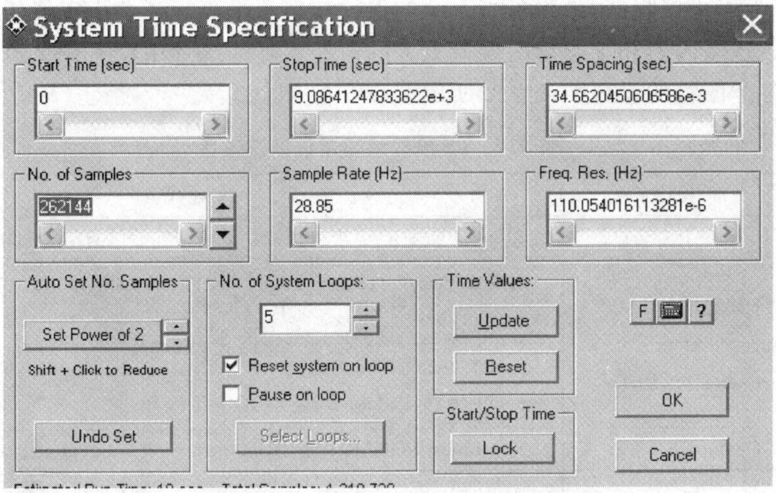

图 9.19　RS 码仿真时间设置

另外，为了能够对不同信道噪声状况下的误码率进行仿真，需要设置增益图符 10 为全局可变变量。为了达到这一目的，使用 Tools 菜单的“Global Parameter Link”选项，将打开如图 9.20 所示的窗口。在“Linked System Tokens:”中选择“10 Operate(Gain)”，然后在“Define Algebraic Relationship F(Gi,Vi)”区域的文本框中输入“$-2*c_1-5$”，设置该增益图符的增益为

$$G=c_1\times(-2)-5$$

其中 c_1 为循环次数。

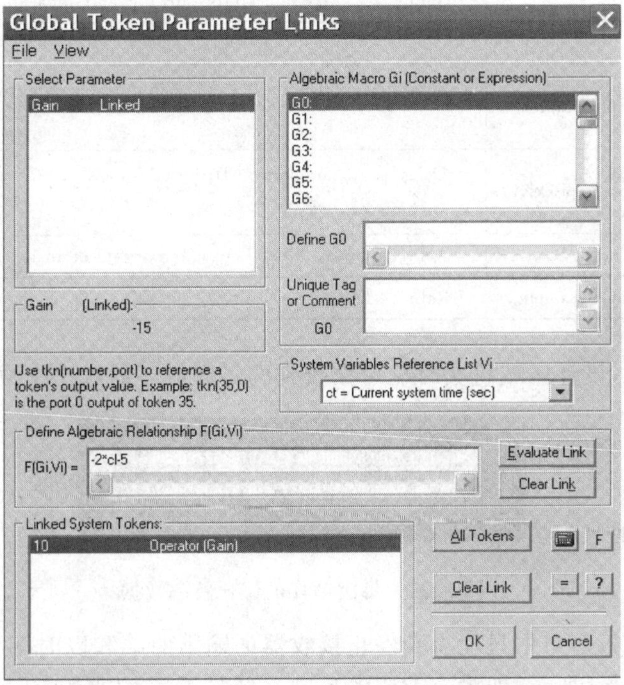

图 9.20　设置全局变量

图符 14 为停止接收器，是为了当系统的误比特率水平高于某个指定值的时候自动转入下一个循环。这是因为和平均情况误差太大的值在实际的统计中没有什么意义。

该系统各个图符的设置如表 9.7 所示。

表 9.7　RS 编码解码系统图符设置

图符编号	库/图符名称	参数
0	Source：PN Seq	Amp＝500. e-3 V，Offset＝500. e-3V，Rate＝4 Hz，Levels＝2，Phase＝＝0°
1	Comm：Bit->Sym	MSB is first bit，Bits/symbol＝4，Threshold＝500. e-3 V，RTDA Aware＝SystemView
2	Comm：Blk Coder	Reed-Solomon，Code length n＝15，Info symbols k＝11，Correct t＝2，No. Symobles＝16，Padded Zeros＝0，Offset＝0 bit/s
3	Operaor：Sampler	Non-Interp Right，Rate＝4 Hz，Apeture＝0 s，Apeture Jitter＝0 s
4	Comm：Blk Coder	Reed-Solomon，Code length n＝15，Info symbols k＝11，Correct t＝2，No. Symobles＝16，Padded Zeros＝0，Offset＝0 bit/s
5	Comm：Sym->Bit	MSB is first bit，Bits/symbol＝4，RTDA Aware＝SystemView
6	Operator Smpl Delay	Delay ＝ 219 samplers，Attribute ＝ Passive，Initial Condition ＝ 0 V，Fill Last Register
7	Comm：BER Rate	No. Trial＝1 bit/s，Threshold＝500. e-3V，Offset＝219 bit/s，Output 0＝BER，Output1＝Cumulative Avg t8，Output2＝Total Errors t14
8	Sink：Final Value	
9	Source：Gauss Noise	Pwr Density＝250. e-3W/Hz，System＝1ohm，Mean＝0k
10	Operator	Gain＝－15 dB，Gain Units＝dB Power，Global link Active
11	Adder	
12	Operator：Sampler	Interpolating，Rate＝1.363 636 363 636 Hz，Aperture＝0 s，Aperture Jitter＝0 s
13	Operator：Smpl Delay	Delay ＝ 43samplers，Attribute ＝ Passive，Initial Condition ＝ 0 V，Fill Last Register
14	Sink：Cndtnl Stop	Action＝Go To Next Loop，Memory＝Retain Last sample，Threshold＝50
15	Operator：Resample	Rate＝4 Hz

运行系统仿真，设计区域将实时显示接收到的每次循环的误比特率数据，如图 9.21 所示。

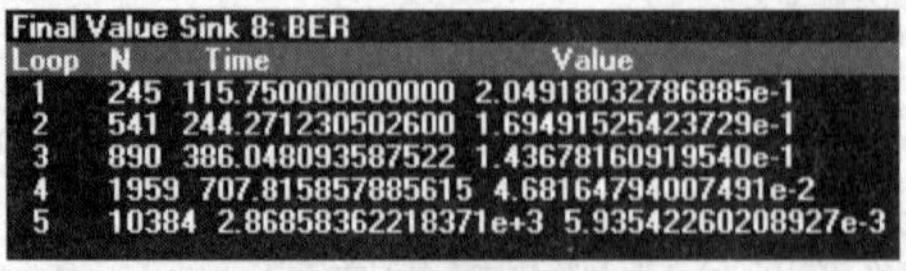
Final Value Sink 8: BER

Loop	N	Time	Value
1	245	115.750000000000	2.04918032786885e-1
2	541	244.271230502600	1.69491525423729e-1
3	890	386.048093587522	1.43678160919540e-1
4	1959	707.815857885615	4.68164794007491e-2
5	10384	2.86858362218371e+3	5.93542260208927e-3

图 9.21　每次循环的误比特率数据

但是此时在分析窗口中只能得到停止接收器的输出曲线和以时间为参数的 BER（误比特率）曲线，如图 9.22 所示，而没有期望的反映系统抗噪声性能的 BER/SNR（误比特率-信噪比）曲线。

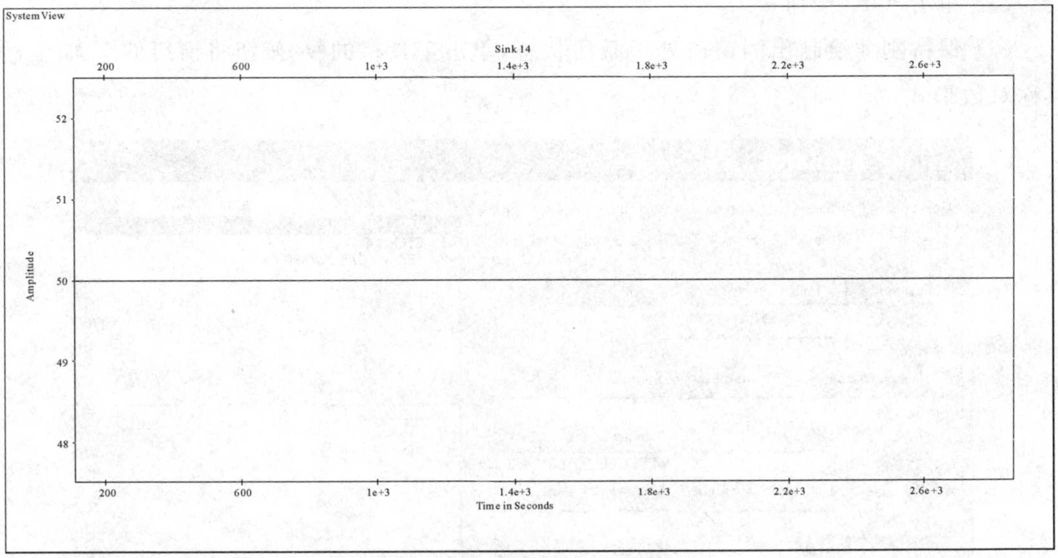

(a)停止接收器波形

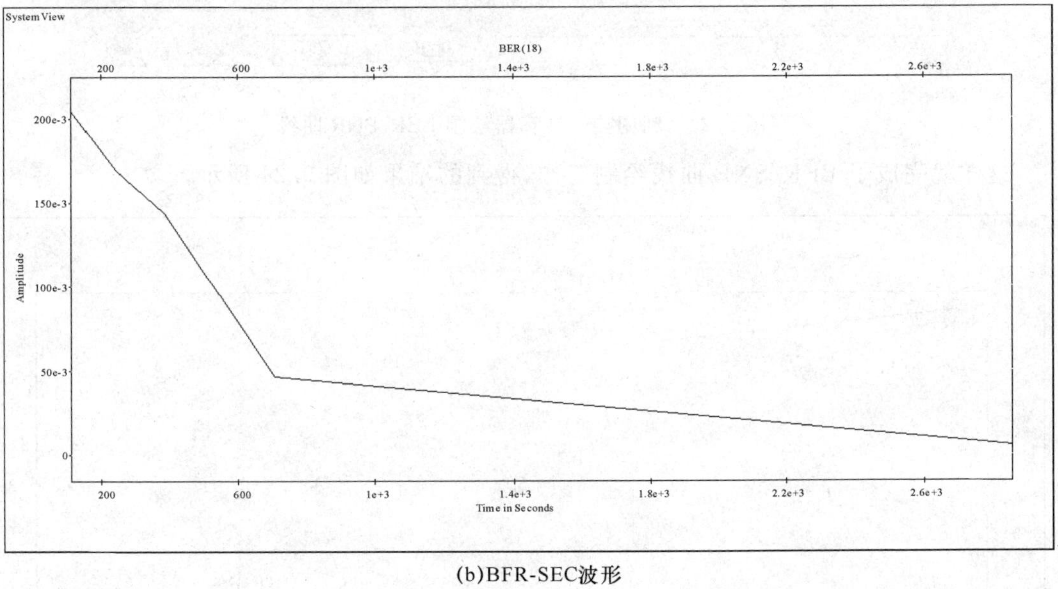

(b)BFR-SEC波形

图 9.22　系统仿真完毕时得到的波形

要得到 BER/SNR 曲线，必须利用接收计数器对接收器的波形进行处理，这里给出具体的操作步骤如下：

(1) 首先单击按钮打开接收计数器，如图 9.23 所示；

(2) 选择 Style 组，然后单击“BER Plot”按钮选绘制 BER 曲线功能；

(3) 在后面的文本框中输入起始信噪比和信噪比步进参数。该系统中设置的起始信噪比为 5，由于前面设置每次循环放大器的增益减小 2 dB，所以信噪比步进为 2；

(4) 在后面的窗口列表中选择 BER 时间曲线所在的图形窗口，这里选择窗口“w0 BER (t8)”；

（5）单击“OK”按钮；

（6）保持刚才绘制出的窗口处于激活状态，单击工具栏的按钮将窗口的 Y 轴坐标切换称对数形式。

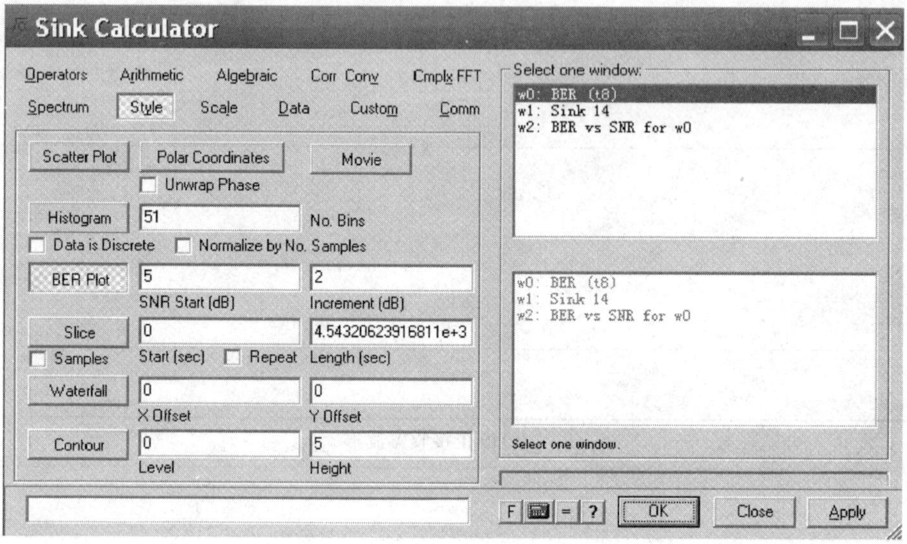

图 9.23　利用接收计算器绘制 BER/SNR 曲线

这样就完成了 BER/SNR 曲线绘制工作，得到的结果如图 9.24 所示。

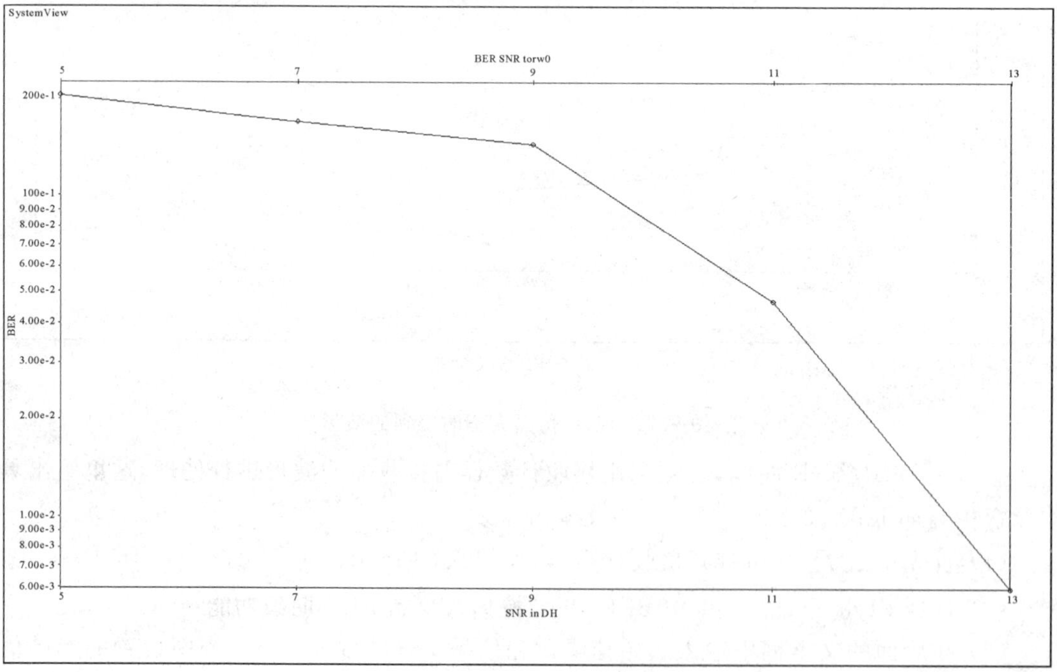

图 9.24　BER/SNR 曲线

9.6 卷积码

分组码是把 k 个信息比特的序列编成 n 个比特的码组，每个码组的 $n-k$ 个校验位仅与本码组的 k 个信息位有关，而与其他码组无关。为了选到一定的纠错能力和编码效率，分组码的码组长度一般都比较大，编译码时必须把整个信息码组存储起来，由此产生的译码延时随 n 的增加而增加，这就给整个系统带来了较大的延时。

卷积码是另外一种编码方法，它也是将 k 个信息比特编成 n 个比特的码组，但 k 和 n 通常很小，这样时延小，适宜以串行形式进行传输，特别适合传输适时性要求比较高的信息。

与分组码不同，卷积码编码后的 n 个码元不仅与本码组的 k 个信息码元有关，还与前向的 $N-1$ 段信息有关，编码过程中互相关联的码元个数为 nN。

卷积码的纠错性能随 N 的增加而增大，其差错率随 N 的增加而指数下降。在编码器复杂性相同的情况下，卷积码的性能优于分组码。分码组有严格的代数结构，但是卷积码至今没有严格的数学手段把纠错性能和码结构有机地联系起来，目前大都采用计算机来搜索好用的码组。

9.6.1 卷积码简介

卷积码编码器的一般结构形式如图 9.25 所示。它包括：一个由 N 段组成的输入移位寄存器，每段有 k 个，共 Nk 个寄存器；一组 n 个模 2 和相加器（异或门电路）；一个由 n 级组成的输出移位寄存器。对应于每段 k 个比特的输入序列，输出 n 个比特。由图可以看到，n 个输出比特不仅与当前的 k 个输入信息有关，还与前 $(N-1)k$ 个信息有关。

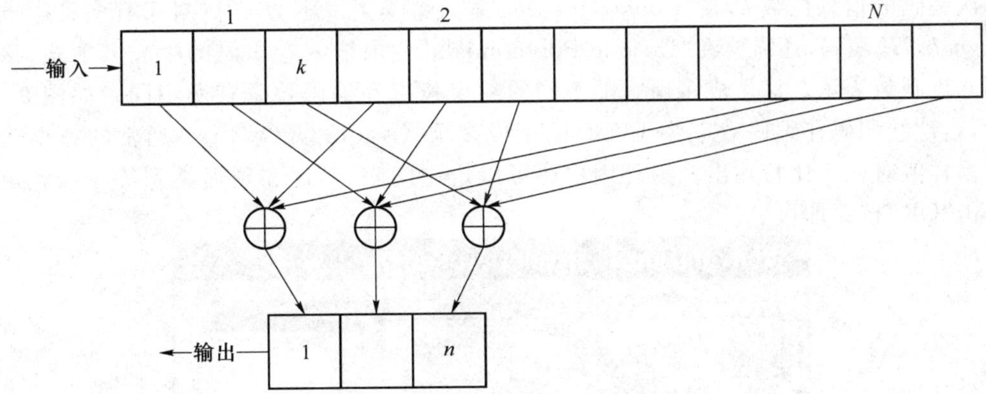

图 9.25　卷积码编码器的一般形式

整个编码过程可以看成输入信息序列、移位寄存器与模 2 和连接方式所决定的另一个序列的卷积，所以称这种编码为卷积码。通常将 N 称为约束长度（有的书将 Nn 作为约束长度）。通常把卷积码记为 (n,k,N)，其编码效率为 k/n。当 $k=1$ 时，$N-1$ 就是寄存器的个数。

卷积码的描述方法有两类：图解法和解析表示。图解法包括树图、状态图、网格图等；解析法包括矩阵形式、生成多项式形式等。

卷积码的译码方法主要有两种：代数译码和概率译码。代数译码是根据卷积码的本身编码结构进行译码，译码时不考虑信道的统计特性。概率译码在计算时要考虑信道的统计特性。典型的算法如最大似然译码、Viterbi 译码、序列译码等。

9.6.2 卷积码仿真

SystemView 直接提供了卷积码的编码和译码图符，使用户能快速地建立基于卷积码的仿真系统。要使用卷积码编码图符，首先拖动一个通信库图符(　)到工作区域。然后双击该图符，打开通信库，如图 9.26 所示。选择其中的 Encode/Decode(编码/译码)组，然后单击 Cnv Coder(卷积码编码)图符，选择卷积码编码器。

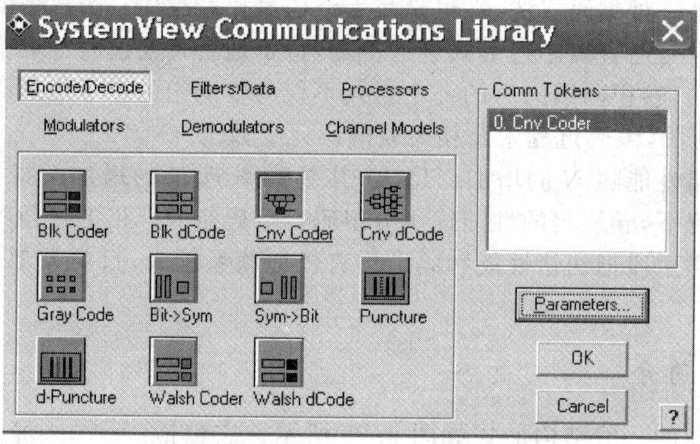

图 9.26　通信图库

单击“Parameters...”按钮，打开卷积码编码器图符的参数设置窗口，如图 9.27 所示。在“Output Len”栏中输入码长 n，即每次输入 k 位信息位输出的比特数。在“Info Bits”中输入每次编码的信息位数 k，在“Constraint Len”栏中输入约束长度 N。对于有多种生成多项式的(n,k,N)编码，还需要在“Encode Polynomials”栏内输入卷积码的生成多项式，该多项式用八进制数表示。该生成多项式随不同的约束长度和编码效率有所不同。如图 9.26 中的[2,1,7]卷积码在编码效率为 1/2 时的生成多项式为$(133)_8(171)_8$。通常的数据输出为每个采样值对应 1 比特输出。另外用户还可以定制门限、延迟和延迟类型等参数。定义好后单击“OK”按钮即可。

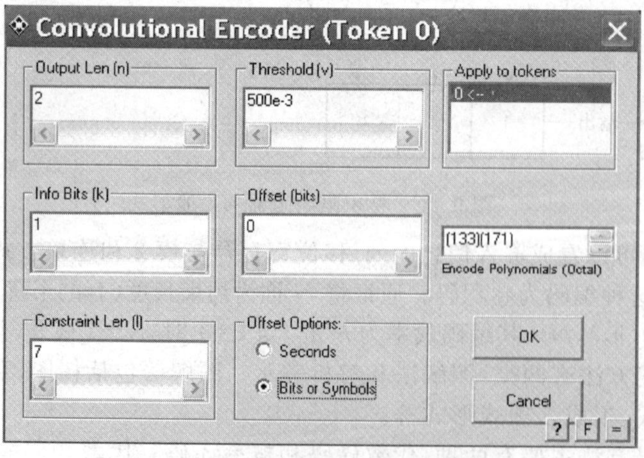

图 9.27　卷积码编码器的参数设置

设置卷积码解码器的步骤和上面的基本相同，只要在图 9.26 所示的窗口中选择 CnvdCode 即可。卷积码解码器图符的参数输入窗口如图 9.28 所示。这里用户不但要定义码长 n、信息位 k 和约束位数 L（即前面介绍的约束位 N）、门限、偏置和偏置类型、生成多项式等基本信息，还要输入"Path Length"（路径长度）参数，通常路径长度要设置为编码约束长度的 5 倍左右。另外用户还可以在"Select Bit Decision"区域中选择判决的类型是硬判决（Hard Decision）还是软判决（Soft Decision），一般软判决比硬判决可多得 1～2 dB 的增益，其噪声性能比硬判决好。如果用户选择了软判决，还需要定义软判决量化值（Bin Size）、信号的均值（Signal Mean）、信噪比 E_b/N_0 和译码约束长度（No. Size）等参数。

图 9.28　卷积码译码器参数设置

通常要获得正确的译码，在给定译码约束长度和编码约束长度时，信噪比 E_b/N_0 需满足一定的要求。如图 9.27 中的[2,1,7]卷积码的编码约束长度为 7，译码约束长度为 3，则信噪比 E_b/N_0 应优于 5.1 dB，可近似设为 5 dB。通常译码约束长度越长，对信噪比的要求就越低。

一个完整的卷积码编码译码仿真实验系统如图 9.29 所示。图中采用(2,1,7)卷积码编码器和译码器。为了便于进行抗噪声性能的对比，在这个例子中，在输出端将硬判决和 3 比特软判决译码器放在一个系统中，并使用 BER 图符作了比特误码率测试，对软硬两种译码器的译码性能作了比较。图符 11 接收的为硬判决的 BER 值，图符 14 为软判决的 BER 值；图符 17 用于当系统 BER 值大于指定的门限时自动将系统进入下一个循环。图符 4、图符 5、图符 16 用于模拟信道加性噪声，其中增益图符 16 为全局变量，用于模拟信道噪声的变化，定义其增益参数为 $-c_1$，如图 9.30 所示。图符 7 对输入的信号在译码前进行匹配积分，使译码能够具有更好的抗噪声性能。

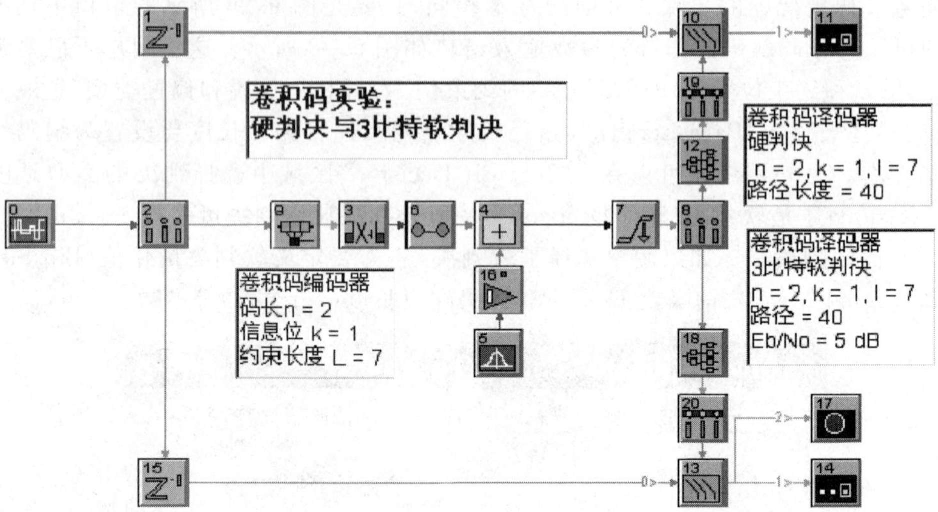

图 9.29　卷积码仿真实验原理图

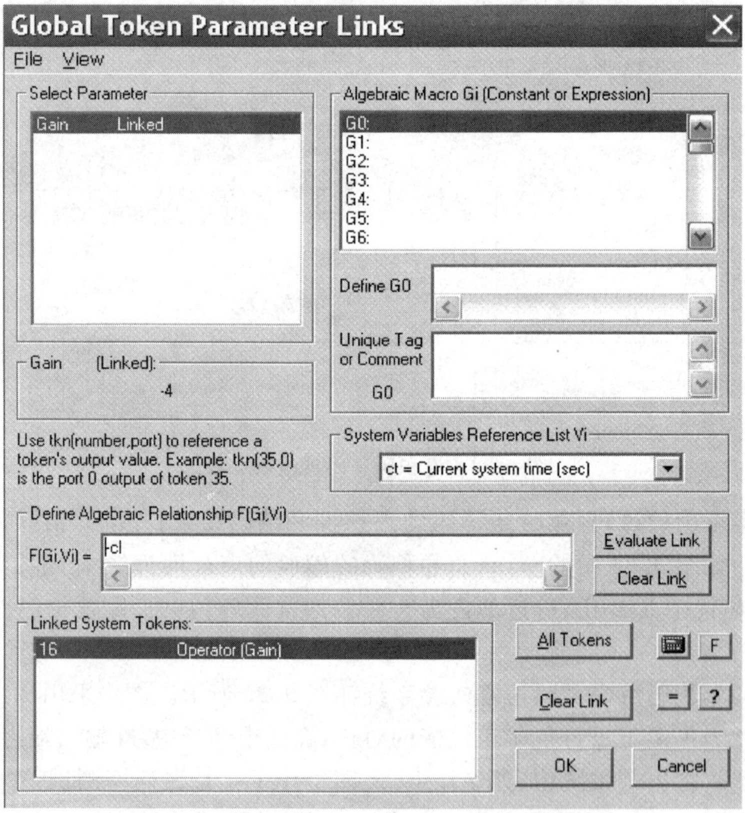

图 9.30　定义全局可变变量

系统的时间设置如图 9.31 所示。各个图符的具体设置如表 9.8 所示。

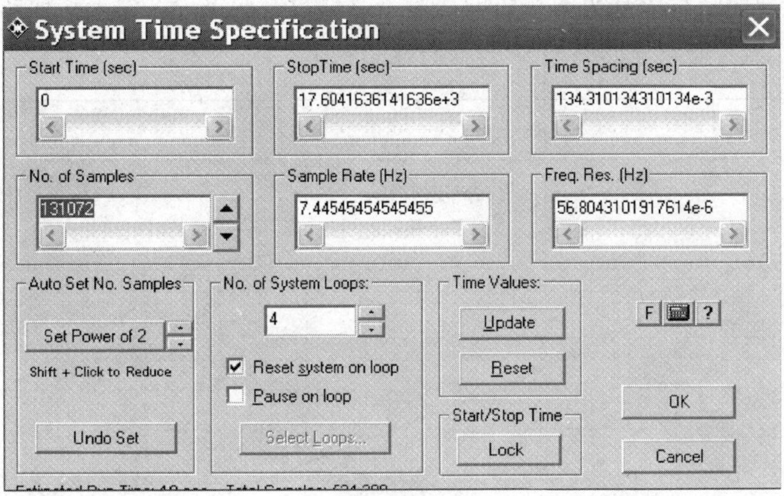

图 9.31　系统的时间设置

表 9.8　卷积码仿真系统图符设置

图符编号	库/图符名称	参数设置
0	Source:PN Seq	Amp=500. e-3V,Offset=500. e-3V,Rate=1 Hz,Levels=2,Phase=0°
1、15	Operator:Sampler Delay	Delay = 43samples, Attribute = Passive, Initial Condition = 0 V, Fill Last Register
2	Operator:Sampler	Non-Interp right,Rate=1 Hz,Aperture=0 s,Aperture Jitter=0 s
3	Function:Poly	−1+(2x)
4	Adder	
5	Source:Gauss Noise	Pwr Density=1 W/Hz,System=1 ohm,Mean=0 V
6	Operator:Hold	Last Value,Gain=1
7	Comm:Intg-Dmp	Continuous,Intg Time=500. e-3 s,Office=0 s
8	Operator:Sampler	Non-Interp Right,Rate=2 Hz,Apeture=0 s,Apeture Jitter=0 s
9	Comm:Cnv Coder	Code length n=2, Info Bits k=1, Constrain L=7, Polynomial=oct, Threshold=500. e-3V,Offset=0 bit/s
10、13	Comm:BER Rate	No. Trial=1 bit/s,Threshold=500. e-3V,Offset=43 bit/s
12	Comm:Cnv dCoder	Hard Decision,Code length n=2,Info Bits k=1,Constrain L=7,Path-Length=40,Polynomial=oct,Threshold=0 V,Offset=1 bit/s
16	Comm:Gain	全局变量
18	Comm:Cnv dCoder	Soft Decision,Code length n=2,Info Bits k=1,Constrain L=7,Path Length=40,Polynomial=oct,Threshold=0 V,Offset=1 bits,Bin Size=1 V,Signal Mean=1 V,Eb/No=5 dB,Bits=3
11、14	Sink:Final Value	
17	Sink:Cndtnl Stop	Action=Go To Next Loop,Memory=Retain Last sample,Threshold=50

为了能够准确得到较标准的 BER 结果数据，该系统的采样点数较多。图 9.32 是硬判

决和软判决两种译码器仿真实验输出的误码率/信噪比(BER/SNR)关系曲线的比较覆盖图。结果表明，软判决的性能要优于硬判决。

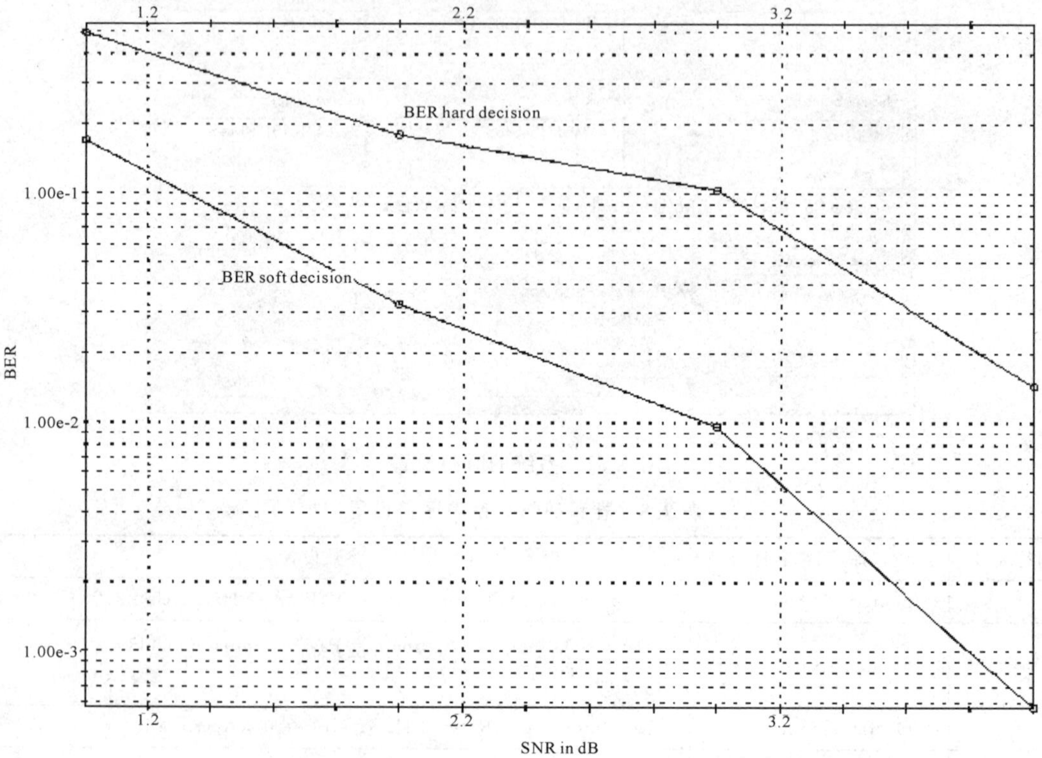

图 9.32 (2,1,7)卷积码的硬判决和软判决译码器 BER 曲线图

9.7 交织编码

9.7.1 交织编码简介

前面介绍的各种编码基本上是用来纠正随机错误的，对于实际通信中常常出现的突发错误的纠正能力很低。所谓的突发错误是指一个错误序列，其首尾均为 1，错误序列长度(包括首尾 1 在内的错误所波及的那段序列长度)称为突发长度。纠正突发错误通常采用交织编码。

在二维监督码中，将信息码元排成方阵，然后对行和列进行校验，可以达到检测突发错误的目的。同样的方式也可以用作构造纠正错误的编码，这种编码就是交织码。交织码的构造方法是：将 I 个能纠正 t 个错误的分组码排成一个 $I\times n$ 的方阵，然后将信息按列传送，在接收端再将信息转换回来，这样产生的交织码能够纠正码长为 $t\times I$(通常称 I 为交织度)的突发错误。这种码的示意图如图 9.33 所示。其中图 9.33(a)为交织前若发生突发错误接收端接收到的信息。图 9.33(b)为经过交织编码传输，传输过程中发生突发错误，接收端解交织后的信息。信息在传输过程中发生的很长的突发错误在解交织后被平均分配到各行，这样就大大提高了抗突发错误的能力。

使用交织编码的好处是提高了抗突发错误的能力但不增加新的监督码元，从而不会降低编码效率，是一种十分理想的编码方式。理论上交织度 I 越大，抗突发错误的能力就越强，但是要求译码器的暂存区就越大，会增加系统的复杂程度，而且译码延时也相应加大。因此，实际工程中会根据设计成本和系统的延时要求选取合适的参数 I。

信息码元　　比特输出方向——→　　监督码元

B1,1	B1,2	B1,3	B1,4	B1,5	B1,6	B1,7	B1,8	B1,9	…	…	…	…	…	B1,n
B2,1														B2,n
B3,1														B3,n
B4,1		突	发	错	误									B4,n
…	…	…	…	…	…	…	…	…	…	…	…	…	…	…
Bi,1														Bi,n

(a) 交织前的比特输出和突发错误

信息码元　　监督码元

比特输出方向↓

B1,1	B1,2	B1,3	B1,4	B1,5	B1,6	B1,7	B1,8	B1,9	…	…	…	…	…	B1,n
B2,1				突										B2,n
B3,1				发										B3,n
B4,1				错										B4,n
…	…	…	…	误	…	…	…	…	…	…	…	…	…	…
Bi,1														Bi,n

(b) 交织后的比特输出和突发错误

图 9.33　交织编码示意图

9.7.2　交织编码仿真

图 9.34 是交织编码的仿真实验原理图。在进行交织编码以前，先将数据用戈雷码编码器进行了纠错编码，然后再进行 23 行、23 列的交织编码。在传输信道上用了一个周期为 1 Hz、脉宽为 100 ms、幅度为 2 V 的方波信号模拟突发错误。图 9.35 为输入数据、解码输出及被干扰产生突发错误的波形覆盖示意图。100 ms 的突发错误被完全纠正。由于使用交织编码，所以应该存在 2 倍的编码、解码延时，即 2×23×23 个采样。因此要观察到一个以上完整的反交织周期的数据信号，系统的采样点数应该稍微设置长一些。

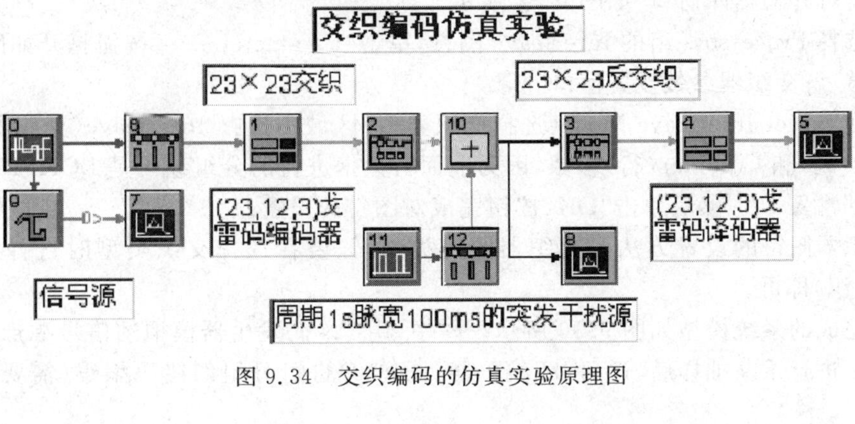

图 9.34　交织编码的仿真实验原理图

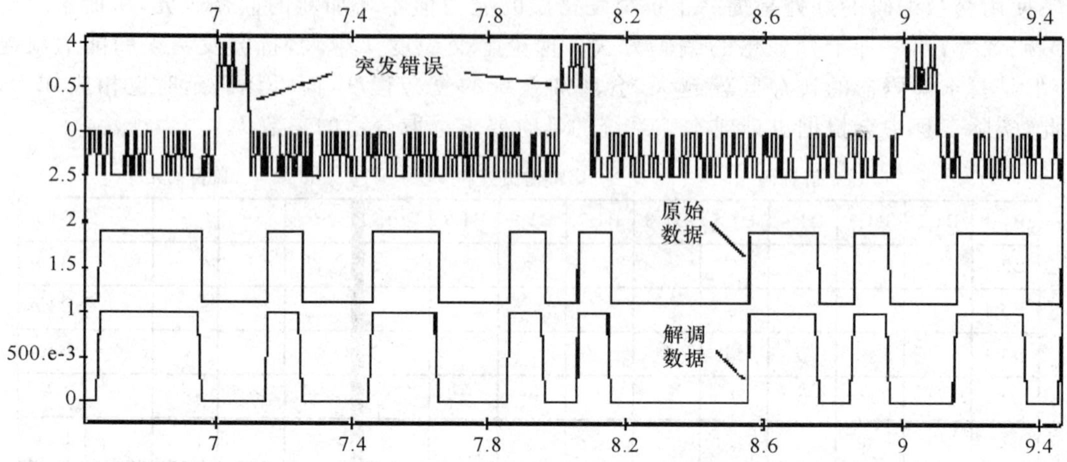

图 9.35 数据波形、解交织输出及突发错误波形图

除此之外，SystemView 还提供了另外一个交织编码器图符-卷积交织编码。当使用较短的移位寄存器时，该编码器比上述实验中先进行 BCH 编码再交织的方法实时性要好，而且参数设置也相对简单。

一个直接使用交织编码器图符的交织编码 SystemView 仿真模型如图 9.36 所示。这里用到了 SystemView 提供的交织器图符 13 和解交织器图符 14。

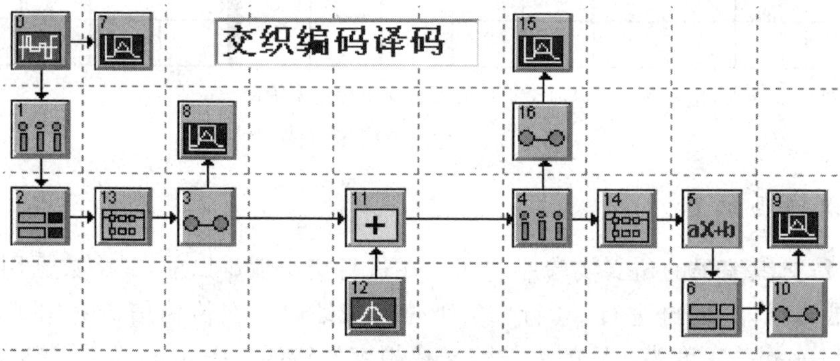

图 9.36 交织编码仿真图

要设置一个交织器图符，首先从图符工具栏拖一个通信库图符（ ）到设计区域，然后双击该图符打开通信库窗口，如图 9.37 所示。

然后选择 Processors 组的 Interleave 图符，单击“Parameters...”按钮打开如图 9.38 所示的交织器/解交织器参数设置窗口。

首先在 Select Interleave Mode（选择交织类型）区域中选择 Interleave（交织器）。然后输入 Rows（列）和 Columns（行）参数，因为前面对数据进行的分组编码是 BCH(15,7) 编码，两个参数都输入 15。然后单击“OK”按钮完成对图符的设置。

解交织器图符的设置方法与交织器图符类似，只要在选择交织类型时选择 De-Interleave（解交织）即可。

最后完成的系统模型如图 9.36 所示。图中，用 PN 码发生器模拟的信号源产生的信号经过图符 1 进行重新抽样后，送 BCH 编码器（图符 2）进行分组纠错码编码（需要重新抽样的原因和 BCH 编码器的设置方法见前面章节的介绍)。然后送交织器(图符 3)进行交织后,通过由加法器 11 和高斯噪声(图符 12)模拟的有扰信道。在接收端信号被重新采样后首先由图符 14 进行解交织;然后由图符 5 进行电平转换,转换成 BCH 解码器(图符 6)能够识别的电平后,经图符 6 完成 BCH 解码,就完成了接收端的全部解码工作,可以输出。

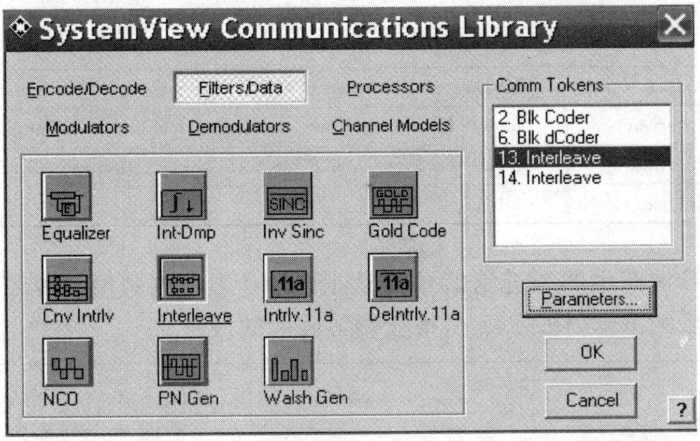

图 9.37　通信图符库

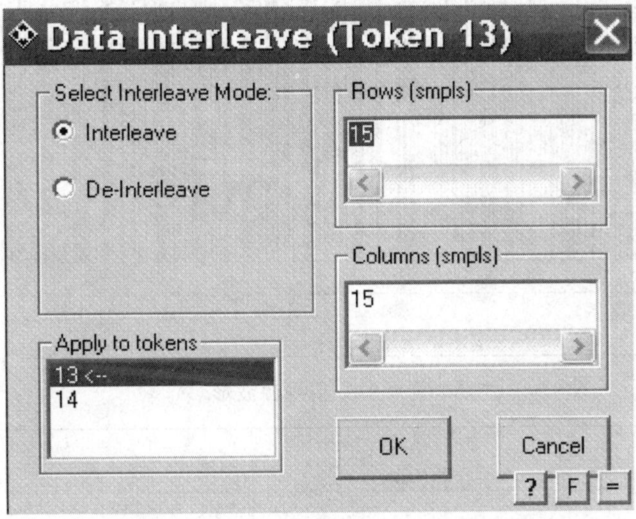

图 9.38　交织器/解交织参数设置

系统的时间设置:采样点数为 4 096,采样频率为 100 Hz。各个图符的设置如表 9.9 所示。

表 9.9　交织码编码解码系统图符设置

图符编号	库/图符名称	参数
0	Source:PN Seq	Amp=1 V,Offset=0 V,Rate=10 Hz,levels=2,Phase=0°
1	Operator:Sampler	Non-Interp right,Rate=10 Hz,Aperture=0 s,Aperture Jitter=0 s
2	Comm:Blk Coder	BCH,Code length n=15,Info Bits k=7,Correct t=2,Threshold=500. e-3V,Offset=0 bit/s
3、10、16	Operator:Hold	Last Value,Gain=1
4	Operator:Sampler	Non-Interp right,Rate=21.428 751 Hz,Aperture=0 s,Aperture Jitter=0 s

续表

图符编号	库/图符名称	参数
5	Function:Poly	−1+(2x)
6	Comm:Blk dCoder	BCH,Code length n=15,Info Bits k=7,Correct t=2,Threshold=0 V,Offiset=0 bit/s
11	Adder	
12	Source:Gauss Noise	Std Dev=1 V,Mean=0 V
13	Comm:Interleave	Mode=Interleave,Rows=15 smpls,Columns=15 smpls
14	Comm:Interleave	Mode=De-Interleave,Rows=15 smpls,Columns=15 smpls
7、8、9、15	Sink:Analysis	

图 9.39 为信号源产生的二进制信号波形,图 9.40 为二进制信号源经过 BCH(15,7)编码和 15×15 交织后的波形,图 9.41 是接收端解码后的波形。

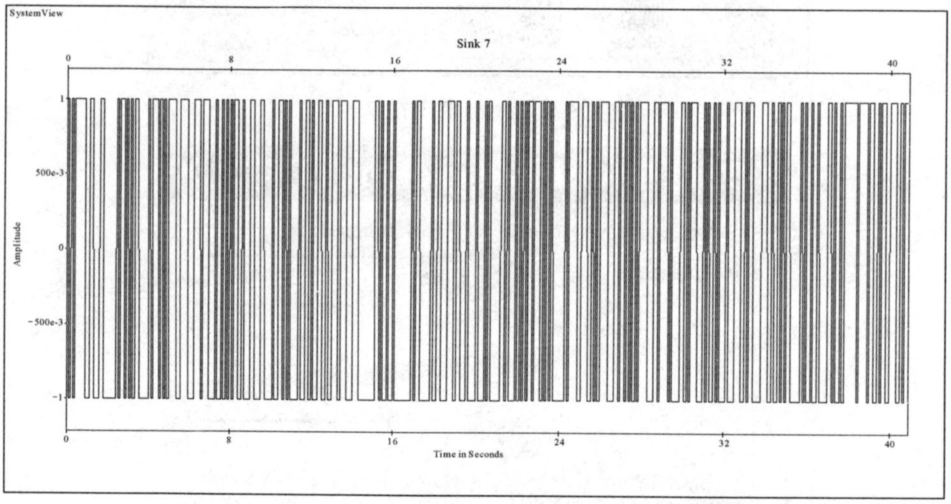

图 9.39　信号源波形

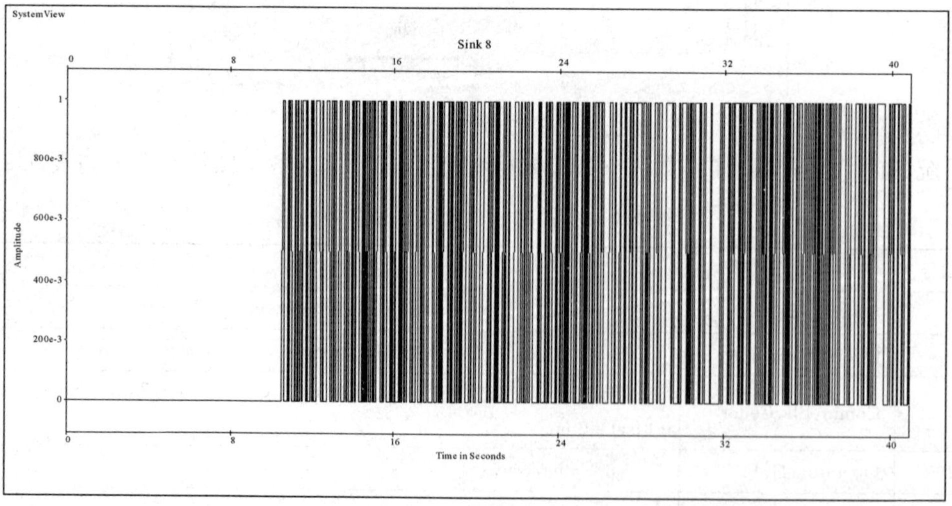

图 9.40　编码交织后信号的波形

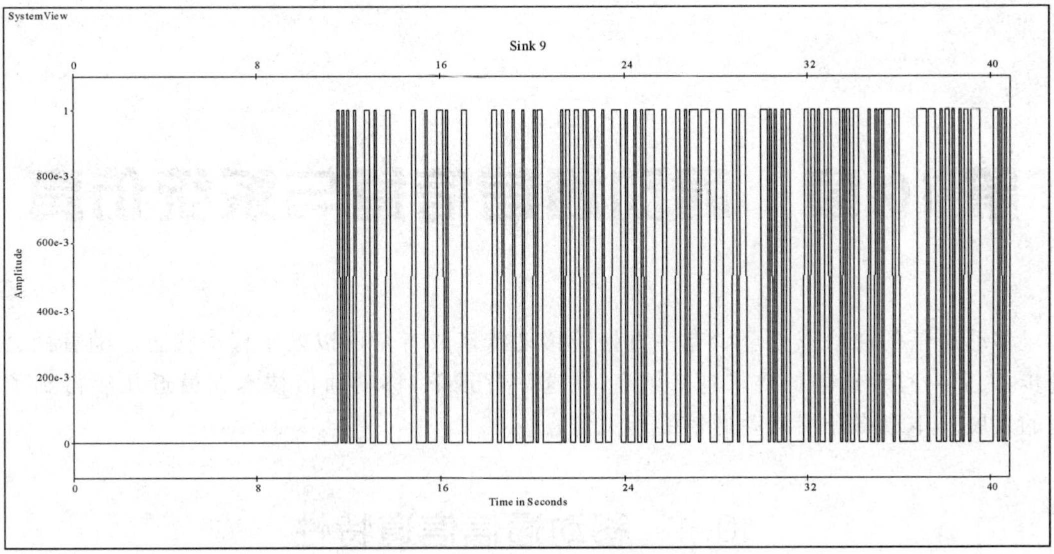

图 9.41　接收端解码后信号波形

图 9.42 为信号源和接收端解码得到的信号波形的局部放大对比图。为了便于对比，其中信号源波形是经过延迟器延时后的波形。

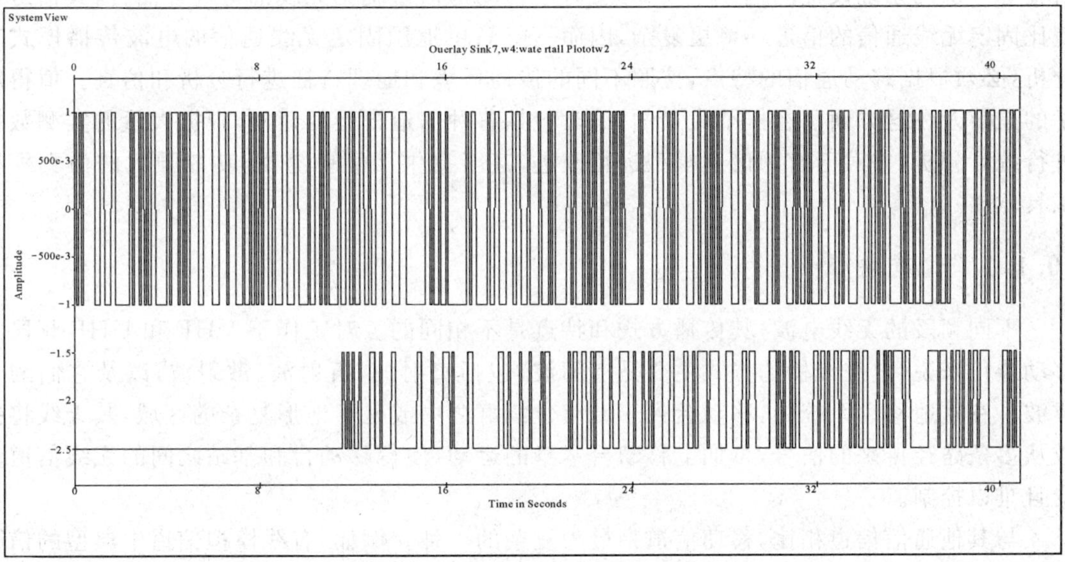

图 9.42　信号源(上)与接收端解码信号(下)波形对比

第 10 章　移动通信信道与系统仿真

移动通信的通信双方至少有一方处于移动状态或者是可以处于移动状态。随着社会的进步，人们对移动通信的要求越来越高，在这一背景下，移动通信技术在最近几年得到了飞速的发展。本章将介绍移动通信的相关仿真。

10.1　移动通信信道特性

信道特性是研究任何无线通信系统首先要遇到的问题。信道特性直接关系到通信设备的能力、天线高度的确定、通信距离的计算，以及为实现优质可靠的通信所必须采用的技术措施等一系列系统设计问题。不仅如此，对于移动通信系统的无线信道环境而言，其信道环境比固定无线通信的信道环境更复杂，因而不能简单地用固定无线通信的电波传播模式来分析，必须根据移动通信的特点，按照不同的传播环境和地理特征进行分析和仿真。值得庆幸的是前人在这方面已经作了大量的工作，包括各种信道模型的建立，根据大量的实测数据进行统计分析，并对已有的信道模型进行改进，甚至提供了简单易用、功能强大的仿真模拟工具软件。

10.1.1　信道特性

不同频段的无线电波，其传播方式和特点是不相同的。对工作于 VHF 和 UHF 频段的移动通信来说，电波传播的方式主要是空间波，包括直射波、折射波、散射波，以及它们的合成波。在陆地移动系统中，移动台处于城市建筑群之中或处于地形复杂的区域，其天线将接收从多条路径传来的信号，再加上移动台本身的运动，使得移动台和基站之间的无线信道多变且难以控制。

与其他通信信道相比，移动信道是最为复杂的一种。例如，有线模拟信道中典型的信噪比约为 46 dB，也就是说，信号电平要比噪声电平高 40 000 倍，而且对有线信道来说，其传输质量是可以控制的。通过选择合适的材料与精心加工，可以确保在有线传输系统中有一个相对稳定的电气环境。在有线传输线路中，信噪比的波动通常不超过 1～2 dB。只有当某段线路运行了相当长一段时间后，由于线路损坏逐步带来的损耗也许可达 10～15 dB，但在这种情况下，就需要对这段线路进行更新了。与此相对照，陆地移动无线信道中信号强度的急剧降低（衰落）是经常发生的，衰落深度可达 30 dB。在城市环境中，一辆快速行驶车辆上的移动台的接收信号在一秒钟之内的显著衰落可达数十次。这种衰落现象严重恶化接收信号的质量，影响通信可靠性。在蜂窝移动环境中，同频干扰是一个必须考虑的问题。当发生衰落时，要接收的信号也许比小区基站来的同频干扰信号还要弱，接收机就会锁定在错误信号上。模拟移动通信多采用调频信号，调频方式的捕获效应对同频干扰有一定的抑制作用。而衰落现象会显著改变调频信号特性，消弱其捕获效应。对于数字传输来说，衰落将使比特误码率(BER)大大增加。移动信道与非移动点对点无线信道相比，信号传输的误比特率前者比后者高 10^6 倍。与此相对照，有线信道中能够很好工作的语音编码器、调制解调器和同步装置在移动环境中工作性能将会大大恶化。

移动信道的衰落特性取决于无线电波传播环境。不同的环境，其传播特性也不尽相同。例如，一个有许多高层建筑的大城市与平坦开阔的农村相比，其传播环境有很大不同，两者的移动信道特性也大有差异。而传播环境本身是相当复杂的，这就使得移动信道特性也是十分复杂的。

由于移动通信信道的复杂性，电波传播会呈现很多恶化信号质量的特性。无线电波不仅随传输距离发生弥散损耗，并且会受地物、地形等各种环境的影响；而信号经过多点的反射，会通过不同的路径到达接收地点，这些通过不同路径到达的信号，其幅度、相位和到达的时间各不相同，它们相互叠加会产生幅度衰落和时延扩展；另外，移动通信常常在快速移动中进行，这不仅会引起多普勒频移，产生随机调频，而且会使电波传播特性发生快速的起伏。这些因素对无线通信系统通信质量都会产生影响。

复杂、恶劣的传播条件是移动信道的基本特征，这是由在运动中进行无线通信这一方式本身所决定的。对于移动通信来说，恶劣的信道特性是不可回避的问题。要在这样的传播条件下保持可以接受的传输质量，就必须采用各种技术措施来抵消不利影响，如分集接收、扩频/跳频、均衡、交织和纠错编码等。

10.1.2　信道模型

为了更好地设计移动通信系统，使其具有更好的性能，必须对其传输环境，也就是移动通信信道特性有更深入的了解。实际上，移动信道已成为许多理论分析和现场实测的课题，并且已经取得不小的成果，其中有些可给出精确的数学描述，另一些则给出统计模型。然而，由于移动信道的复杂性，仍有许多待研究课题。例如，不可能用单一的数学模型来描述所有的移动环境。这样，不同地区、不同城市中的移动信道特性究竟如何，只有在这些环境中用场强实测获取的数据来确定。

一般来说，对移动通信信道的研究有以下几种方法。

(1) 理论分析法

用电磁场理论或统计理论分析电波在移动环境中的传播特性，并用各种数学模型来描述移动信道。由于移动信道的复杂性，在利用数学模型进行描述时不可避免地要对信道进行简化，也就是说这种描述方法是近似的。但是不可否认的是，信道理论模型对于人们正确认识和研究移动信道有着不可替代的作用。

(2) 现场实测统计法

在实际的传输环境中，对电波的传播特性进行实际的试验，测试参数包括接收信号幅度、延时以及其他反映信道特征的参数。例如在一个城市里，在各种条件下对电波的传输特性进行实际的参数测试，以取得在各种条件、各个地点的大量的信道特性统计数据，然后对这些数据进行统计分析，得出相应的统计模型。由于移动信道的复杂性和多样性，现场统计法也就成为研究移动信道的一个重要的方法。

(3) 计算机模拟法

这是近年来随着计算机技术的发展新出现的研究方法。由于传统的理论分析方法需要对移动信道进行大量的假设和简化近似,而实际的环境又是变化多端的,这就限制了理论分析法的应用范围;另外,现场测试法又十分费时费力,而且其结果是对某个特定的环境的,推广到其他环境十分困难。而利用计算机强大的计算能力,可以设置各种复杂的条件,对大量的统计数据和理论公式进行计算,可以灵活快速地模拟各种实际的移动通信环境。现在,计算机模拟在移动通信信道的研究中占据了越来越重要的位置。

在实际的工作中,上述三种研究方法是相辅相成、综合利用的。在许多实际研究工作中,这些方法用于研究进程的不同阶段。移动环境中电波传播特性研究的结果往往用下述两种方式给出:

(1) 对移动环境中电波传播特性给出某种统计描述。例如,理论分析和实测试验结果表明,在移动环境中接收信号的幅度在大多数情况下符合瑞利(Rayleigh)分布。在有些情况下,则更符合莱斯(Rice)分布。电波衰落特性的统计规律,为研究移动信道抗衰落技术提供了基本依据。

(2) 建立电波传播模型。模型可包括图表、近似计算公式等。近年来,在计算机上建模也越来越流行。应用电波传播模型可对无线电波在传播过程中的各种干扰和损耗进行预测,直接为系统工程设计服务。

需要注意的是,由于移动通信环境的复杂性,所以不可能用一个单一的模型来描述所有环境下的移动信道。不同的模型是利用在不同的环境下测得的数据归纳得出来的,都有一定的适用范围。进行系统工程设计时,要根据实际的情况选择适用的信道模型,否则可能得到与实际情况大相径庭的分析结果。

另外,移动信道特性还受到系统工作额率和移动台运动状况的影响。在相同地区,工作频率不同,接收信号衰落状况有差异。而静止与低速运动的车辆所面临的移动环境问题与高速运动的车辆有很大的不同。一般来说,为解决移通信系统的设计问题,必须搞清三个问题:无线电信号在移动信道中可能发生的变化以及发生这些变化的原因;对于特定的无线传输技术,这些变化对传输质量和系统性能有什么影响;有哪些方法或技术可用来克服这些不利影响。

10.2 Jake 移动信道

10.2.1 Jake 移动信道模型

Jake 移动信道模型是一个标准的频率单调衰落基带等效模型,该模型假设从发射机到接收机之间存在无数条传播路径,并且这些反射达到移动目标接收机的路径是离散均匀分布的,对于时域输入波形 $x(t)$,其输出波形 $y(t)$可以表示为

$$y(t)=r_i(t)\hat{x}(t)-r_q(t)\hat{x}(t) \tag{10.1}$$

这里 $\hat{x}(t)$是 $x(t)$的希尔伯特变换。I、Q 两路的基带等价(复数形式)描述为

$$r_i(t) = 2\sum_{k=1}^{N}\cos(\beta_k)\cos(2\pi f_k t + \theta_k) + \sqrt{2}\cos(\alpha)\cos(2\pi f_m t)$$

$$r_q(t) = 2\sum_{k=1}^{N}\sin(\beta_k)\cos(2\pi f_k t + \theta_k) + \sqrt{2}\sin(\alpha)\cos(2\pi f_m t)$$

$$f_k = f_m\cos(2\pi k/L)$$

$$L = 2(2N+1)$$

$$\alpha = \pi/4$$

$$\beta_k = \pi k/N$$

$$\theta_k = 2\pi[\text{random}(0,1)],0\sim 2\pi\text{ 的随机数}$$

其中 f_m 为最大多普勒频移;N 为模型中的径数,一般取 N 在[8,10]。

上述描述中设最大多普勒频移为 f_m,则多普勒频移范围为$(-f_m,f_m)$,同时也假设延时扩展远远小于信号带宽频率的倒数。$r_i(t)$和 $r_q(t)$是信道传输函数的基带等效部分。在多数条件下,信道仿真都利用了基带等效原理,而不必再进行载波级仿真。只不过这里的最大多普勒频移 f_m 与载波频率 f_c 及接收机最大移动速度 v_m 相关,此时利用多普勒频移公式可计算出最大多普勒频移

$$f_m = \pm\frac{v_m}{c}f_c \tag{10.2}$$

式(10.2)中 c 为无线电波传输速度。例如一个接收机以步行速度 1.33 m/s 移动,发射机的载波频率为 910 MHz,则由此引起的最大多普勒频移为±4 Hz。如果改以 60 km/h 的速度移动,则多普勒频移将增加到±120 Hz。在一个实际的环境中,接收信号经过不同的路径长度并且在每个达到路径上的移动速度一般都是不一样的。即便是接收机和发射机之间相对静止,如果一个人或物体快速移动到传播路径范围内,也会引起多普勒频移。因此,如果发射机发送一个单一正弦波,在接收端除了受到多普勒频移影响外,还会产生多径衰落,导致接收机收到的是一个窄带频谱,即一个正弦信号频率被扩展成为一个窄带频谱。在 Jake 信道中该频谱可表示为

$$P(f) = \left[\pi f_m\sqrt{1-(f/f_m)^2}\right]^{-1} \tag{10.3}$$

Jake 信道通常用于一些简单假设的移动信道仿真。如果需要对信道中多径衰落问题进行更加细致的仿真,可以进一步使用 Rice 衰落信道、Rummler 衰落信道和用户可自定义的多径信道模型来仿真。

10.2.2　Jake 信道仿真

使用 Jake 移动信道模型图符同样是先拖一个通信图符库到设计区域,然后双击该图符打开通信图符库,选择其中的 Channel Model 组的 Jakes Chn 图符,然后双击进行属性设置,其属性设置如图 10.1 所示。

一个典型的 Jake 信道的基带等效仿真如图 10.2 所示,输入信号源为一个幅度 1 V,频率为 25 Hz 的正弦波,它的频谱如图 10.3 所示,设 Jake 信道的最大多普勒频移为 5 Hz。输入信号经 Jake 信道传输后由 I、Q 混频器分为 I、Q 两路信号,然后由图符 8 转换为极坐标。系统中图符的设置如表 10.1 所示。

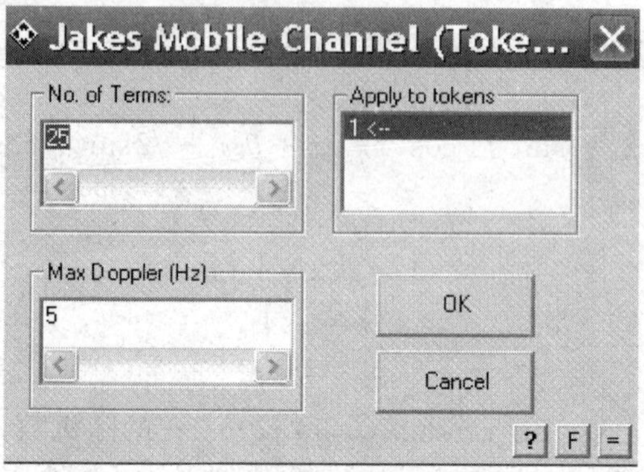

图 10.1　设置 Jake 信道模型参数

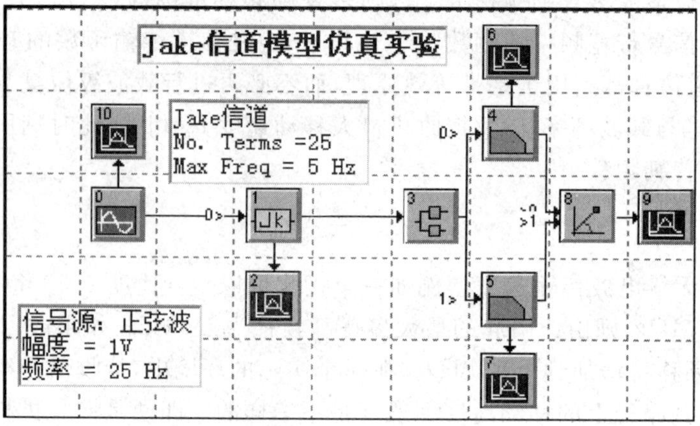

图 10.2　Jake 信道仿真实验原理图

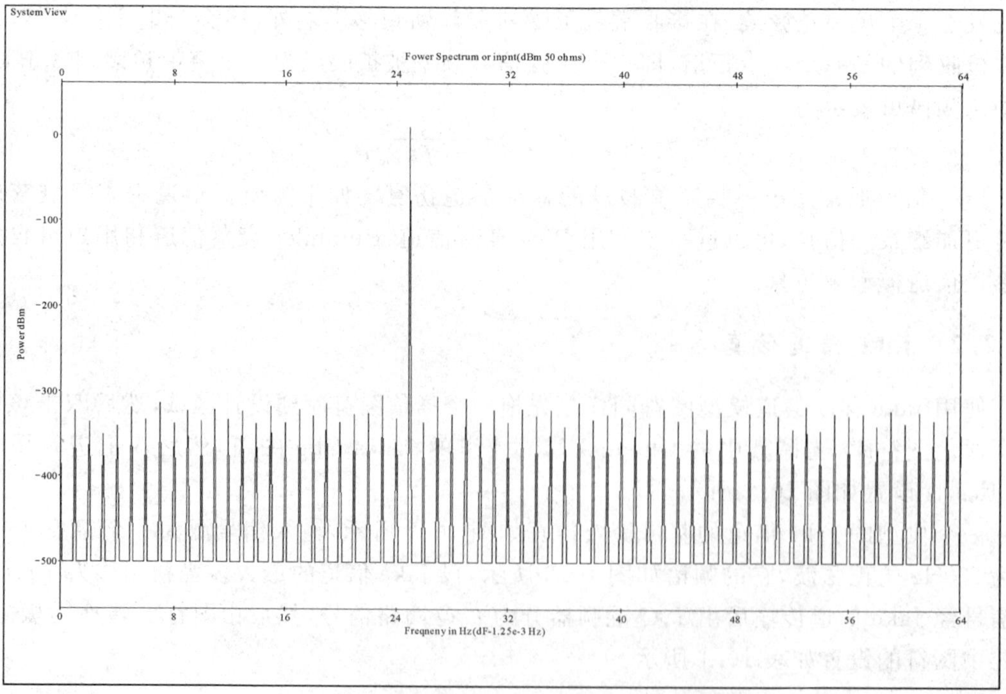

图 10.3　输入信号(25 Hz 正弦波)的频谱图

表 10.1　Jake 信道模型图符设置

图符编号	库/图符名称	参数
0	Source:Sinusoid	Amp=1 V,Freq=25 Hz,Phase=0°
1	Comm:Jakes Chnl	No. Terms=25,Max Doppler=5 Hz
3	Comm:IQ Mixer	LO Amp=1 V,Freq=25Hz,IQ Rotate=0°,Amp Error=0 dB,Phase Error =0°
4、5	Operator:Linear Sys	Bessel Lowpass IIR,8 Poles,Fc=10 Hz
2、6、7、9	Sink:Analysis	

系统的时间设置:采用频率为 128 Hz,采样点数为 1 024 个。通过 Jake 信道仿真图符后的基带等效输出波形如图 10.4 所示,输出频谱如图 10.5 所示。可以看到一个单一正弦波经过 Jake 信道后成为了一束频谱信号。

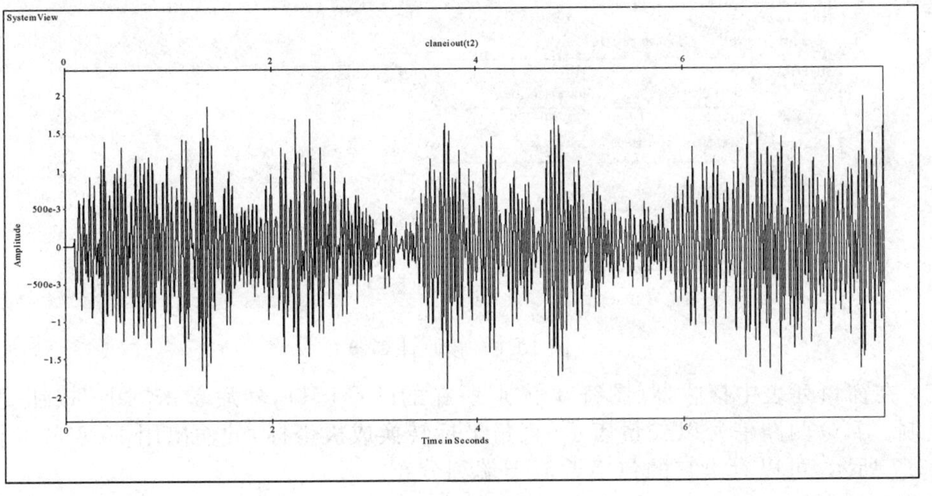

图 10.4　Jake 信道输出波形

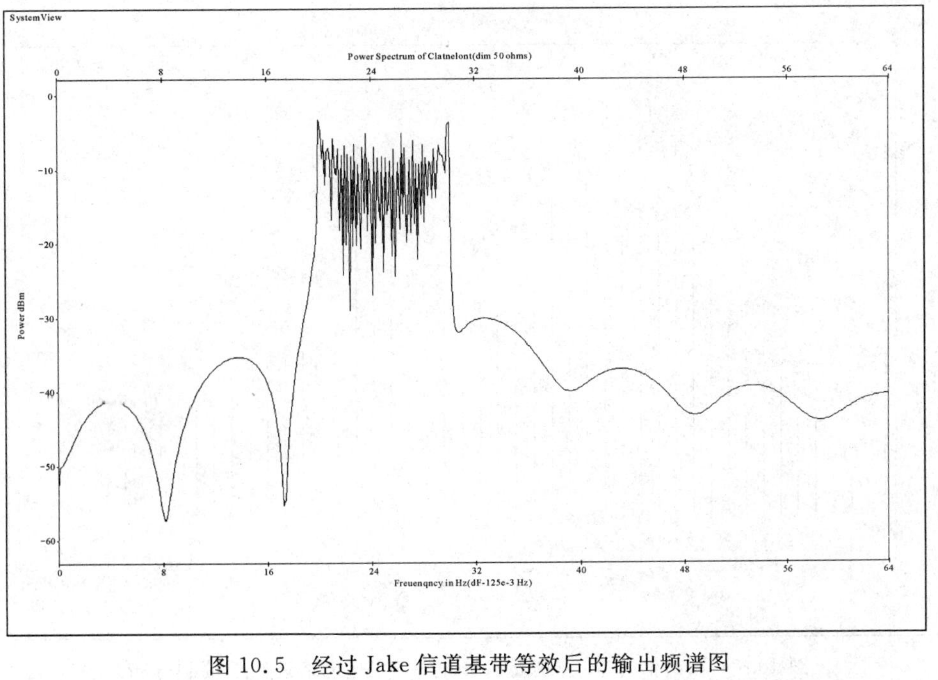

图 10.5　经过 Jake 信道基带等效后的输出频谱图

为了更直观地观察信道输出信号的能量分布情况，需要绘制能量分布的柱状图。系统中接收器(图符 9)接收的是输出信号的极坐标的绝对值，也就是能量值，所以只要绘制其波形的柱状图即可。步骤如下：

(1) 单击分析窗口下面的 $\sqrt{\alpha}$ 按钮，打开接收计算器窗口；

(2) 选择 Style 组，然后单击“Histogram”按钮选择绘制柱状图功能，并在后面的文本框中输入 51，如图 10.6 所示；

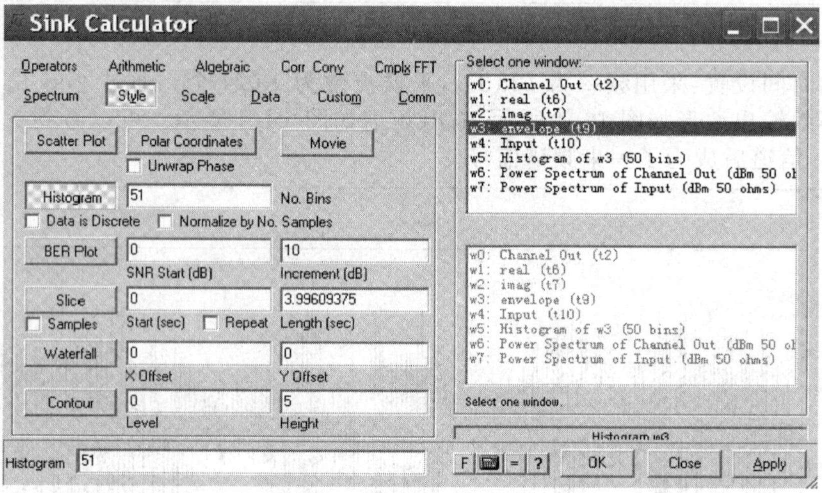

图 10.6　接收计算器

(3) 在窗口列表中接收器(图符 9)波形所在的图形窗口，然后单击“OK”按钮完成柱状图的绘制。I、Q 两路信号以矢量表示(直角坐标转换成极坐标)的输出用 50 点柱状图描述，如图 10.7 所示，可以看出它的包络近似于瑞利分布。

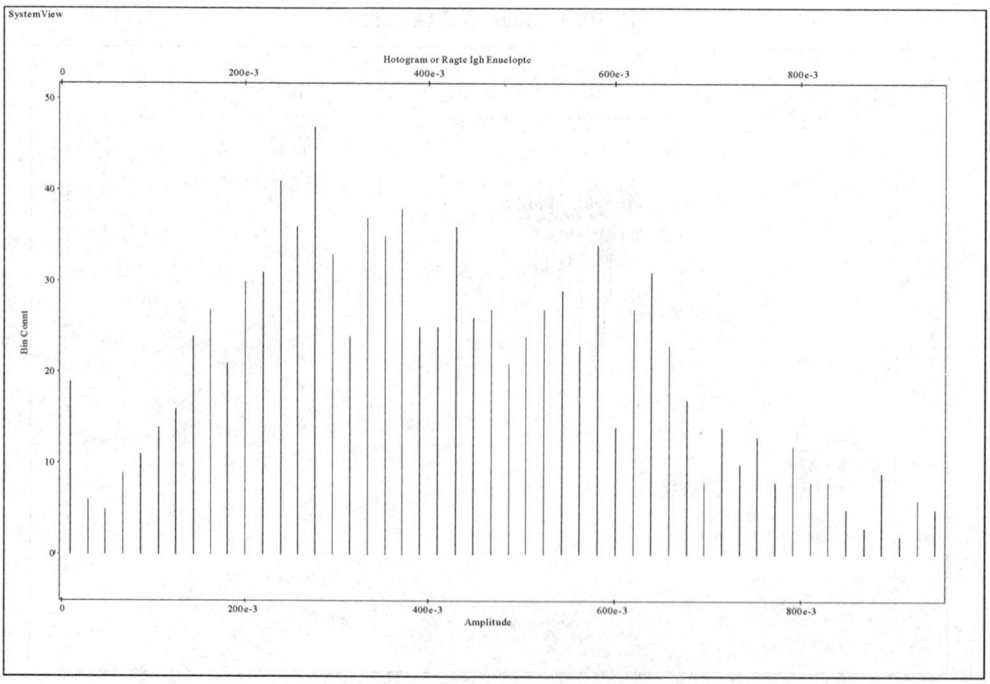

图 10.7　输出信号 50 点能量分布的柱状图(包络近似于瑞利分布)

10.3　多径衰落信道

当多径扩展远远小于信号的符号周期时，衰落信道模型经常用于仿真通信系统在多径信道上的性能。通常我们假设衰落过程相对于信号的符号速率要慢许多，因此可以精确地估计信号的相位。所以需考虑幅度衰落带来的影响，而不必关心相位的影响，同时还假设符号间的衰落是相互独立的。

10.3.1　信道的多径效应

在陆地移动通信中，移动台受到各种障碍物的影响，以至于到达移动台的信号往往是来自不同的传播路径信号之和，假设基站发射的信号为

$$S_0(t)=a_0 e^{j(\omega_0 t+\varphi_0)} \tag{10.4}$$

其中 ω_0 为载波频率，φ_0 为载波的初始相位。经过反射到达接收机天线的第 i 个信号为 $S_i(t)$，其振幅为 a_i，相位为 φ_i。

假设 $S_i(t)$ 与移动台之间的夹角为 θ_i，其多普勒频移为

$$f_i=\frac{v}{\lambda}\cos\theta_i=f_m\cos\theta_i$$

其中 v 为移动速度，λ 为波长，因此，$S_i(t)$ 可写为

$$S_i(t)=a_i\exp\left[j\left(\varphi_i+\frac{2\pi}{\lambda}vt\cos\theta_i\right)\right]\exp[j(\omega_0 t+\varphi_0)] \tag{10.5}$$

假设 N 个信号的幅度和到达接收天线的相位和方位角是随机的，并且满足统计独立，那么接收信号为

$$S(t)=\sum_{i=1}^{N}S_i(t)$$

令

$$\psi_i=\varphi_i+\frac{2\pi}{\lambda}vt\cos\theta_i$$

$$x=\sum_{i=1}^{N}a_i\cos\psi_i=\sum_{i=1}^{N}x_i$$

$$y=\sum_{i=1}^{N}a_i\sin\psi_i=\sum_{i=1}^{N}y_i$$

那么 $S(t)$ 可表示为

$$S(t)=(x+jy)\exp[j(\omega_0 t+\varphi_0)] \tag{10.6}$$

由于 x、y 都是独立的随机变量之和，根据大数定理，大量的独立随机变量之和的分布趋向于正态分布，即概率密度函数为

$$p(x)=\frac{1}{\sqrt{2\pi\sigma_x}}e^{-\frac{x^2}{2\sigma_x^2}}$$

$$p(y)=\frac{1}{\sqrt{2\pi\sigma_y}}e^{-\frac{y^2}{2\sigma_y^2}}$$

其中的 σ_x、σ_y 分别为随机变量 x 和 y 的标准差。

假设 $\sigma_x=\sigma_y=\sigma$，并且 $p(x)$ 和 $p(y)$ 的均值为 0，则

$$p(x,y)=\frac{1}{2\pi\sigma^2}\mathrm{e}^{-\frac{x^2+y^2}{2\sigma^2}}$$

将其转化为极坐标可得

$$p(r,\theta)=\frac{1}{2\pi\sigma^2}\mathrm{e}^{-\frac{r^2}{2\sigma^2}}$$

对 θ 进行积分可以得到概率密度函数 $p(r)$ 为

$$\begin{aligned} p(r) &= \frac{1}{2\pi\sigma^2}\int_0^{2\pi} r\mathrm{e}^{-\frac{r^2}{2\sigma^2}}\mathrm{d}\theta \\ &= \frac{r}{\sigma^2}\mathrm{e}^{-\frac{r^2}{2\sigma^2}}, r \geqslant 0 \end{aligned} \tag{10.7}$$

可见，多径衰减信道的包络服从瑞利分布，瑞利分布具有以下特征：

(1) 均值

$$m = E(r) = \int_0^{\infty} rp(r)\mathrm{d}r = \sqrt{\frac{\pi}{2}}\sigma = 1.253\sigma \tag{10.8}$$

(2) 均方值

$$E(r^2) = \int_0^{\infty} r^2 p(r)\mathrm{d}r = 2\sigma^2 \tag{10.9}$$

10.3.2 Rice 衰落信道模型

Rice 衰落信道模型经常用于仿真一个因直射路径和多个散射路径共同产生的幅度衰落信道模型。通常假设这些路径的延迟远远小于信号带宽的倒数，即延迟远小于符号宽度。一个信号 $x(t)$ 经过 Rice 衰落信道后的输出 $y(t)$ 可以表示为

$$y(t)=x(t)z(t) \tag{10.10}$$

这里 $z(t)$ 是幅度衰落因式，它表示为

$$z(t)=\sqrt{x_1(t)^2+[A+x_2(t)]^2} \tag{10.11}$$

这里 $x_1(t)$ 和 $x_2(t)$ 是高斯随机变量 $N(0,\sigma)$，衰落信道的功率由以下条件归一化表示

$$2\sigma^2+A^2=1 \tag{10.12}$$

A 和 σ 的值由 Rice 衰落因子 K 决定。

$$A=\sqrt{K/(K+1)} \tag{10.13}$$

$$\sigma=1/\sqrt{2(K+1)} \tag{10.14}$$

当 $K=0$ 时为纯粹的散射信道，$K=\infty$ 时是简单的频带信道（无衰落）。

10.3.3 Rice 信道仿真

SystemView 提供 Rice 信道模型，可以在仿真中直接应用。

要使用 SystemView 提供的 Rice 衰落信道模型，首先从图符工具栏拖一个通信库图符（）到设计区域，然后双击该图符打开通信图符库窗口。

选择其中的 Channel Models（信道模）组，然后选择“Rice Chn”，如图 10.8 所示。单击“Parameters...”按钮打开属性设置窗口，对 Rice 信道模型进行参数设置。

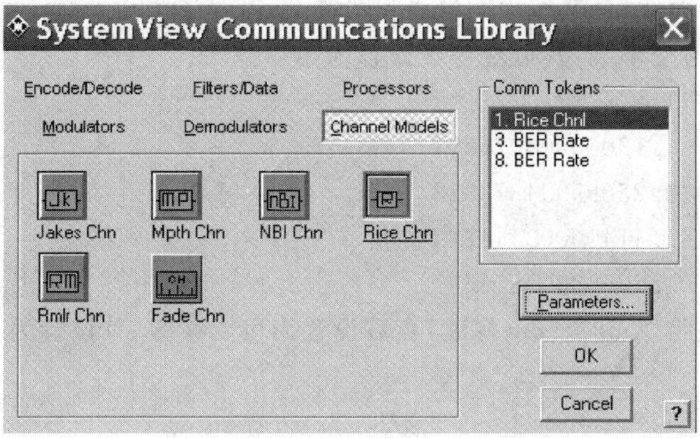

图 10.8　选择 Rice 信道模型

Rice 信道参数设置窗口如图 10.9 所示，按图中所示设置好参数，然后单击“OK”按钮，完成对 Rice 信道模型的设置。

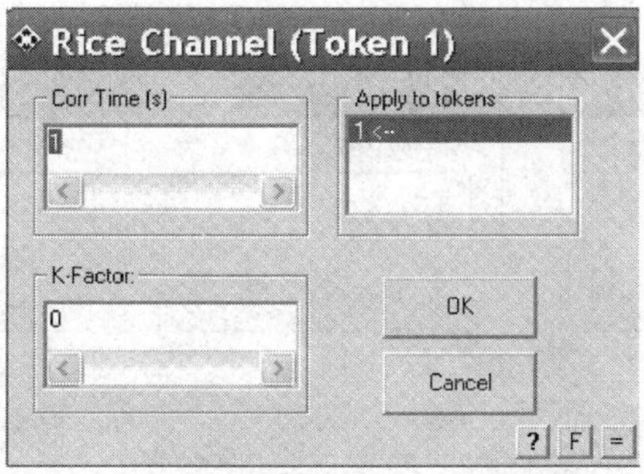

图 10.9　设置 Rice 信道参数

图 10.10 是利用 SystemView 系统提供的 Rice 衰落信道模型图符建立的基带等效仿真模型。其中共有两个系统，上面的系统用于绘制衰落信道的理论 BER 值；下面的系统包含两个信道，分别是只有高斯噪声干扰的信道和高斯干扰加 Rice 衰落信道，以进行两种信道的比特误码率(BER)比较测试。再将二者的仿真结果与衰落信道的理论 BER 曲线作了比较。

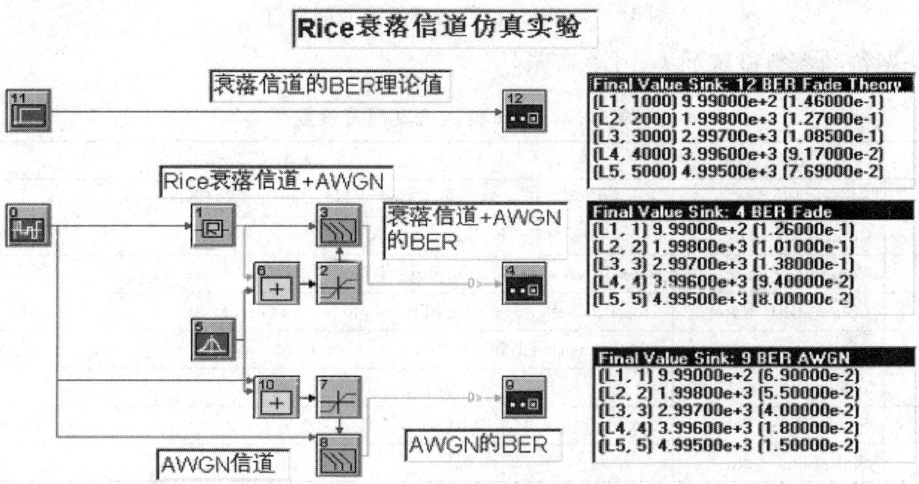

图 10.10　Rice 衰落信道的仿真实验原理图

为了绘制 BER 曲线，该系统中图符 0 和图符 11 设置了可变参数。图符 0 的 Amplitude（幅度）参数设置为可变参数，其可变参数设置为

Loop 1　　1
Loop 2　　1.12000000476837
Loop 3　　1.25899994373322
Loop 4　　1.41400003444228
Loop 5　　1.58500003814697

图符 11 同样是将 Amplitude（幅度）参数设置为可变参数，其设置为

Loop 1　　146.0e-3
Loop 2　　127.e-3
Loop 3　　108.5 e-3
Loop 4　　91.7 e-3
Loop 5　　79.9 e-3

系统的时间设置如图 10.11 所示。

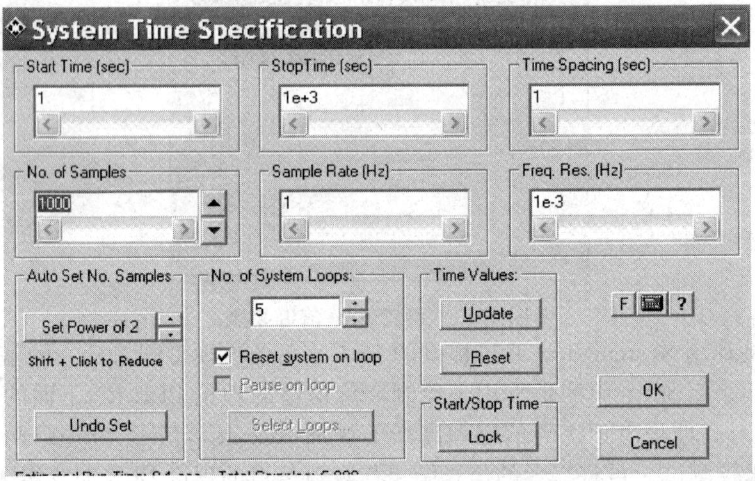

图 10.11　Rice 信道仿真系统时间设置

各个图符的参数设置如表 10.2 所示。

表 10.2　Rice 信道仿真图符设置

图符编号	库/图符名称	参数
0	Source：PN Seq	Amp=1 V，Offset=0 V，Rate=1 Hz，Levels=2，Phase=0°
1	Comm：Rice Chnl	Corr Time=1 s，K-Factor=0，RTDA Aware=Full
2、7	Function：Limiter	Max Input=0，Max Output=1
3、8	Comm：BER Rate	No. Trials=1e+3 bit/s，Threshold=0 V，Offset=0 s
5	Source：Gauss Noise	Pwr Density=1 W/Hz，System=1ohm，Mean=0 V
6、10	Adder	
11	Source：Step Fct	Amp=146.e-3 V，Start=0 s，Offset=0 V
4、9、12	Sink：Final Value	

运行仿真，可以得到各种情况下系统的 BER 曲线，图 10.12 是系统中各种传输条件下的 BER/SNR 曲线比较覆盖图。

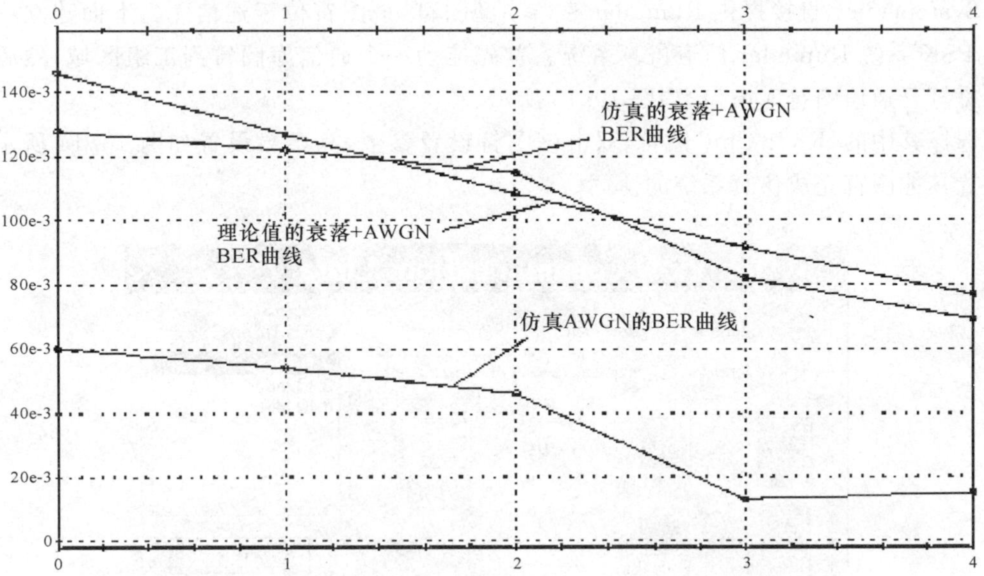

图 10.12　仿真的 Rice 衰落信道 BER 曲线与理论值的比较覆盖图

10.3.4　Rummler 衰落信道模型

Rummler 信道模型是典型的 3 路径传输信道模型，由直射和反射能量混合而成，反射信号改变直射信号的幅度和相位而形成复合信号。这种三路径的衰落信道广泛应用于视距(LOS)范围的数字微波中继通信链路的仿真。它是一个基于信道传输函数的统计模型。

三条路径的组成包括一条直射路径、一个相对于直射路径延迟非常小的多径成分、一个相对于直射路径延时 τ_0 的频率选择性控制路径。接收信号可以表示为

$$y(t)=x(t)+ax(t-\tau_0)+bx(t-\tau_1) \tag{10.15}$$

其中，$x(t)$表示发射信号，α、β 为衰减系数，τ_0、τ_1 表示两个相对延时。则信道的冲激响应可表示为

$$h(\tau)=\delta(t)+\alpha\delta(\tau-\tau_1)+\beta\delta(\tau-\tau_0) \tag{10.16}$$

等价的信道低通传输函数为

$$H(f)=1+\alpha e^{-j2\pi f\tau_1}+\beta e^{-j2\pi f\tau_0} \tag{10.17}$$

假设 $W\tau_1 \ll 1$，这里 W 为调制信号的带宽，则式(10.17)进一步化简为

$$H(f)=1+\alpha+\beta e^{-j2\pi f\tau_0} \tag{10.18}$$

令 $\tau_0=\tau$，式(10.18)化简为

$$H(f)=a[1-be^{-j2\pi(f-f_0)\tau}] \tag{10.19}$$

其中 τ、a、b、f_0 都是模型的统计参数。一般 $\tau=6.3$ ns，a、b 和 f_0 也取相应的统计参数。a 是整个信号的衰落系数，b 是衰落深度，f_0 的取值决定衰落位置。信道对应的时域表达式为

$$y(t)=ax[t-ab\cos(2\pi f_0\tau)x(t-\tau)+ab\sin(2\pi f_0\tau)\hat{x}(t-\tau)] \tag{10.20}$$

其中 $\hat{x}(t)$为 $x(t)$的希尔伯特变换。

10.3.5 Rummler 信道仿真

SystemView 直接提供 Rummler 衰落模型图符，该图符位于通信库。下面建立一个实际的 PSK 系统 Rummler 信道仿真系统。首先拖动一个通信库图符到工组区域，然后双击该图符打开通信图符库窗口，如图 10.13 所示。

选择其中的"Rmlr Chn"图符，双击该图符设置参数，其参数设置如图 10.14 所示。然后设置其他图符完成仿真系统的建立。

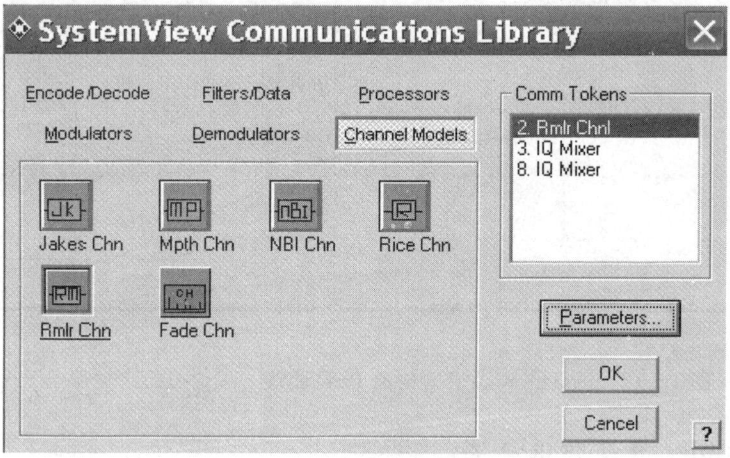

图 10.13 通信图符库

图 10.14 Rummler 衰落信道图符参数设置

图 10.15 是应用 Rummler 衰落信道模型图符构建的实验仿真电路。其中图符 0 用来产生 8PSK 信号，产生的信号一路送加法器图符和高斯噪声图符模拟的 AWGN(加性高斯白噪声)信道；另一路首先经过 Rummler 信道(图符 2)，然后再送入 AWGN 信道，用来模拟带 Rummler 衰落的 AWGN 信道。最后两路信号由 I、Q 混频器进行解调。

系统时间设置如图 10.16 所示。

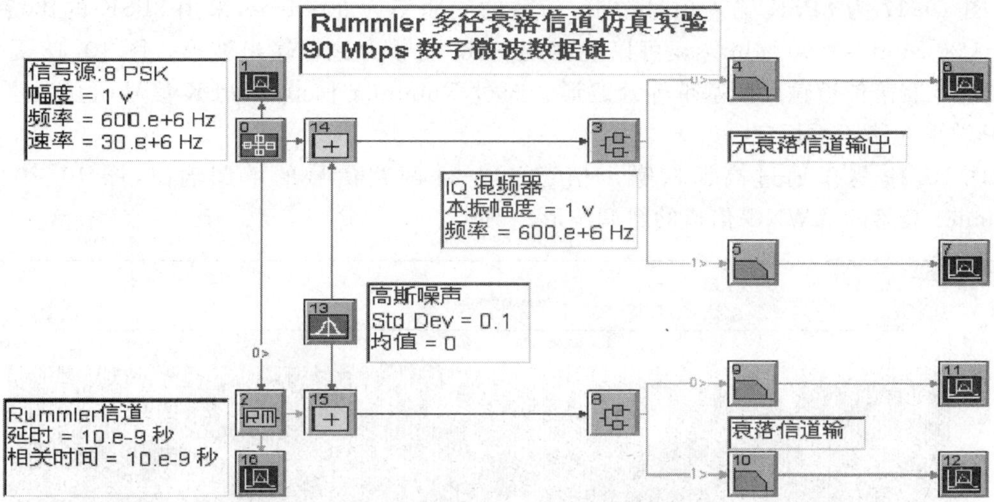

图 10.15 Rummler 衰落信道仿真实验原理图

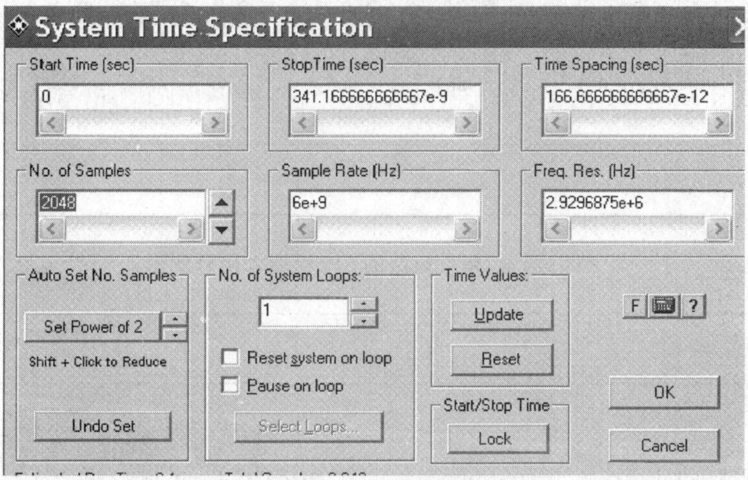

图 10.16 系统时间设置

系统中各个图符的设置如表 10.3 所示。

表 10.3 Rummler 信道 PSK 信号传输仿真图符设置

图符编号	库/图符名称	参数
0	Source:PSK A	Amp=1 V,Freq=900e+6 Hz,Phase=0°,Rate=30e+6 Hz,Symbols=8
2	Comm:Rmlr Chnl	Delay=10. e-9 s,Corr Time=100. e-9 s,RTDA Aware=Full
3、8	Comm:IQ Mixer	LO Amp=1 V,Freq=900e+6 Hz,IQ Rotate=0deg,Amp Error=0 dB,Phse Error=0°
4、5、9、10	Operator:Linear Sys	Bessel Lowpass IIR,8 Poles,Fc=60e+6 Hz
13	Source:Gauss Noise	Std Dev=1 V,Mean=0 V
14、15	Adder	
1、6、7、11、12	Sink:Analysis	

图 10.17 为 8PSK 输入信号波形，信号的码速率为 30 Msps，采用 8PSK 的比特率为 3 bit×30 Mbit/s=90 Mbit/s。可以观察到 PSK 信号为稳幅输出波形。图 10.18 是经过 Rummler 衰落信道输出的基带等效波形。经过 Rummler 信道后，PSK 信号明显发生了变化，其波形包络不再恒定。

图 10.19 是仅通过高斯白噪声信道的 I、Q 两路信号的解调输出，图 10.20 是带 Rummler 衰落的 AWNG 信道的解调波形。

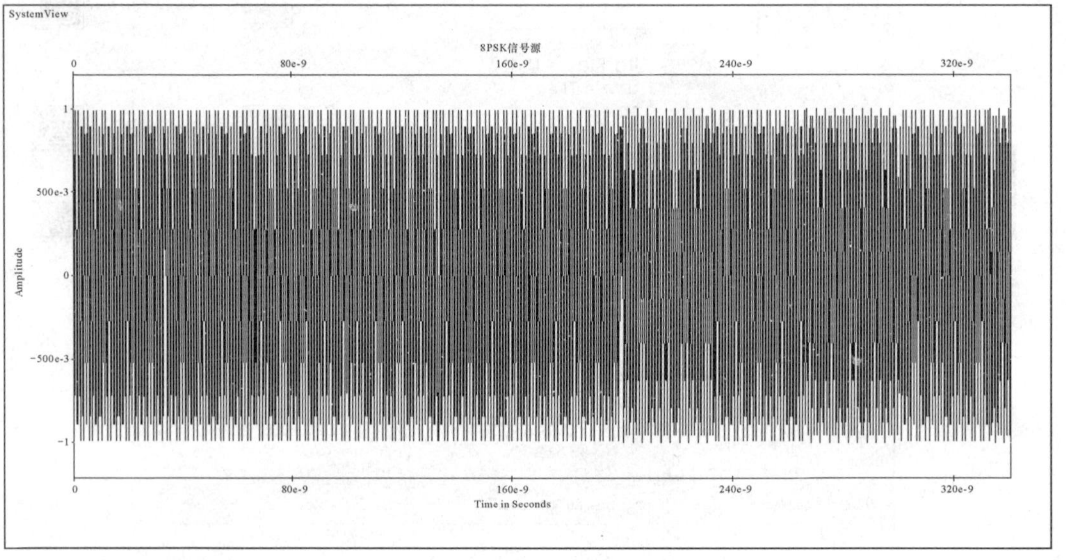

图 10.17 幅度恒定的 8PSK 输入信号波形

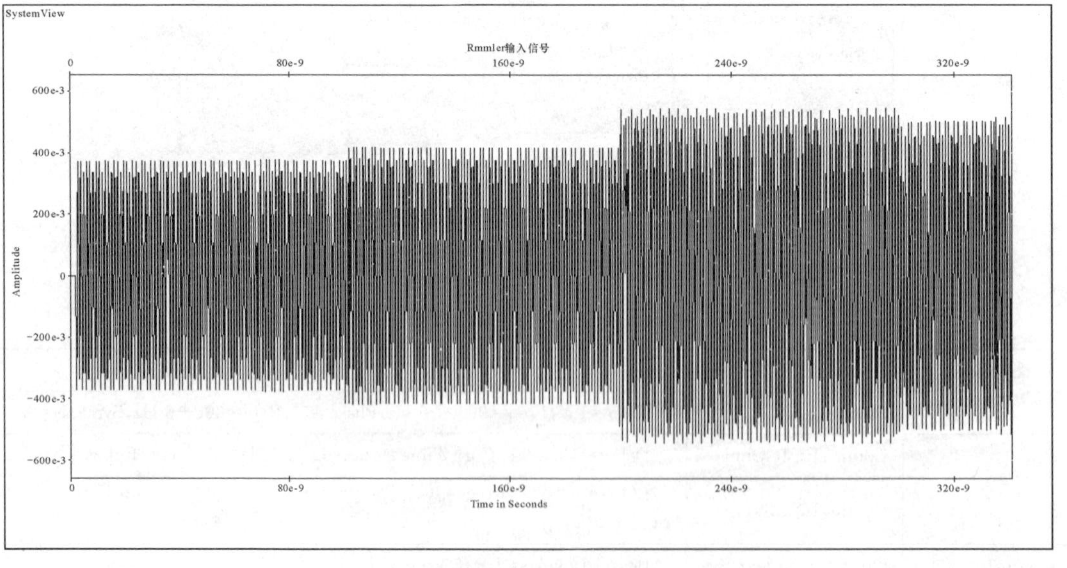

图 10.18 经过 Rummler 衰落后的基带等效波形

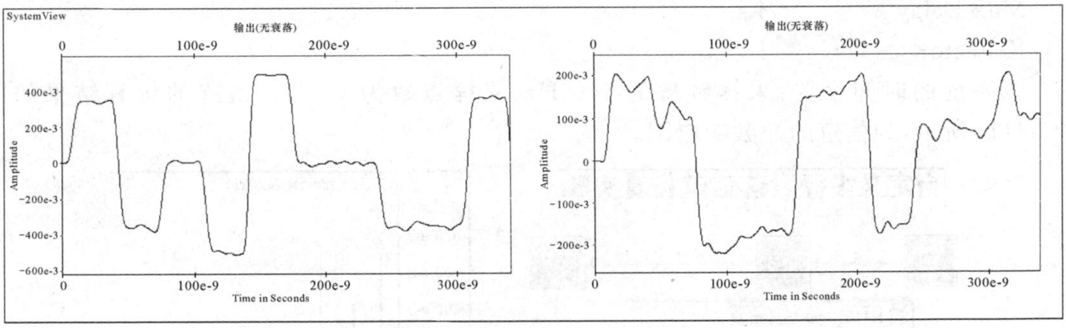

图 10.19　有噪声无 Rummler 衰落时的解调波形

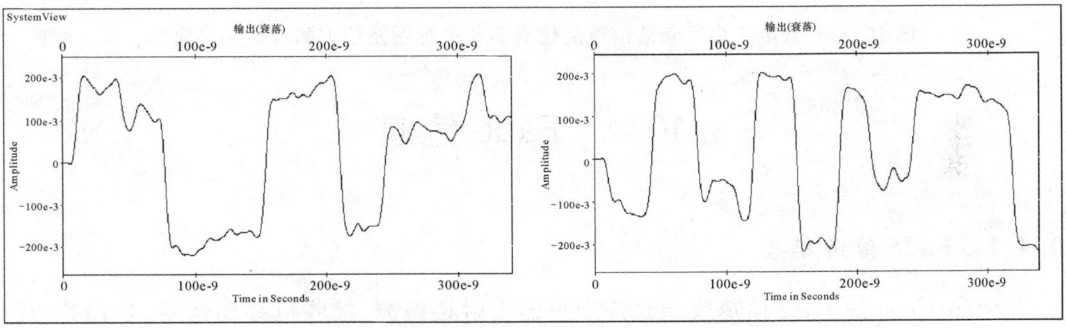

图 10.20　有噪声和 Rummler 衰落时的解调波形

10.3.6　自定义多径信道模型

无论是 Rice 信道模型还是 Rummler 信道模型，都是只考虑了固定数量的路径（只考虑两径或三径）。但是实际的情况要复杂得多，不可能只用固定的路径数来模拟所有的情况。考虑到这种情况，SystemView 为用户提供了一个自定义多径（Multipath Channel）模型，用户可以自己定义路径数、最大时延和 K 系数等参数。该模型的输入、输出关系为

$$y(t) = c_0 x(t) + \sum_{k=1}^{N} c_k x(t-\tau_k) \tag{10.21}$$

其中延迟时间 τ_k 为处于 0 和最大时延之间的随机分布，衰减系数 c_k 满足方差为 σ^2 的瑞利分布。σ^2 满足

$$c_0^2 + N\sigma^2 = 1 \tag{10.22}$$

K 系数的定义为

$$K = \frac{c_0^2}{N\sigma^2} \tag{10.23}$$

该模型与前面所述的模型一样，都是利用基带等效原理建立的。

10.3.7　自定义多径信道仿真

图 10.21 是基本通信库中的自定义多径模型实验原理图，该模型用来确定信道冲激响应。其中图符 0 为幅度 0.01 的标准冲激信号；图符 2 为接收器图符；图符 1 为自定义多径图符。该图符位于通信库中，其参数设置为：

No. Paths　　　　4

Max Delay　　　　4 s

K-Factor　　　　1

该系统的时间设置：采样频率为 100 Hz，采样点数为 1 024。最终的仿真结果如图 10.21(b)所示，为信道的冲激响应图。

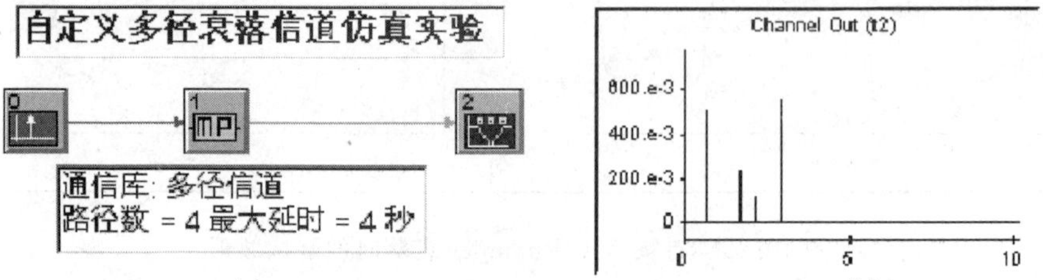

(a)　　　　(b)

图 10.21　自定义多径衰落信道的仿真实验原理图及信道的冲激响应曲线

10.4　Fade 信道

10.4.1　Fade 信道模型

SystemView 的 Fade 信道模型允许用户输入射频载波、接收机移动速度、多径数，还可以指定外部的信道参数文件(增益、延迟等)(用文本文件描述)，为信道的仿真分析提供了极大的方便和自由。其输出可表示为

$$\mathrm{ch}_r(t) + \mathrm{jch}_r(t) = \sum_{k=1}^{m} G_k \left[c_{kr}(t) \mathrm{j} c_{kj}(t) \right] \sigma(t - \tau_k) \tag{10.24}$$

其中，m 为定义的路径数。

10.4.2　Fade 信道仿真

使用 Fade 信道模型，要首先从图符工具栏拖一个通信库图符到设计区域，然后双击该图符打开通信图符库窗口。在通信图符窗口中选择“Channel Models”组，然后选择“Fade Chn”图符，如图 10.22 所示。

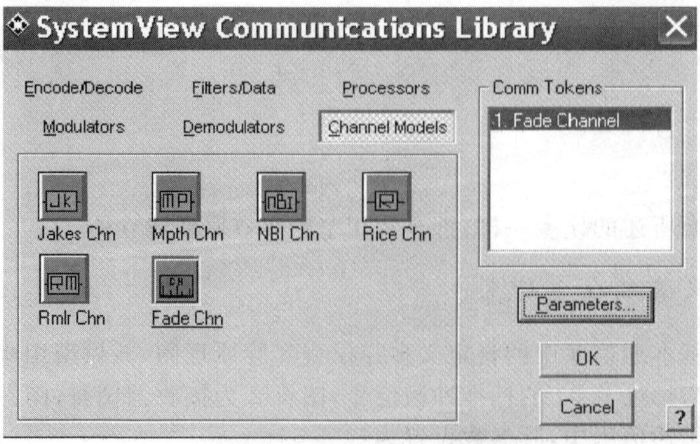

图 10.22　选择 Fade 信道模型

然后单击“Parameters...”按钮，打开如图 10.23 所示的参数设置窗口进行参数设置。

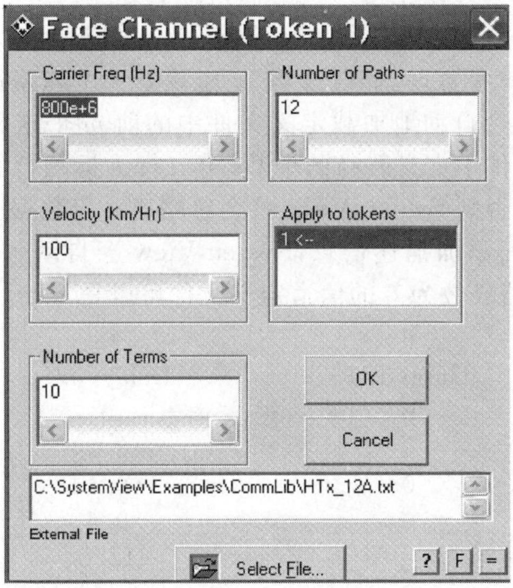

图 10.23　Fade 信道图符设置窗口

其中 Carrier Freq 为信号的载波频率，单位是 Hz；Velocity 为接收机的移动速度，单位为 km/h；Number of Terms 为组的个数，该参数用于 Jake 函数；Number of Paths 为路径的个数；Extemal File 为当前信道定义文件的路径。单击“Select File”按钮将打开如图 10.24 所示的对话框供用户选择外部定义文件。

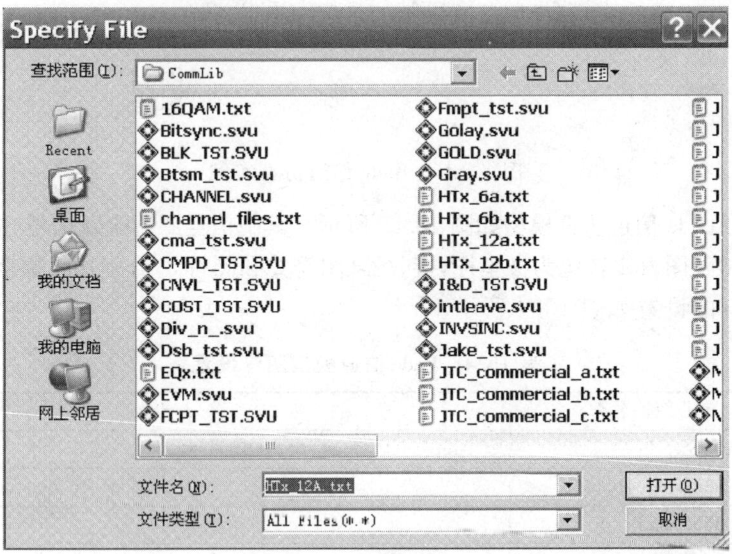

图 10.24　选择信道定义文件

信道模型定义文件是一个纯文本文件，包含增益和增益相对应的延迟的数据，例如一个 3 路径 Fade 信道的定义文件数据的格式为：

Gain(dB)　　　　Delay(μs)

0.0　　　　0.0
−3.0　　　　2.0
−6.0　　　　4.0

在设置 Fade 信道图符参数时，路径参数 m 应该处于 1 和路径定义文件定义的最大路径数目之间，SystemView 会自动地加载定义文件中的前 m 个定义数据。信道模型定义的文件应该在第一行指定文件中定义路径的个数，第二行为标题行。需要特别注意的是标题行必须定义，不能被省略，否则 SystemView 将会忽略第一行数据。在定义完所有的路径之后，用户可以在文件的后面添加描述信息，SystemView 会自动忽略这些信息，不会对仿真产生不利影响，例如一个路径数为 6 的信道定义文件可以是

6
Gain(dB)　　　　Delay(μs)
0　　　　0
0　　　　3.2
0　　　　6.4
0　　　　9.6
0　　　　12.8
0　　　　16.0

另外一点需要注意的是，该图符是一个基带图符，需要输入基带信号的 I 路信号和 Q 路信号，不需要输入载波分量。SystemView 这么设定该图符是为了节省仿真运行的时间，利用该图符模拟无线移动信道并不矛盾。

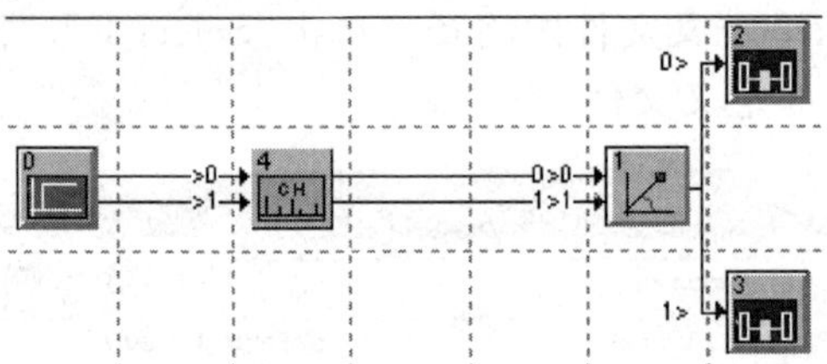

图 10.25　Fade 信道仿真实例

一个简单的 Fade 信道仿真模型如图 10.25 所示。其中信号源用阶跃信号(图符 0)模拟固定大小的信号，输出经图符 1 转化为极坐标，接收器(图符 2 和图符 3)分别接收幅度和相位信号。

系统各图符的设置如表 10.4 所示。

表 10.4　Fade 信道模型图符设置

图符编号	库/图符名称	参数
0	Source:Step Fct	Amp=1 V,Start=0 s,Offset=0 V
1	Function:Crt->Polar	
2、3	Real Time Sink	
4	Comm:Fade Channel	Carrier Freq=800e+6 Hz,Velocity=100 km/h,No. Terms=10,No. Paths=12,File=.\HTx_12a.txt

其中图符 4 信道模型的定义文件为

12
Gain(dB)　　　　Delay(μs)
−10.0　　　　.0

−8.0	0.1
−6.0	0.3
−4.0	0.5
0.0	0.7
0.0	1.0
−4.0	1.3
−8.0	15.0
−9.0	15.2
−10.0	15.7
−12.0	17.2
−14.0	20.0

图 10.26 为输出信号的幅度波形，图 10.27 为相位波形图。

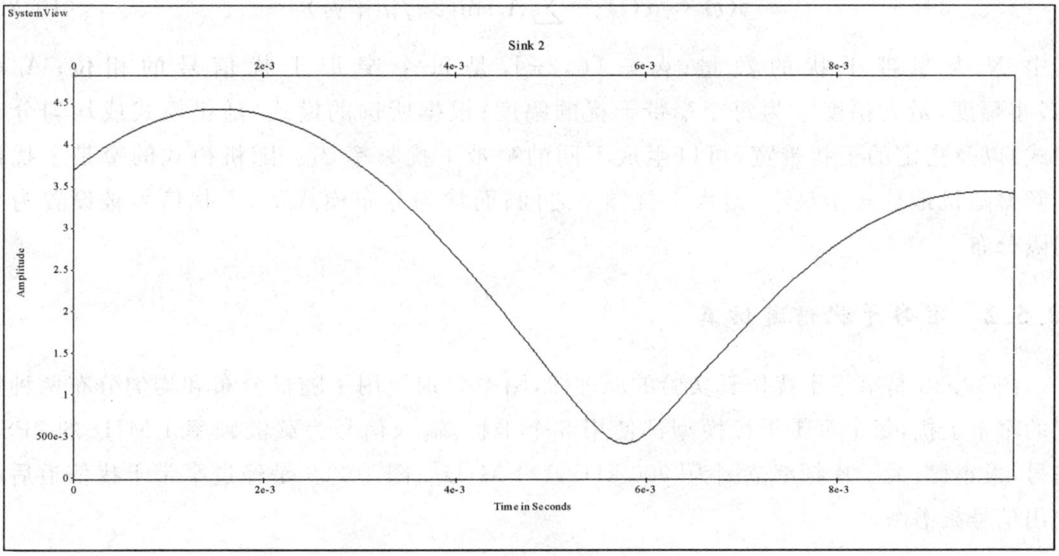

图 10.26　输出信号幅度

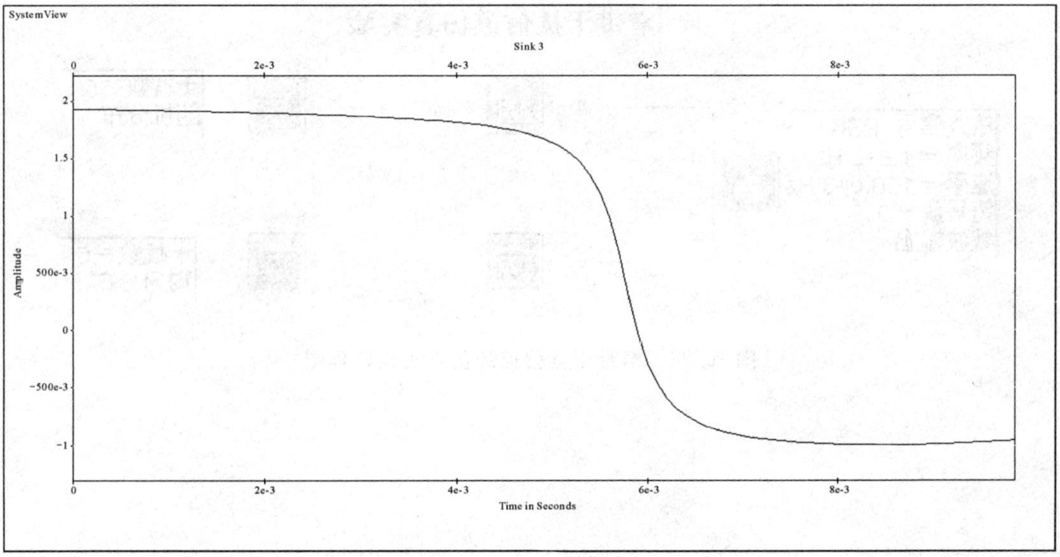

图 10.27　输出信号相位

10.5 窄带干扰信道

10.5.1 窄带干扰信道模型

除了多径衰落信道外，无线信道中还有一类窄带干扰(NBI)信道。例如，存在邻频干扰的信道、被敌方实施人为干扰的信道等。SystemView 提供了一个简单的窄带干扰信道模型。设输入信号为 $x(t)$，则输出信号 $y(t)$ 可以描述为

$$y(t) = x(t) + \sum_{k=1}^{N} A_k \sin(2\pi f_k t + \phi_k) \tag{10.25}$$

其中 N 为窄带干扰的数量；$\phi_k \in [0, 2\pi]$，是每个窄带干扰信号的相位；$A_k \in$ [最小幅度，最大幅度]，为每个窄带干扰的幅度；根据所选的模式(随机模式或均匀分布模式)以及指定的干扰带宽，可以生成不同的窄带干扰频率 f_k。随机模式的窄带干扰信号频率随机地分布于最小、最大干扰频率之间；而均匀分布模式下，干扰信号被设置为等间隔分布。

10.5.2 窄带干扰信道仿真

图 10.28 是窄带干扰仿真实验的原理图，图中分别使用了随机分布和均匀分布两种情况的窄带干扰，每个窄带干扰模型都使用 5 个干扰，输入信号为载波频率 1 MHz 的 2PSK 信号，最小、最大干扰频率范围为[900 kHz，1.1 MHz]，图 10.29 是经过窄带干扰信道后的输出信号频谱图。

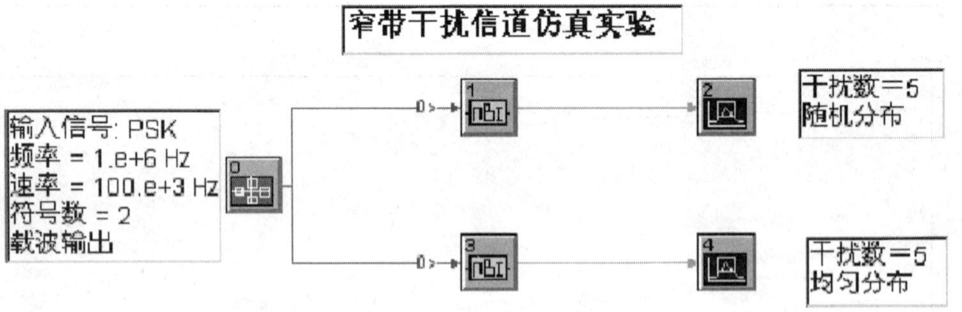

图 10.28 窄带干扰信道的仿真实验原理图

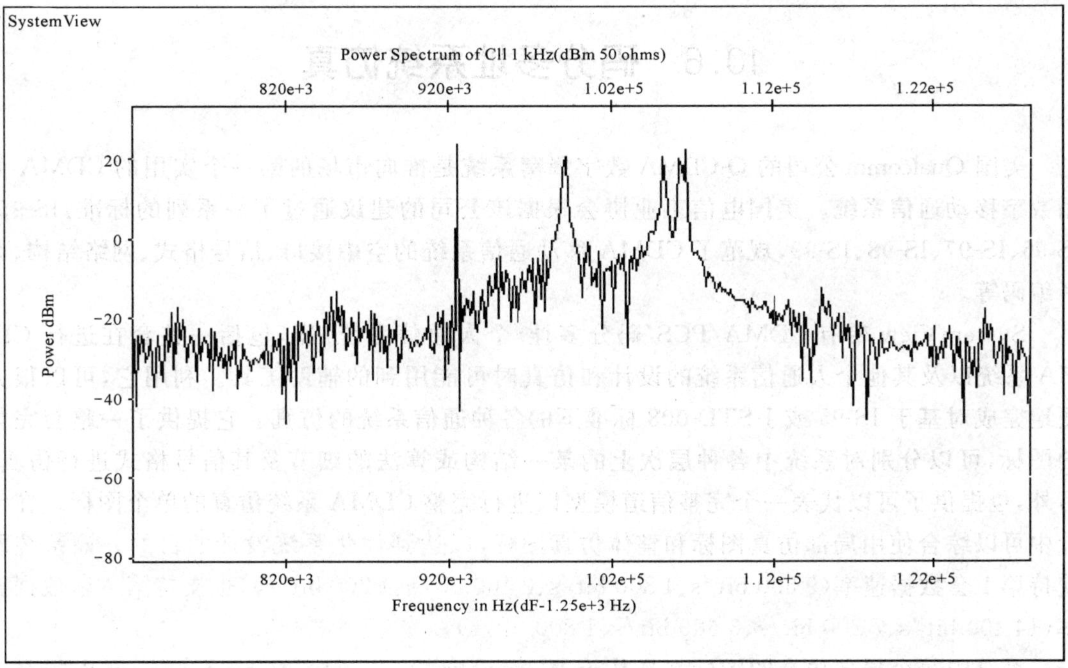

(a)随机分布干扰

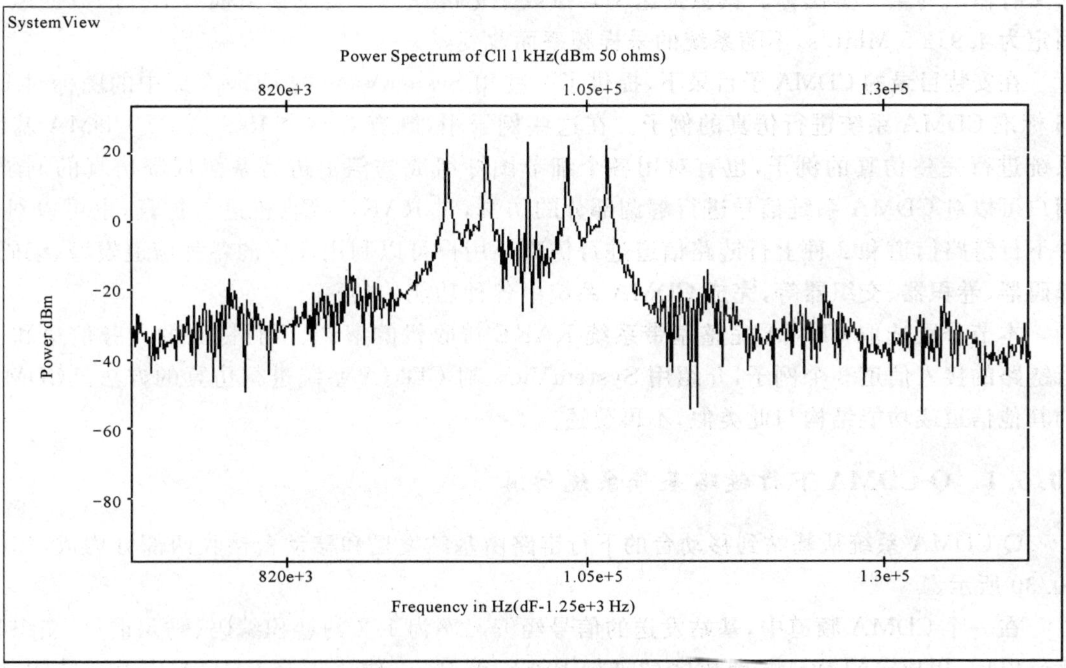

(b)均匀分布干扰

图 10.29　经过窄带干扰信道后的输出信号频谱图

10.6 码分多址系统仿真

美国 Qualcomm 公司的 Q-CDMA 数字蜂窝系统是推向市场的第一个实用的 CDMA 商用数字移动通信系统。美国电信工业协会根据该公司的建议通过了一系列的标准:IS-95、IS-96、IS-97、IS-98、IS-99,规范了 CDMA 移动通信系统的空中接口、信号格式、网络结构、话音编码等。

SystemView 带有 CDMA/PCS(码分多址/个人通信系统)库,包括一整套在进行 CDMA 系统以及其他个人通信系统的设计和仿真时可能用到的辅助工具。利用它,可以很方便地完成对基于 IS-95 或 J-STD-008 标准下的各种通信系统的仿真。它提供了一整套完整的图标,可以分别对系统中各种层次上的某一结构或算法的细节及其信号格式进行仿真。另外,也提供了可以代表一个完整信道模型以进行完整 CDMA 系统仿真的单个图标。在设计中可以综合使用局部仿真图标和整体仿真图标,以达到优化系统设计的目的。该系统既支持第 1 套数据速率(9 600 bit/s、4 800 bit/s、2 400 bit/s、1 200 bit/s),也支持第 2 套数据速率(14 400 bit/s、7 200 bit/s、3 600 bit/s、1 800 bit/s)。

系统中每个局部仿真的图标都是基于 IS-95 设计的。它们都是 SystemView 中既有输入又有输出的第 2 类图标。其数据速率均按以上标准设计。整个信道模型图标的数据速率固定为 4.912 5 Mbit/s,不随系统的采样频率而改变。

在安装目录的 CDMA 子目录下,提供了一些用 SystemView 的 CDMA 库中的图标对 IS-95 标准 CDMA 系统进行仿真的例子。在这些例子中,既有对整个 IS-95 标准 CDMA 基带系统进行完整仿真的例子,也有对用各个细节图标组成的信道进行系统局部仿真的例子。用户可以对 CDMA 系统信号进行解调部分的仿真,对 RAKE 接收机进行仿真,也可以对 4 种下行链路信道和 2 种上行链路信道进行仿真。用户可以利用库中的各种信道模型、编码/译码器、卷积器、交织器等,完成 CDMA 系统中各种功能的仿真。

本节分别选取 CDMA 完整基带系统 RAKE 接收机的解调、下行链路的业务信道和上行链路的接入信道 3 个例子,介绍用 SystemView 对 CDMA 系统进行仿真的方法。CDMA 的其他信道或功能结构与此类似,不再赘述。

10.6.1 Q-CDMA 下行链路基带系统仿真

Q-CDMA 系统从基站到移动台的下行链路由基站发送和移动台接收两部分构成,如图 10.30 所示。

在一个 CDMA 频道中,基站发送的信号经编码率为 1/2 的卷积编码、码元重复、交织和扰码以后,用指定的 Walsh 函数序列进行 BPSK 调制,以建立正交 CDMA 信道。导频、同步、寻呼和业务信道合并以后,用具有给定相位(时间)偏移量的一对正交 PN 码进行 QPSK 调制。经过移动通信环境后,在接收端,导频信号被接收后获得最近基站的 PN 码时间偏移量和相干载波相位。PN 码解扩可以去除其他 CDMA 频道的干扰。这依赖于 PN 码优良的自相关特性。当时间偏移量大于码片宽度 T_c(约 1 μs)时,自相关值近乎为零。QPSK 相干解调后,输出所需 CDMA 频道中全部逻辑信道的数据。Walsh 函数码解扩,利用其理想的同步正交性能，得到所需用户的信号，再经解扰码、去交织和维特比译码，将接收信号送至话音译码器。待传送的信息信号经过图中各项处理后，由业务信道发送。基站分别发送 4 种信道的信息，合并为 I、Q 两路信号后，进入移动通信信道到达移动台的接收端，在移动台里完成信息解调。按照该结构，下行链路在 SystemView 上仿真的电路如图 10.31 所示。Q-CDMA下行链路基带系统仿真电路图标参数设置如表 10.5 所示。

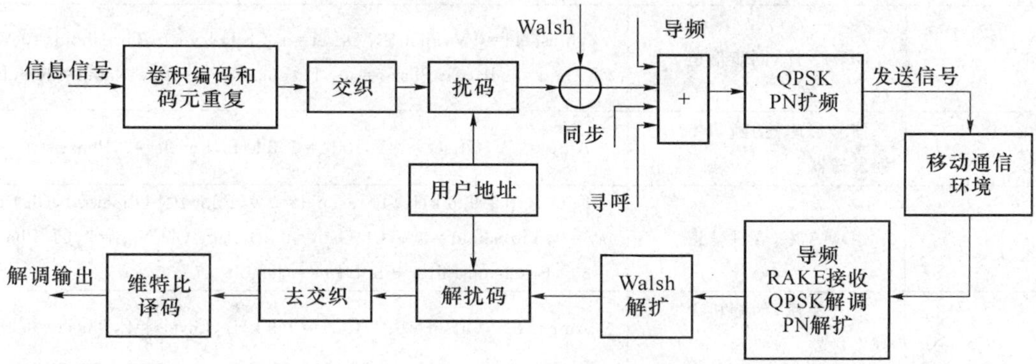

图 10.30　Q-CDMA 下行链路系统构成

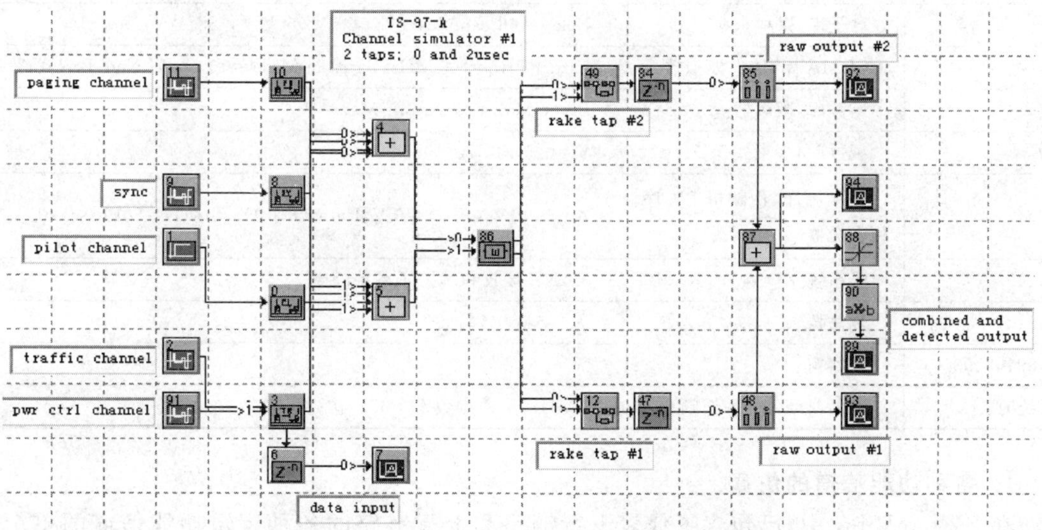

图 10.31　Q-CDMA 下行链路基带系统仿真电路图

表 10.5　Q-COMA 下行链路基带系统仿真电路图标参数设置

图标序号	图标名称	参数设置
0	CDMA 库，导频信道	Pilot PN Offset＝1，Ch Delay＝0，Threshold＝0 V，Ch Gain＝0 dB，Ch Phase＝30°，Baseband Filter File Name＝default
1	信号源库，阶跃信号发生器	Amp＝0 V，Start＝0 s，Offset＝0 V，
2	信号源库，伪随机 PN 序列发送器	Amp＝1 V，Offset＝0 V，Rate＝8.6 kHz，Levels＝2，Phase＝0°

续 表

图标序号	图标名称	参数设置
3	CDMA 库，下行链路业务信道	Data Rate=9.6 kHz,Threshold=0 V,Pilot PN Offset=1,Ch Delay=0,Threshold=0 V,Ch Gain=0 dB,Ch Phase=30°,Baseband Filter File Name=default
6	算子库，采样点延迟器	Delay=2 samples
8	CDMA 库，同步信道	Threshold=0 V,Pilot PN Offset=1,Ch Delay=0,Threshold=0 V,Ch Gain=0 dB,Ch Phase=30°,Baseband Filter File Name=default
9	信号源库，伪随机 PN 序列发送器	Amp=1 V,Offset=0 V,Rate=1.2 kHz,Levels=2,Phase=0°
10	CDMA 库，寻呼信道	Data Rate=9.6 kHz,Threshold=0 V,Pilot PN Offset=1,Ch Delay=0,Threshold=0 V,Ch Gain=0 dB,Page Ch. No. =7,Ch Phase =30°,Baseband Filter File Name=default
11	信号源库，伪随机 PN 序列发送器	Amp=1 V,Offset=0 V,Rate=9.6 kHz,Levels=2,Phase=0°
47	算子库，采样点延迟器	Delay=52 samples
48、85	算子库，采样器	Rate=19.2 kHz
84	算子库，采样点延迟器	Delay=48 samples
86	CDMA 库，信道模拟器	Carrier Freq=800 MHz,Terms in Model=10,Model Num-Ber1,2,3=1
88	函数库，限幅器	Input Max=0,Output Max=1
90	函数库，多项式运算	$Y=0.5+0.5x$
91	信号源库，伪随机 PN 序列发送器	Amp=1 V,Offset=0 V,Rate=800 Hz,Levels=2,Phase=0°
12、49	子系统	RAKE 接收和解扩子系统
4、5、87	加法器	无
7、89、92、93	观察窗	无
系统时钟	开始时间 0 s，采样频率 4.915 2 MHz，采样点数 131 072 个	

1. 各种功能信道的仿真

在 SvstemView 中，已包含了代表下行链路和上行链路的各种逻辑功能信道的单个图标，直接从 CDMA 库中调用即可。图 10.31 中，图标 10 为寻呼信道，选择 7 号信道（即 W7），数据速率为 9 600 bit/s。图标 8 为同步信道，其数据速率固定为 1 200 bit/s，信道号固定为 32（即 W32）。图标 0 为导频信道，其信源为图标 1 产生的阶跃信号，它不包含任何信息信号，信道号固定为 0（即 W0）。图标 3 为业务信道，选择 55 号信道（即 W55），数据速率设为 9 600 bit/s。业务信道中还有附加功率控制信道。所以，该图标有第 2 个信源图标 91，固定数据速率为 800 bit/s。

基站发出的各种控制和业务信号，通过前面 4 种功能信道后，先合并成 I、Q 两路互相正交的信号，再进入到移动通信环境中去。4 种功能信道图标都有 I、Q 两种正交信号的输出端，只需分别将 4 个图标的 I 通道输出和 Q 通道输出进行相加，就完成了 I、Q 两路信号的合并。限于 SystemView 仿真环境的资源有限，为了简化系统，提高仿真效率。在仿真中，省略了对信号进行 QPSK 发送载波调制的过程，即将 I、Q 两路基带正交信号直接送入移动传输环节之中。

2. 移动通信环境的仿真

真实的移动通信环境是比较恶劣的。不仅因为信号的传播损耗、多径衰落会导致信号幅度的减小和波动，以及信号的延迟，而且因为移动会造成多普勒频谱扩展等。在系统中，用信道模拟器图标 86 对真实的移动通信环境进行仿真，它是符合 IS-95 标准的 IS-97A（确定 CDMA 空中接口的标准）下的一种多径信道。在该信道模拟器中，假设多径传播路径数为 2，第 1 条路径时间上的延迟为 0 μs，第 2 条路径时间上的延迟为 2 μs，各路径的幅度衰减均为 0 dB，并假设移动台的运动速度是 8 km/h。

3. 移动台接收信号解调的仿真

信号通过了符合 IS-97A 标准的移动通信环境后，送入移动台的接收端，进行解调。信号首先经过由两个子系统（图标 12 和图标 49）仿真的 2 头 RAKE 接收机。信号分离并分别进行解调后，两路解调输出信号分别由图标 47、48 和图标 84、85 进行延迟，采样处理，并由加法器（图标 87）合并为一路输出，经图标 88 进行限幅，经图标 90 完成双极性到单极性的转换，然后由观察窗 89 观察。为了验证系统组成结构的正确性，可以将系统的输入业务信道的信号与系统解调输出的信号进行对比。由于在 SystemView 环境中，受到计算机内存容量和运算速度的限制，并未将解调输出信号恢复到信号源格式。业务信道图 3 有 7 个输出端，分别输出信源在业务信道经过各项处理后的信号。例如，指定数据速率的原始数据帧、卷积编码输出、交织输出、数据扰乱输出、功率控制的输出及 Walsh 编码后的输出等，同时，该图标也输出业务信道最终输出的 I 路和 Q 路信号。在仿真电路图中，业务信道最终输出的 I 路和 Q 路信号分别连至两个加法器，另外信源经过了帧质量校验（FQI）、码元交织、码元重复，且已经完成了掩码和功率控制，但并未被 Walsh 函数扩频的信号直接连到延迟器（图标 6），在观察窗（图标 7）中观察。由于系统发送的是未经 QPSK 载波调制的信号，仿真系统在解调时，不用进行 QPSK 解调，只需完成 RAKE 接收、PN 解扩和 Walsh 解扩，并将结果与观察窗图标 7 的信号相比较即可。

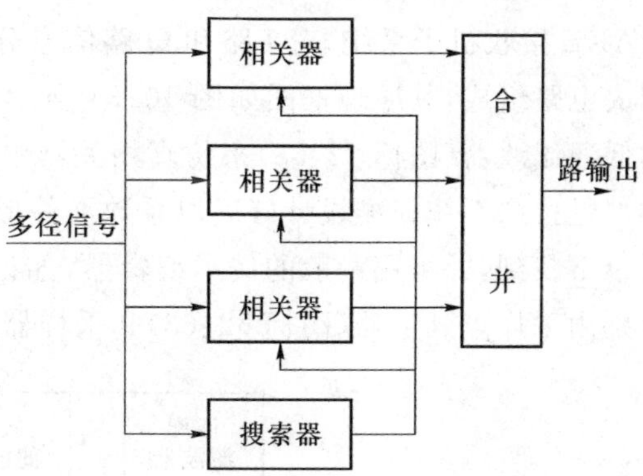

图 10.32　RAKE 接收机原理框图

根据 IS-95 标准，CDMA 移动台的接收机为 3 头 RAKE 接收机，它可分离 3 路多径信号。RAKE 接收机的原理框图如图 10.32 所示。

由于前面的移动通信环境选定为一个 2 路的多径环境，故此处的接收机只需 2 头 RAKE 接收机即可。即只需要两个相关器，最后信号直接相加就可以了。在仿真系统中，将 2 头 RAKE 接收机分别仿真为两个子系统，每个子系统由一个相关器和一个搜索器组成，并包括后面的解扩电路。仿真电路图如图 10.33 所示。

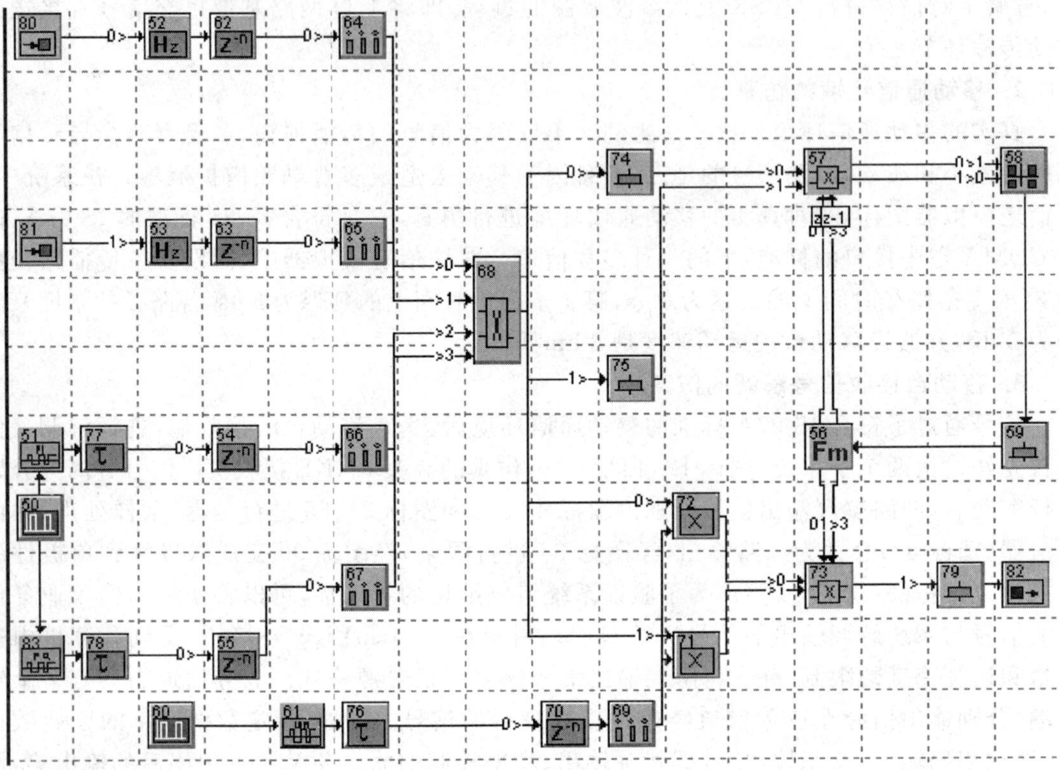

图 10.33　RAKE 接收和解扩子系统电路图

在图 10.33 中，经过多径传播后的 I 路和 Q 路信号分别由子系统输入端口 80 和 81 进入 RAKE 接收机子系统，对 I 路和 Q 路信号分别处理。相关器由匹配滤波器、低通滤波器和判决电路组成，其原理框图如图 10.34 所示。在 SystemView 仿真中，分别用一个 48 抽头的低通滤波器（图标 52、53）来仿真相关器中的 I 路和 Q 路匹配滤波器和低通滤波器（该滤波器是按照系统标准设计好后以系数文件形式保存的。该系数文件 is95.fit 可在 CDMA 子目录下找到，并可用一般的文本编辑器，如记事本等打开或进行编辑）。I、Q 路的判决电路分别由采样点延迟器（图标 62、63）和采样器（图标 64、65）组成。

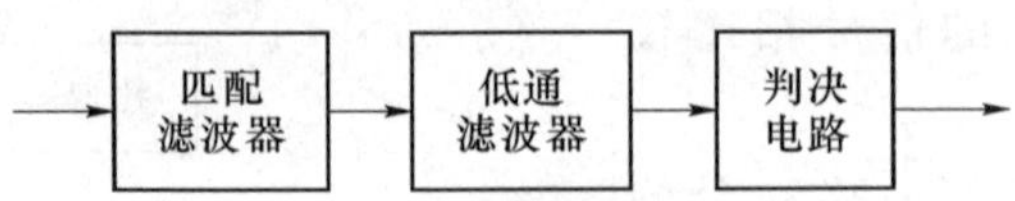

图 10.34　相关接收原理框图

图 10.32 中的搜索器在图 10.33 电路中是由图标 56、57、58、59 组成的 PLL 回路来仿真的。为了进行 PN 解扩，由 I 路扩频码发生器（图标 51）和 Q 路扩频码发生器（图标 83）产生解调端本地扩频码序列。方波序列发生器（图标 50）是本地扩频码产生器的激励源。本地码经过相应的延迟后，与接收到的信号在复数乘法器（图标 68）中相乘，以完成 PN 解扩。

为了进行 Walsh 函数解扩，必须用同相的本地 Walsh 函数码进行相干解调。与前面基站发射时使用的业务信道号相对应，由方波序列发生器（图标 60）激励的 Walsh 码发生器产生第55号 Walsh 函数，即 W(64,55)。本地 Walsh 码与完成了 RAKE 接收和 PN 解扩的信号相乘，完成 Walsh 解扩，由输出端口(图标 82)从本子系统输出。

RAKE 接收机和解扩子系统电路图表参数设置如表 10.6 所示。

表 10.6 RAKE 接收和解扩子系统电路图标参数设置

图标序号	图标名称	参数设置
50、60	信号源库，方波脉冲序列发生器	Amp=1 V，Freq=1.228 8 MHz，Pulse W=406.901 ns，Offset=−0.5 V，Phase=0°
51	CDMA 库，I 路扩频码发生器	True Output=1，False Output=−1，Clock Threshold=0V，Pilot PN Offset=1
52、53	算子库，线性系统与滤波器	Custom Digital System，48 Num Coefs
54、55、70	算子库，采样点延迟器	Delay=2 samples
56	函数库，调频器	Amp=1 V，Freq=1.228 8 MHz，Phase=0°，Mod Gain=100 Hz/V
57、68、73	函数库，复数乘法器	Multiply=Conjugate，Gain=1
58	函数库，四相反正切函数	No Phase Unwrap，Gain=1
59、74、75、79	算子库，平均器	Time Window=52.083 3 μs
61	CDMA 库，Walsh 函数发生器	Order N=64，Row K=55，Threshold=0 V，True Output=−1，False Output=1
62、63	算子库，采样点延迟器	Delay=3 samples
64、64、66、67、69	算子库，采样器	Rate=1.228 8 MHz
76、77、78	算子库，时间延迟器	Delay=2 μs
83	CDMA 库，Q 路扩频码发生器	True Output=1，False Output=−1，Clock Threshold=0 V，Pilot PN Offset=1
71、72	乘法器	
80、81	输入/输出端口	子系统输入/输出
82	输入/输出端口	子系统输入/输出

移动台接收端用 2 头 RAKE 接收机分别完成对信号的分离和解调后，须对两路信号进行合并。因为两路信号的路径延迟不同，所以先分别经过不同的延迟后进行采样，再相加，才能得到正确的合并结果。合并后的波形会不理想，为了与信源作比较，要经过限幅器(图标 88)进行波形整形。

运行 Q-CDMA 下行链路基带仿真系统，可以分别观察两路 RAKE 接收机的解调输出、业务信道的信源波形和系统解调的输出波形，分别如图 10.35(a)、(b)所示。系统原运行时间较长，波形较密。为了便于观察，图中的波形均经过了局部等比例放大。

从图中的系统运行结果可以看出，两路 RAKE 接收和解扩的输出相同，可以直接相加以完成两路信号的合并。系统的信源波形和解调输出波形完全相同，证明该系统可以按照

IS-95 标准的 Q-CDMA 系统进行正确的信息解调。

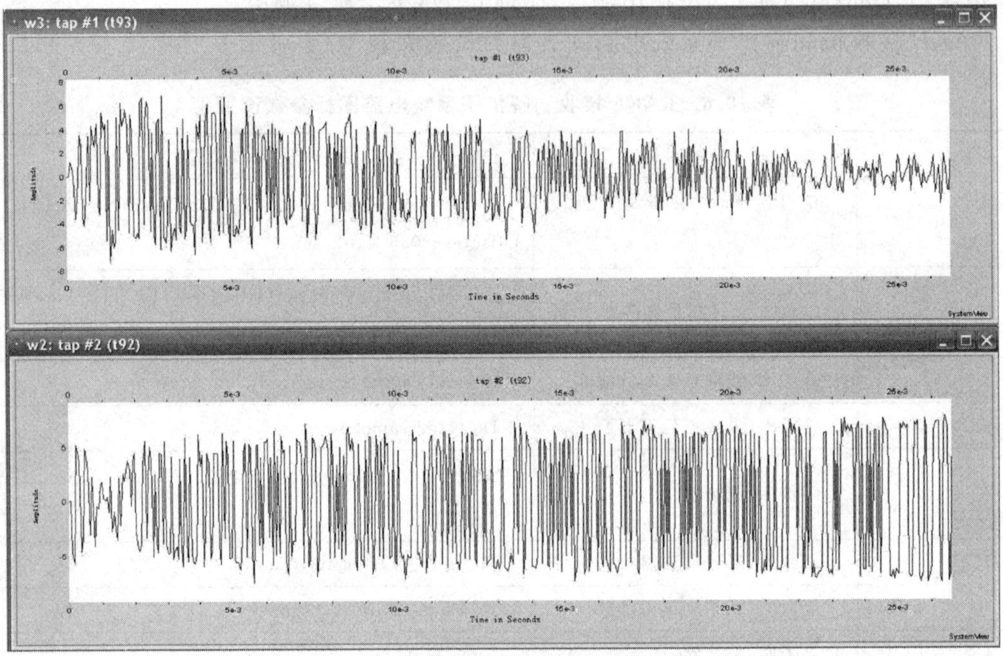

(a) 两路RAKE接收解扩的输出

(b) 基站的信息信号和系统的解调输出

图 10.35　Q-CDMA 下行链路基带仿真系统运行结果

10.6.2 CDMA 系统上行链路接入信道仿真

上行链路接入信道是一个随机接入信道，供网内移动台随机占用。移动台在此信道发起呼叫及传送应答信息。

每个接入信道对应下行链路中的一个寻呼信道，但每个寻呼信道可对应多个接入信道。移动台通过接入信道向基站登记，发起呼叫，响应基站发来的呼叫等。当呼叫时，在移动台没有转入业务信道以前，移动台通过接入信道向基站传送控制信息(信令)。当需要时，接入信道可以变成业务信道，用于传输用户业务数据。所传输的数据经过与用户号码所对应的长伪随机码的变换序列调制后再传输，以使通信保密。

在一个 CDMA 系统中，最多可有 32 个接入信道，最少可能是 0 个。每个接入信道用不同的接入信道长伪随机码序列加以识别。上行链路接入信道以固定的 4.8 kbit/s 速率传输，码符号只重传 1 次。在其传输过程中没有随机化选通门的参与，因而两个重复的码符号均被发送。

接入信道的信息帧首先在每帧(20 ms)末尾加入 8 位，称为编码器尾比特，用于把卷积编码器复位到规定的状态。卷积编码率为 1/3，约束长度为 9，卷积编译码的初始状态应为全 0。以后每输入 1 个数据符号，产生 3 个编码符号，在每个 20 ms 帧结束时，由编码器尾比特将其初始化为全 0 状态。接入信道的数据速率为 4 800 bit/s，因此，在分组交织前码元重复 1 次。两个重复的码元都要发送。码元重复后要进行分组交织。分组交织的跨度为 20 ms。交织器组成的阵列是 32 行×18 列(即 576 个单元)。输入码元(包括重复单元)按顺序逐列从左到右写入交织器，输出码元则按行从上到下从交织器读出。交织后进行 64 进制 Walsh 函数正交调制。之后，用长码进行直接序列扩频调制，即用 64 进制正交调制器输出的码流和长码进行模 2 加。长码的各个 PN 子码是用一个 42 位的掩码和序列产生器的 42 位状态矢量进行模 2 加产生的。只要改变掩码，产生的 PN 子码的相位随之改变，产生每个用户特定的掩码，并对应一个特定的 PN 码相位。用户掩码的格式如表 10.7 所示。在进行直接序列扩频以后，使用 I 和 Q 正交序列作四相扩频调制，加入基站特征。使用户信号的相位充分地随机化。这一对 I 和 Q 正交序列称为引导 PN 序列，即正交 PN 序列对。上行链路信道四相扩频使用的都是固定零偏置的 PN 序列对。经 PN 序列对扩频生成的正交信道序列最后进行 OQPSK 调制，Q 支路的序列经延迟 $T_c/2=406.901\ \mu s$ 后，I 路和 Q 路序列送到基带滤波器限带并滤波，最后按照 OQPSK 的方式进行发送载波调制。

表 10.7　接入信道掩码格式

41	23	32	28	27	25	24	9	8	0
110001111		接入信道号码		寻呼信道号码		基站识别码		下行 CDMA 信道的 PN 偏置	

根据 CDMA 上行链路接入信道工作原理，用 SystemView 对上行链路接入信道进行仿真电路图如图 10.36 所示。

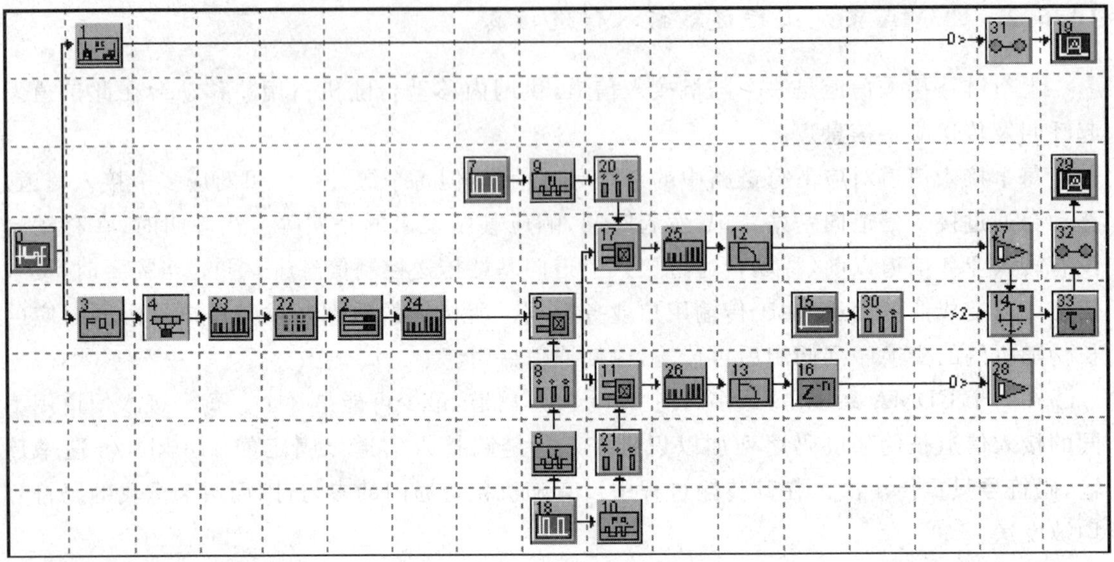

图 10.36　CDMA 上行链路接入信道仿真电路图

图 10.36 中图标 1 是代表完整上行链路接入信道系统的单个图标，其功能也可由 CDMA 库、通信库以及一些相关图标组成的系统来完成。以伪随机序列发生器（图标 0）作为系统的信息源。它产生的序列分为两路，分别经过由图标 3、4 到图标 33 等组成的信号通路和图标 1。为了降低系统的最高信号频率，以提高仿真效率，两路信道均未进行载波调制，而主要针对前面所述的各基带信号处理步骤进行仿真。从后面的仿真结果中可以看出，图标 1 所完成的功能与由图标 3～33 的所有图标组合完成的信号通路的功能是完全相同的。

图标 0 产生的系统输入信源的帧结构为 88 比特/帧，即数据速率为 88/20＝4.4 kbit/s。经帧质量校验器（图标 3）加入编码器尾比特后，每帧附加供译码用的 8 位尾比特，则数据速率变成(88＋8)/20＝4.8 kbit/s。再经过编码率 $R=1/3$ 的卷积编码器（图标 4），码速率变成 4.8×3＝14.4 kbit/s。经过码元重复器（图标 23）使之加倍，码速率为 14.4×2＝28.8 kbit/s。经交织器（图标 22）进行分组交织处理后码速率不变。交织后的符号流每 6 位符号一组，在正交调制器（图标 2）被 64 元 Walsh 函数调制，即每 6 位符号换成 1 位持续时间的 Walsh 函数序列，其输出的符号速率为 28.8/6＝4.8 kbit/s。调制器输出的序列被由方波脉冲发生器（图标 18）激励的图标 6 所产生、码速率为 1.228 8 Mbit/s 的长码 PN 序列（$2^{42}-1$）所掩盖，然后经 I、Q 支路（图标 9、10）分别被码速率为 1.228 8 Mbit/s 的短码 PN 序列（2^{15}）扩展。I、Q 支路的信号分别经过图标 25、26 进行码元重复后，由基带滤波器（图标 12、13）完成基带滤波。在仿真中，省略了 QPSK 调制部分。I、Q 两路信号分别经图标 27、28 增益控制后，由图标 14 合成发送信号，经图标 33 进行适当的延迟，并经图标 32 恢复数据速率后，由观察窗 29 进行观察。仿真电路中各图标参数设置如表 10.8 所示。

表 10.8　CDMA 上行链路接入信道仿真电路图标参数设置

图标序号	图标名称	参数设置
0	信号源库，伪随机 PN 序列发送器	Amp=1 V，Offset=0 V，Rate=4 400 Hz，Levels=2，Phase=0°
1	CDMA 库，上行链路接入信道	Threshold=0 V，Pilot PN Offset=1，Page Ch. No. =0，Access Ch. No. =0，Base ID=0，Ch Phase=0°，Ch Gain=−3 dB，Ch Delay=1 μs
2	CDMA 库，Walsh 函数调制器	Info. Bits=6，Threshold=0. 5 V，Time Offset=0 s
3	CDMA 库，帧质量校验器	Data Rate=4 100 Hz，Threshold=0 V，True Output=1 False Output=0，Start sample=0
4	通信库，卷积编码器	Code Length n=3，Info Bits k=1，Constraint L=9，Polynomial=oct，Threshold=0. 5 V，Offset=0 s
5	算子库，异或运算器	Threshold=0. 5 V，True=1，False=0
6	CDMA 库，长码发生器	Mask M0 to M7=1，Mask M8 to M15=0，Mask M16 toM23=0，Mask M24 to M31=0，Mask M32 to M39=30，Mask M40 to M41=3，Threshold=0 V
7、18	信号源库，方波脉冲序列发生器	Amp=1 V，Freq=1. 228 8 MHz，Pulse W=406. 901 μs，Offset=−0. 5 V，Phase=0°
8、20、21	算子库，采样器	Rate=1. 228 8 MHz
9	CDMA 库，I 路扩频码发生器	True Output = 1，False Output = 0，Clock Threshold = 0 V，Pilot PN Offset=1
10	CDMA 库，Q 路扩频码发生器	True Output = 1，False Output = 0，Clock Threshold = 0 V，Pilot PN Offset=1
11、17	算子库，异或运算器	Threshold=0. 5 V，True=1，False=1
12、13	CDMA 库，基带滤波器	File Name for Filter，Coefficient=default
14	函数库，复数旋转运算器	Phase Gain=12PI/V，Phase Offset=30°
15	信号源库，阶跃信号发生器	Amp=0 V，Start=0 s，Offset=0 V
16	算子库，采样点延迟器	Delay=2samples
22	CDMA 库，交织器	Data Rate=4. 8 kHz，Interleaver Type=access
23	CDMA 库，数据速率重复器	Rep Factor(N)=2
24、25、26	CDMA 库，数据速率重复器	Rep Factor(N)=4
27、28	算子库，增益放大器	Gain Units=dB，Power Gain=−3 dB
30	算子库，采样器	Rate=4. 915 2 MHz
31、32	算子库，保持器	Last Value，Gain=1
33	算子库，时间延迟器	Delay=1 μs
19、29	观察窗库，分析性观察窗	无
系统时钟	开始时间 0 s，采样频率 5 MHz，采样点数 5 000 个	

运行该系统，并将信号经图标 1 与经图标 3～34 组成的信号通路的结果相比较，结果如图 10.37 所示。

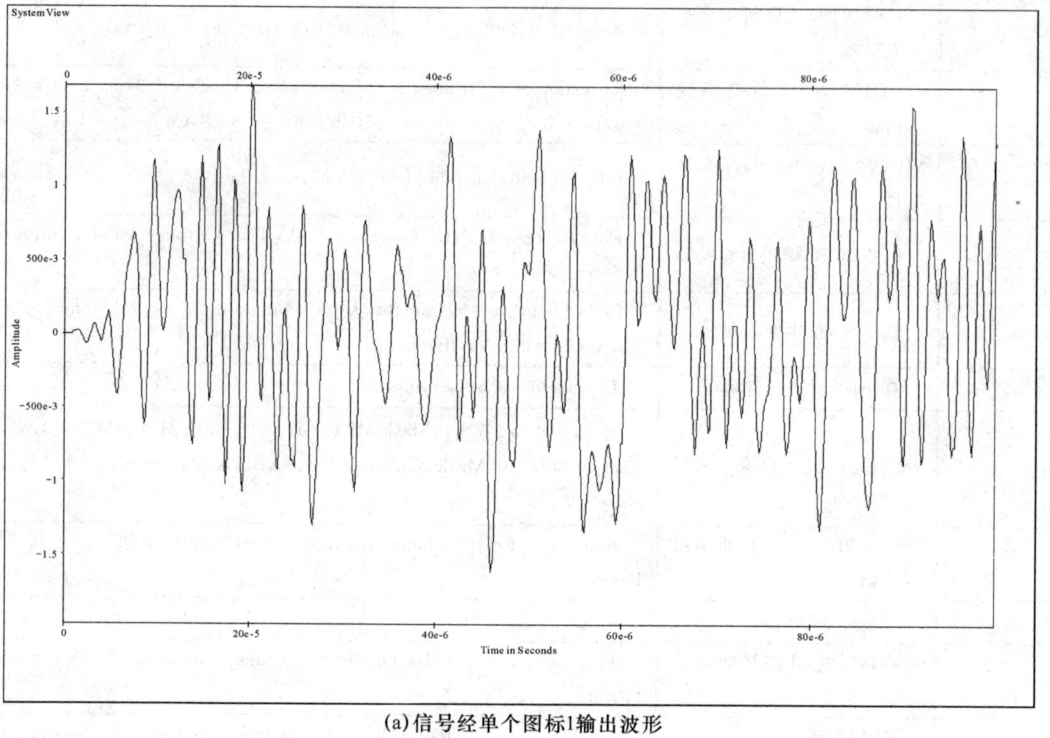

(a)信号经单个图标1输出波形

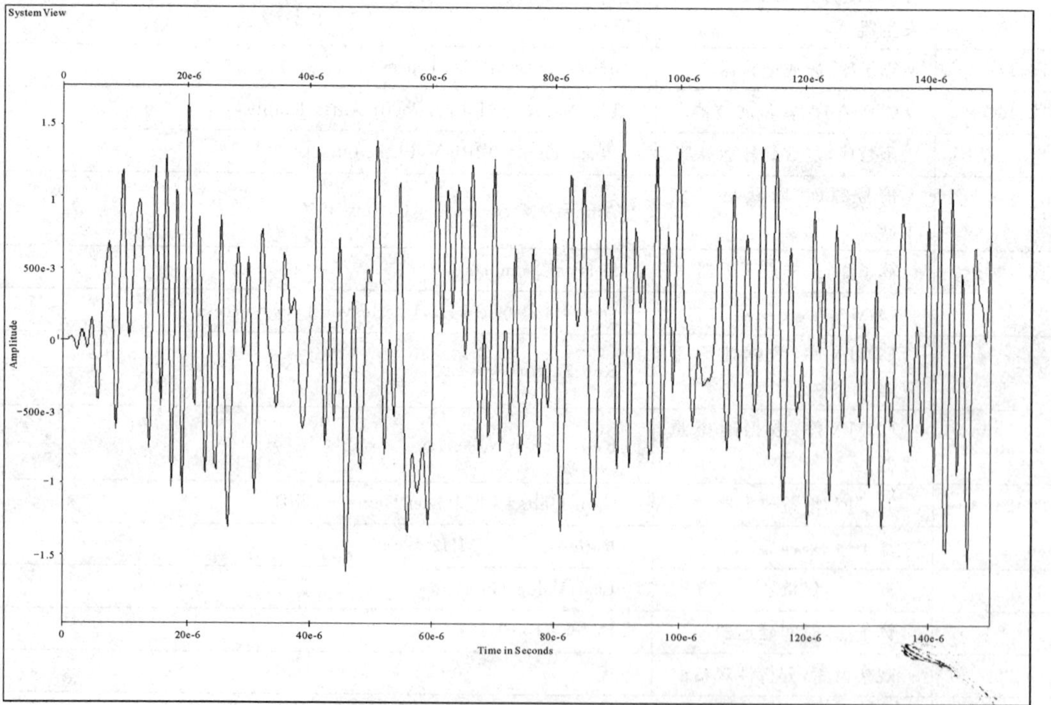

(b)信号经多个图标组成的信号通路输出的波形

图 10.37　CDMA 上行链路接入信道仿真系统运行结果

由图 10.37 可见，接入信道信号通路的功能与单一的接入信道图标相同，符合 IS-95 标准的 CDMA 上行链路接入信道模型。

10.6.3　Q-CDMA 下行链路业务信道仿真

基站通过下行链路业务信道给移动台发送信息数据。业务信道传输的是用户语音编码数据或其他业务数据。为了通信保密，所传输的业务数据经过与用户号码所对应的长伪随机码的变换序列调制后再传输。此外，业务信道中包含了一个功率控制子信道，用于通过传输功率控制信息来控制移动台的发射功率。业务信道还传输如越区切换等控制信息。

下行链路业务信道工作在 9 600 bit/4 800 bit/2 400 bit/1 200 bit/s 的数据速率下。根据用户讲话速度不同选取不同的数据速率。当用户不讲话时，数据速率最低，移动台的发射功率也最小。当用户讲话时，数据速率立即提高，发射功率也相应地加大。使用不同数据速率的目的是为了减少用户间的相互干扰，增加系统容量。下行链路业务信道的数据在每帧末尾含有编码器尾比特，另外，在 9 600 bit/s 和 4 800 bit/s 的数据中都含有帧质量指示比特(CRC 检验比特)，以帮助接收端判定数据速率和误帧率。编码器尾比特和 CRC 检验比特均是业务信道开销比特。因此，实际上下行链路业务信道的信息比特率是 8.6/4.0/2.0/0.8 kbit/s。

在下行链路业务信道中，数据在传输之前要经过编码率为 1/2、约束长度为 9 的卷积编码。编码后，如果数据速率低于 9 600 bit/s，在分组交织以前都要重复，使各种信息速率均变成相同的调制码元速率，即每秒 19 200 个调制码元。重复之后，要进行分组交织。下行链路业务信道所用的交织跨度等于 20 ms，相当于码元速率为 19 200 bit/s 时的 384 个调制码元宽度。

交织器组成的阵列是 24 行×16 列(即 384 个码元)。交织后的数据要进行数据扰乱。寻呼信道和下行链路业务信道数据扰码的作用是为通信提供保密。扰码器把交织器输出的码流和按用户编址的伪随机序列 PN 长码进行模 2 相加。这种时钟为 1.228 8 MHz、周期为 $2^{42}-1$ 的长码，每一调制码元长度等于 $1.2288\times10^5/19200=64$ 个 PN 子码宽度。长码经分频后，其码元速率变为 19 200 bit/s，因而送入模 2 加法器进行数据扰乱的是每 64 个子码中的第一个子码在起作用。下行链路业务信道数据掩码使用长码的公开掩码与上行业务信道相同，如表 10.9 所示。私有掩码适用于用户保密通信，其格式由 TIA 规定，在下行链路业务数据扰码以后，功率控制比特插入到业务数据流中。

表 10.9　下行链路业务信道公开掩码格式

41	32	31	0
1100011000		扰乱的 ESN	

为了使下行链路传输的各信道之间具有正交性，在下行 CDMA 信道中传输的所有信号都要用 64 元的 Walsh 函数进行直序扩频正交调制。这是采用 BPSK 调制的扩频。64 个函数标志 64 个码分信道，使下行链路中的码分信道相互正交，互不串扰。在 QPSK 调制前，还须使用 I 和 Q 正交序列对数据流作四相扩频调制。然后，经过基带滤波，并按照 QPSK 方式进行发送载波调制。

根据 CDMA 下行链路业务信道工作原理，在 SystemView 上仿真 IS-95 CDMA 下行链路业务信道的电路图如图 10.38 所示。

在图 10.38 中,图标 13 代表了一个完整的下行链路业务信道模型,其信号速率设置为 9 600 bit/s。伪随机序列发生器(图标 4)作为系统的信息源。与前面上行链路接入信道仿真时相同,它发出的信号分别经过单一信道图标和各图标组成的信道模型两条信号通路。同样,在这里,仅对基带信号进行仿真,未进行载波调制。

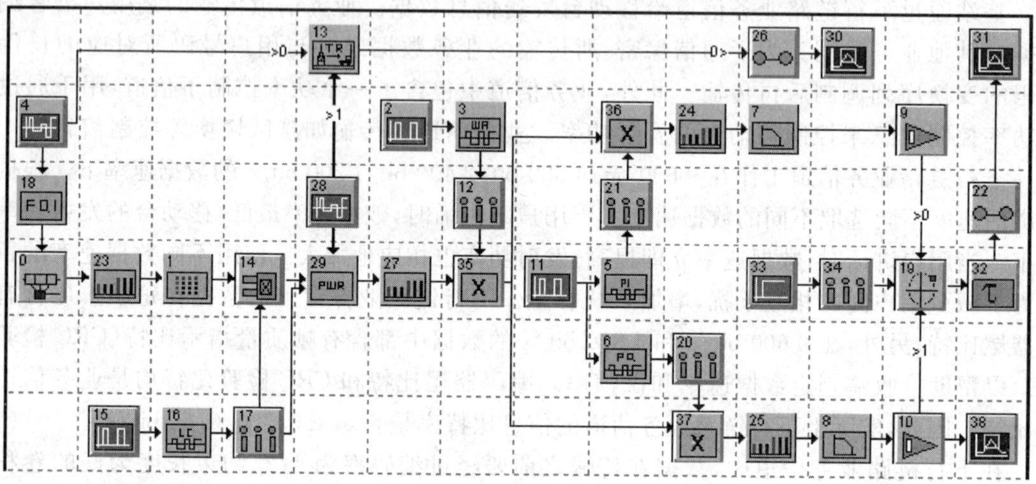

图 10.38 Q-CDMA 下行链路业务信道电路图

图标 4 产生码速率为 8.6 kbit/s 的伪随机序列作为系统的信源。经过帧质量检测器(图标 18),并给每帧加入 8 位编码器尾比特,数据传输速率变为 9.6 kbit/s。经编码率 $R=1/2$ 的卷积编码器(图标 0)后,调制码元速率为 $9.6\times2=19.2$ kbit/s。因此,码元重复(图标 23)的重复因数是 1,其目的是要保证在交织前的码元速率为 19.2 kbit/s。经交织器(图标 1)进行分组交织处理后码元速率不变。为了进行保密通信,交织后的数据与由方波脉冲序列(图标 15)激励的长码发生器(图标 16)产生的长码在异或运算器(图标 14)中进行模 2 加,以对数据进行掩盖扰乱。伪随机序列发生器(图标 28)产生的伪随机信号作为系统功率控制子信道的信息比特源,它产生的功率控制信息由功率控制器(图标 29)插入到业务数据流中。功率控制信息比特的速率是 800 bit/s。

数据流由码元重复(图标 27)经过次数是 64 的码元重复,码元速率变为 $19.2\times64=1.228\,8$ Mbit/s,以便于进行 Walsh 调制。由方波脉冲序列发生器(图标 2)激励的 Walsh 函数发生器(图标 3)产生 64 元 Walsh 函数,经(图标 12)采样后,经(图标 35)与经过了码元重复后的信号相乘,进行直序扩频正交调制。在 CDMA 系统中,下行链路业务信道被分配的是号码为 8~31、33~63 的 Walsh 码,在本仿真电路中采用了 55 号 Walsh 码(W55)。方波脉冲序列(图标 11)激励图标 5、6 产生速率为 1.228 8 Mbit/s 的短码 PN 序列(2^{15}),作为 I/Q 正交序列对数据进行四相扩频,然后经码元重复(图标 24、25),再经过基带滤波器(图标 7、8)进行基带滤波。在仿真中,省略了 OQPSK 调制的部分。I、Q 两路信号分别由图标 9、10 进行增益控制后,由图标 19 来合成发送的信号。为了与通过完整信道模型(图标 13)的信号同步观察,经过图标 32 的延迟及图标 22 保持器来恢复数据速率,最后通过观察窗 31 进行观察。

系统仿真电路中各图标参数设置如表 10.10 所示。

表 10.10　Q-CDMA 下行链路业务信道仿真电路图标参数设置

图标序号	图标名称	参数设置
0	通信库，卷积编码器	Code Length n=2, Info Bits k=1, Constraint L=9, Polynomial=oct, Threshold=0.5 V, Offset=0 s
1	CDMA 库，交织器	Data Rate=9.6 kHz, Interleaver Type=Traffic
2、11、15	信号源库，方波脉冲序列发生器	Amp=1 V, Freq=1.228 8 MHz, Pulse W=406.901 ns, Offset=−0.5 V, Phase=0°
3	CDMA 库，Walsh 函数发生器	Order N=64, Row K=55, Threshold=0 V, True Output=1, False Output=−1
4	信号源库，伪随机 PN 序列发送器	Amp=1 V, Offset=0 V, Rate=8.6 kHz, Levels=2, Phase=0°
5	CDMA 库，I 路扩频码发生器	True Output=1, False Output=−1, Clock Threshold=0 V, Pilot PN Offset=1
6	CDMA 库，Q 路扩频码发生器	True Output=1, False Output=−1, Clock Threshold=0 V, Pilot PN Offset=1
7、8	CDMA 库，基带滤波器	File Name for Filter Coefficient=default
9、10	算子库，增益放大器	Gain Units=dB Power, Gain=−3 dB
12、20、21	算子库，采样器	Rate=1.228 8 MHz
13	CDMA 库，下行链路接入信道	Data Rate=9.6 kHz, Threshold=0 V, Pilot PN Offset=1, Ch. No. = 55, Base ID=0, Ch Phase=30°, Ch Gain=−3 dB, Ch Delay=1 μs
14	算子库，异或运算器	Threshold=0.5 V, True=1, False=0
16	CDMA 库，长码发生器	Mask M0 to M7=0, Mask M8 to M15=0, Mask M16 toM23=0, Mask M24 to M31=0, Mask M32 to M39=21, Mask M40 to M41=3, Threshold=0 V
17	算子库、采样器	Rate=19.2 kHz
18	CDMA 库、帧质量校验器	Data Rate=8 600 Hz, Threshold=0 V, True Output=1, False Output=0, Start sample=0
19	函数库、复数旋转运算器	Phase Gain=12PI/V, Phase Offset=30°
22、26	算子库、保持器	Last Sample, Gain=1
23	CDMA 库、数据速率重复器	Rep Factor(*N*)=1
24、25	CDMA 库、数据速率重复器	Rep Factor(*N*)=4
27	CDMA 库、数据速率重复器	Rep Factor(*N*)=64
28	信号源库、伪随机 PN 序列发送器	Amp=1 V, Offset=0 V, Rate=800 Hz, Levels=2, Phase=0°
29	CDMA 库、功率控制器	Threshold=0 V, True Output=1, False Output=−1
32	算子库、时间延迟器	Delay=1 μs
33	信号源库、阶跃信号发生器	Amp=0 V, Start=0 s, Offset=0 V
34	算子库、采样器	Rate=4.915 2 MHz
35、36、37	乘法器	无
30、31、38	观察窗库、分析性观察窗	无
系统时钟	开始时间 0 s，采样频率 5 MHz，采样点数 5 000 个	

运行该系统,并将信号经过单个图标 13 与经过组合的下行链路业务信道两条信号通路的结果相比较,如图 10.39 所示。

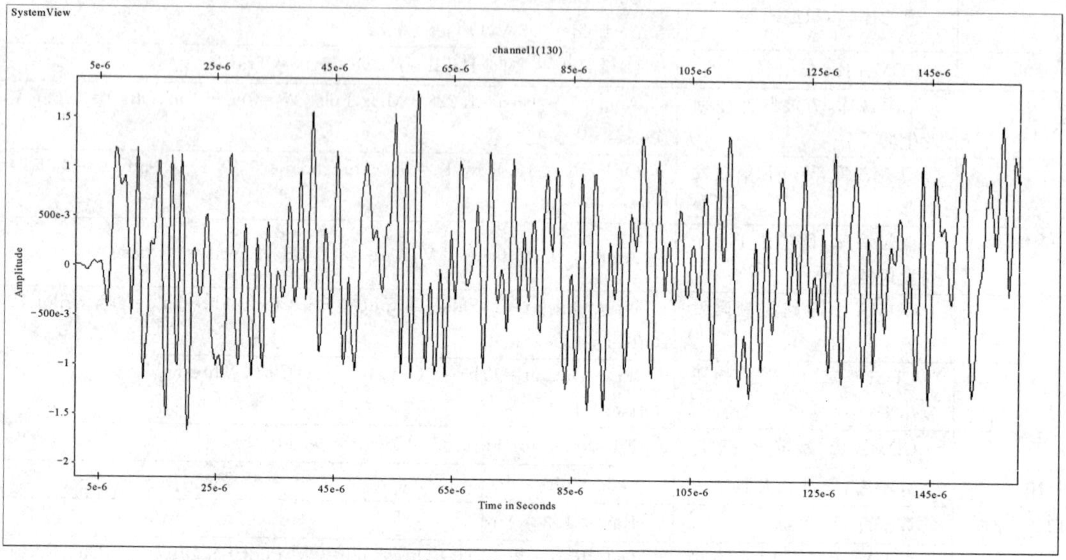

(a)信号经单个图标13输出波形

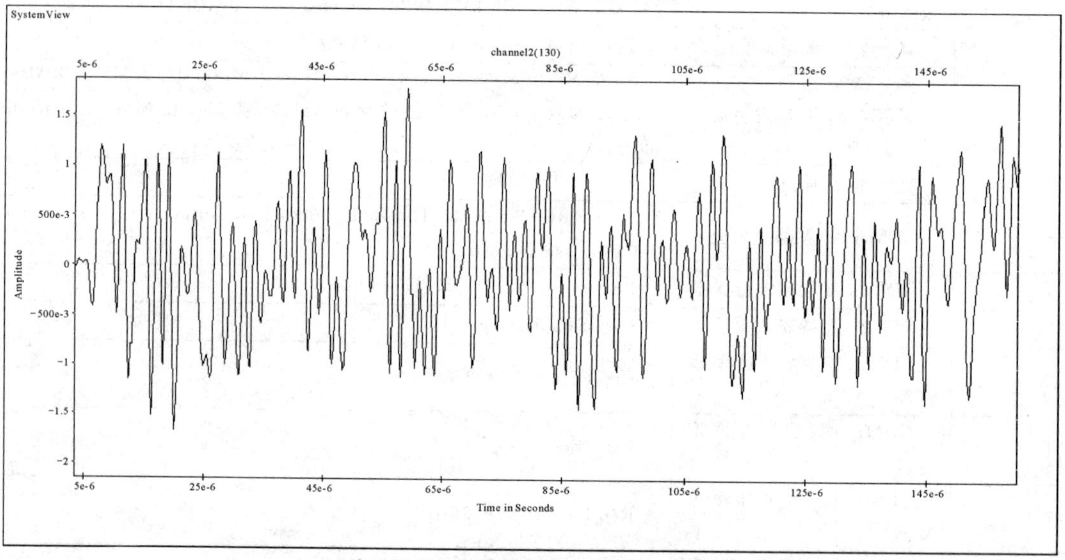

(b)信号经各图标组成的信号通路输出的波形

图 10.39　Q-CDMA 下行链路业务信道仿真系统运行结果

由图 10.39 可见,由图标 18、0 到图标 32、22 组成的上行业务信道链路与单个图标 13 的功能相同,符合 IS-95 的 CDMA 标准的下行链路业务信道模型。

参 考 文 献

[1] 罗卫兵,孙桦,张捷. SystemView 动态系统分析及通信系统仿真设计[M]. 西安:西安电子科技大学出版社,2001.

[2] 孙屹,戴妍峰. SystemView 通信仿真开发手册[M]. 北京:国防工业出版社,2004.

[3] 青松,程岱松,武建华. 数字通信系统的 SystemView 仿真与分析[M]. 北京:北京航空航天大学出版社,2001.